新たな食農連携と持続的資源利用

グローバル化時代の地域再生に向けて

食農資源経済学会 編

筑波書房

新たな食農連携と持続的資源利用
―グローバル化時代の地域再生に向けて―
目　次

序章　（岩元　泉） 7

第Ⅰ部　食：そのあり方と農業の連携

第1章　食料農産物輸入の拡大とその影響 18
　本章のねらいと構成 18
　第1節　牛肉自由化が地域畜産業の展開に与える影響（福田　晋） 20
　第2節　貿易自由化とわが国農産物市場の寡占度の変化
　　　　　―「第2の関税」という農業保護の観点から―（前田幸嗣） 31
　第3節　農産物貿易自由化の進展と価格変動リスク
　　　　　―大豆を事例として―（外園智史） 38

第2章　激変する国内流通環境と産地の販売戦略 45
　本章のねらいと構成 45
　第1節　新たな出荷販売戦略（細野賢治） 46
　第2節　小売・外食企業の成長と農業参入（坂爪浩史） 57
　第3節　農畜産物輸出の実態評価と推進課題
　　　　　―九州からアジア諸国への取り組み事例を踏まえて―（豊　智行） ... 67

第3章　食と地域の連携 76
　本章のねらいと構成 76
　第1節　食生活の変化と食育の推進（内藤重之） 77

第2節 「地産地消」の意義と課題（新開章司） 86
第3節 消費者の安全志向と地域流通（森高正博） 94

第4章 地域経済の活性化と農商工連携の展開条件 103

本章のねらいと構成 103
第1節 九州における農商工連携の展開動向と農商工連携の意義及び展開条件
　　　（白武義治） 104
第2節 農商工連携の合理的・持続的形態の展開条件
　　　―ナレッジマネジメント等の視点から―（堀田和彦） 117
第3節 価値共創を実現する食農連携プラットフォームの展開
　　　（後藤一寿） 124

第Ⅱ部　農：その構造と新たな展開

第5章 西南暖地における水田農業の構造と展望 138

本章のねらいと構成 138
第1節 1990年代までの九州水田農業およびその後の政策展開と構造変化
　　　（磯田宏） 140
第2節 個別大規模経営を軸とした水田農業構造再編の到達点と課題
　　　（磯田宏） 148
第3節 北部九州における水田農業の組織的対応の現段階
　　　―佐賀県の事例から―（小林恒夫） 158

第6章 九州における畑作農業の変貌と課題
　　　―露地野菜と緑茶を中心に― 172

本章のねらいと構成 172
第1節 大規模法人経営による露地野菜経営の変革（李哉法） 175

第2節　緑茶経営の動向と特徴（辻一成） ………………………………… *188*

第7章　資源循環型畜産の展開条件 ……………………………… *200*
　本章のねらいと構成 ……………………………………………………… *200*
　　第1節　大規模畜産地帯における資源循環型システムの展開と地域連携
　　　　　（竹内重吉） ……………………………………………………… *202*
　　第2節　中山間地域耕畜連携システムの展開条件（井上憲一） ……… *210*
　　第3節　地域資源循環システム成立と未利用資源活用の課題
　　　　　（山本直之） ……………………………………………………… *220*

第Ⅲ部　資源：その持続的活用と地域振興

第8章　中山間地域の活性化方策 ………………………………… *230*
　本章のねらいと構成 ……………………………………………………… *230*
　　第1節　九州中山間地域における新規就農者の育成・確保
　　　　　（品川優） ………………………………………………………… *232*
　　第2節　人口減少時代の農山村の地域づくり（徳野貞雄） …………… *241*

第9章　離島地域における農業の展開方向 ……………………… *256*
　本章のねらいと構成 ……………………………………………………… *256*
　　第1節　長崎県における離島農業の展開方向（田村善弘） …………… *257*
　　第2節　さとうきびと畜産の連携強化を通じた南西諸島農業の将来展望
　　　　　（樽本祐助） ……………………………………………………… *267*
　　第3節　南西諸島における園芸作の展開（坂井教郎） ………………… *275*

第10章　環境保全型農業と資源利用 ……………………………… *284*
　本章のねらいと構成 ……………………………………………………… *284*

第1節　生物多様性の市場化と課題（矢部光保）……………………………… 285
第2節　農業環境政策における非市場的アプローチ
　　　　―環境直接支払い―（横川洋）………………………………………… 293
第3節　環境保全型農業における資源利用の形態と効果（胡柏）…………… 302

第11章　地域振興と協同組合 …………………………………………………… 316

本章のねらいと構成 ………………………………………………………… 316
第1節　現代地域における協同組合の役割と挑戦（木村務）………………… 317
第2節　総合農協の機能を発揮した地域振興
　　　　―にじ農協（福岡県）を事例として―（板橋衛）………………… 327
第3節　生協の組織・事業・経営の現状と課題
　　　　―コープ九州事業連合と生協コープかごしまを対象に―（渡辺克司）… 338

終章　あとがき（企画委員会）………………………………………………… 363

執筆者紹介 …………………………………………………………………… 366

序章

第1節　本書の趣旨

　食農資源経済学会が2007年に九州農業経済学会を継承・拡充して設立されて7年あまりがすぎた。食農資源経済学会は，「農業生産の場から流通・加工を経て消費者・生活者に至る食の世界，農業・農村の多面的機能や文化的価値に関わる農の世界，豊かな自然や環境に関わる地域資源の世界を幅広く捉える学会として」（設立趣意書より）農業関係者のみならず，そのステークホルダーに広く参加を呼びかけた。

　この間の食料・農業・農村を巡る状況はWTO発足後の一層の社会経済のグローバル化の中で，農産物の自由化や混迷する農政などの大局的状況と，食の安全への消費者の不信，条件不利農村の疲弊，小規模，高齢農家の撤退など現場レベルでの困難な局面に直面している。いままたTPP協定交渉への参加とその後の対応を巡って，農業農村は存立の危機を迎えている。その一方で，国民の食料・農業・農村への関心へも食農教育，農業への新規参入や若者の農村への関心の高まり，農商工連携を通じて広がり，農業そのものにおいても企業的経営体の成長や集落営農の広がり強化が見られるなど，食料・農業・農村の行方は大局的状況と底辺の状況とが混在した不透明な状況が続いている。

　食農資源経済学会の前身九州農業経済学会では，1994年に『国際化時代の九州農業』を編纂出版している。この出版企画はガット・ウルグアイラウンドが進行中の1991年に始まっているが，「農業を巡る時代状況が変わり，農業が混迷の度を強めるなか，学会としても，現場で苦労されている農業者や農業関係機関の方々と連帯し，農業と農村維持のための展望をきり開く最善の努力を払うべきであるという共通認識」（同書はしがきより）を基にしていた。

　その後1995年WTO体制が発足し，1999年には食料・農業・農村基本法が成立し，農業・農村を巡る状況も，更に大きく変化してきた。食農資源経済学会が設立さ

れて7年が経ち,『国際化時代の九州農業』出版から約20年経過しようとしている今日,改めてWTO発足以降の学会の業績を踏まえ,食農資源経済学会の設立趣旨が学会活動に貫かれているかを検証し,さらに今日の食料・農業・農村が抱える課題を析出する作業が必要であるという認識に立った。

本書は,主として九州・沖縄を研究対象としている研究者が分担し,食農資源経済学会の設立趣旨に添って,食:そのあり方と農業の連携(第1章から第4章),農:その構造と新たな展開(第5章から第7章),資源:その持続的活用と地域振興(第8章から第11章)というⅢ部で構成され,特にこの間の学会シンポジウムで取り上げられたテーマと業績を踏まえつつ,地域の実態に即した今日的な食料・農業・農村の課題を明らかにする企図のもとに編纂された。

第2節 1995年以降の日本経済および九州経済

1．日本経済の概観

本節では,本書全体の経済的時代背景を俯瞰する。本書はおおむね1995年から現在までを対象にしている。便宜上1995年から2001年までをバブル発生から続く崩壊期をふくめてバブル期と称し,2002年から2007年までを低成長回復期,2008年から現在(2014年)までを低迷期としておく[1]。

バブル期は,1985年のプラザ合意以降の円高と経済構造調整路線による規制緩和に遠因がある。円高は,企業の海外進出の契機となり,規制緩和によって国鉄(1987年),電電公社(1985年),日本専売公社(1985年)が民営化され,パート労働や契約社員などの非正規労働による雇用調整が行われ,経済格差への歯止めがなくなった。また円高による土地価格高騰は開発ブームを招き,バブル経済を招来することになった。この過程で日本経済は一層,グローバル経済との一体化が進んだ。バブル経済は1991年10月頃から破たんの様相を見せ,地価下落,大手金融機関および住専の破たんが起こり,貸しはがしや貸し渋りが中小零細企業を苦しめることになった。需要の低迷から個人消費や鉱工業生産が停滞し,GDPの実質成長率が停滞した。さらに1997年の消費税税率引き上げ,およびタイ・バー

ツ危機に始まるアジア通貨危機などによって景気が落ち込むなか，1999年頃のIT景気によって持ち直すものの2001年には株価が暴落し，ITバブル崩壊と呼ばれる時期を迎えた。

　低成長回復期は，その後2002年から2007年までで，日本経済は不良債権処理と公共事業の見直しに追われ低成長を継続していたが，世界的には同時好況といわれる一時期を迎えていた。それはIT景気の余韻もあるものの，世界的な低金利，イラク戦争による戦時好況，あるいはオイルマネーの還流による株価の上昇も大きな要因であった。一方で，21世紀に入って20世紀型の大量生産・大量消費・大量廃棄を伴う「成長パラダイム」は終焉し，最適生産・消費・廃棄の「環境共生型」の持続社会が到来するとの期待もあった。しかし小泉内閣が掲げた「聖域なき構造改革」は郵政民営化，道路公団民営化，公共サービスの民営化など，公務員の非公務員化も相まって多数の非正規労働者を生み出し，地域経済の疲弊を産み，格差の一層の拡大につながった結果，期待された国内需要は喚起されなかった。この時期バブル後の不良債権処理は進んだが，それは世界経済の好況による輸出増加によって景気が回復したためであり，構造改革の結果とはいえないものだった。

　2007年アメリカのサブプライムローン問題を契機とし，2008年のリーマンブラザーズの破綻によって一挙に世界金融危機が発生し，世界同時不況といわれる低迷期に入った。日本経済も2008年，2009年と連続してマイナス成長に陥った。追い打ちをかけたのが2011年の東日本大震災である。2012年12月に誕生した第2次安倍内閣はアベノミクスと呼ばれるデフレ克服，経済成長政策をとっているが，株価のみは上昇したもののその他の経済指標は改善しておらず，成長戦略の柱と位置付けている環太平洋経済連携協定（TPP）についても交渉の行方は見えず，「戦前回帰的」政策志向も相まってその行く末は不透明である。

2．九州経済の概観

　九州経済の動向については九州経済調査協会（2010）を参考に概観することにする[2]。2001年までのバブル期では，日本経済全体のバブル経済崩壊後の落ち

込みに対して，九州経済が相対的に好調な動きを見せたとして，その理由に，第1は東アジアと連動した経済成長を実現したこと，第2は活発な設備投資，第3は公共投資の景気下支え効果，第4は高速交通体系の整備　九州縦貫自動車道　九州横断自動車道を挙げている（九州経済調査協会 2010：p.23）。

しかし2000年代に入ると，不良債権問題に端を発する金融業界再編は九州にも及び，市場の縮小に伴って九州においても価格破壊の波は押し寄せ，スーパー，デパートなどの小売業，外食産業，観光業なども域外からの企業進出と，経営不振による経営譲渡等が相次いだ。一方，IT関連産業が急成長し，小売業においても通信販売が飛躍的に伸びた。また企業のアウトソーシングや人材派遣業が展開するなど製造業中心の産業構造展開とは異なる動きがみられた。製造業では輸出依存度を高めながら従来からの自動車産業，半導体産業，さらには省エネ関連の太陽電池メーカーが多数立地するようになり，製造業自体の産出額の比率は高まった。しかし2008年のリーマン・ショックを境に世界同時不況が起こると，グローバル化している九州経済も少なからぬダメージを受けた。

また，地域経済を見るうえで2000年代に進められた平成の市町村合併の影響も見逃せない。詳しい検証が必要であるが，合併後10年間受けられる特例措置（地方交付税の減額延期と合併特例債）が終了したのちの財政負担による住民負担の増加とサービスの低下が地域経済を疲弊化し，人口減少に拍車をかけるという悪循環を生じている事例が多数みられるのである。

第3節　九州経済における農林水産業・食品産業の位置付け

九州の農業産出額は1990年から2010年までは徐々に減少傾向にあったが，2011年，2012年とやや持ち直している。この間九州以外の日本全体の農業産出額の減少が大きかったために，相対的に全国に占める九州の農業産出額の割合は高くなって2012年度では全国の19.3％を占めるに至っている。

九州の食料・農業・農村を見るうえで注目すべきは，産業構成のうえで食品製造業，食品卸売業，食品小売業など食品関連産業の占める比重が高いということ

表序-1 農業産出額の推移（九州）　　　　　　　　　　　　　　　　　　単位：億円、％

	1990	1995	2000	2005	2010	2011	2012
全国	112,787	105,846	92,574	88,067	82,551	83,455	86,106
九州	20,341	19,372	17,266	16,808	16,126	16,227	16,601
割合（％）	18.0	18.3	18.7	19.1	19.5	19.4	19.3

資料：平成25年度九州食料・農業・農村白書
原資料：農林水産省「生産農業所得統計」

表序-2 食品製造業の概要（2011年）

		事業所数	従業者数（千人）	製造品出荷額等（億円）	食品製造業のシェア（％）		
					事業所数	従業者数	製造品出荷額等
全国	製造業全体	233,186	7,472	2,849,688			
	食品製造業	34,531	1,141	334,203	14.8	15.8	11.7
九州	製造業全体	17,680	605	212,217			
	食品製造業	5,226	149	42,139	29.6	24.6	19.9

資料：九州農政局「平成25年度食料・農業・農村情勢報告」
原資料：総務省統計局「平成24年度経済センサス」

表序-3 飲食料品卸売業の概要（2011年）

		事業所数	従業員数（人）	年間販売額（億円）	飲食料品卸売業のシェア（％）		
					事業所数	従業員数	年間販売額
全国	卸売業計	267,008	2,773,073	3,404,378			
	飲食料品卸売業	55,949	589,611	670,563	21.9	21.3	19.7
九州	卸売業計	29,049	245,211	217,192			
	飲食料品卸売業	7,327	70,744	67,202	25.2	28.9	30.9

資料：九州農政局「平成25年度食料・農業・農村情勢報告」
原資料：総務省統計局「平成24年度経済センサス」

表序-4 飲食料品小売業の商店数と年間販売額（2011年）

		事業所数	従業員数（人）	年間販売額（億円）	飲食料品小売業のシェア（％）		
					事業所数	従業員数	年間販売額
全国	小売業計	782,862	5,535,790	1,104,899			
	飲食料品小売業	248,496	2,158,409	311,965	31.7	39.0	28.2
九州	小売業計	94,660	591,332	108,336			
	飲食料品小売業	32,609	229,817	31,536	34.4	38.9	29.1

資料：九州農政局「平成25年度食料・農業・農村情勢報告」
原資料：総務省統計局「平成24年度経済センサス」

である。

　まず食品製造業をみると，製造業全体に占めるシェアが事業所数，従業員数，製造品出荷額において全国平均より高く，特に事業所数シェアは九州では製造業全体の3割を占めるほどである。

　次に，飲食料品卸売業を見ると，ここでも事業所数，従業員数，年間販売額の

いずれも全国の卸売業に占める飲食料品卸売業のシェアよりも高い。販売額では九州の卸売業の3割を飲食料品卸売業が占めている。

飲食料品小売業をみると、小売業全体に占める飲食料品小売業のシェアは全国でも高いのであるが、九州も同じ程度かやや高い程度に小売業全体に占める飲食料品小売業のシェアは高いことが分かる。

このような食品関連産業全体の比重の高さも、「食農資源経済学会」設立の要因となり、今日の九州における農商工連携や六次産業化の隆盛につながっていると理解すべきであろう。

第4節　WTO体制以降の九州の食料・農業・農村の動向

さて、1995年以降の九州の食料・農業・農村政策を概観するには、1992年の「新しい食料・農業農村政策の方向」および1995年の「新食糧法」を起点にする必要があるが、農業政策の変遷を追うには大きな紙幅を必要とするので、ここでは末尾に年表を掲げるのみにしたい。

ただここで、1995年以降のUR合意が日本農業および九州農業にどのような影響を与えたか、またUR対策費がその影響を軽減するのに役立ったかどうかを多少検証しておきたい。

1993年12月13日未明細川首相はガット・ウルグアイラウンド（以下UR）農業合意の受け入れを発表し、1994年に正式合意となった。国境措置、国内支持、輸出競争について保護水準を1995年から2000年までの6年間に削減することを各国は約束した。そして日本は米以外の輸入制限品目等についての関税化、米についてのミニマムアクセスの受入れ、既に関税化された品目についての関税引下げ、国内支持の削減等を行うこととなった。そこで政府は1994年10月に「UR農業合意対策大綱」をまとめ、6兆100億円のUR対策費を計上した。

農林水産省は2000年に「UR農業合意関連対策の中間評価」を行い、さらに2009年には「UR関連対策の検証」を行っている。これらを子細に検討するのは紙幅の都合から出来ないが、「中間評価」および「検証」において図らずもUR対

策の効果は正確には検証できないとして評価を放棄しており，UR農業合意の決着とその対策がいかに杜撰で，政治的なものだったかを自ら告白している[3]。

これに対して東京財団（2014）では，UR農業合意での関税化回避とミニマムアクセス受け入れの比較を行い関税化回避が政策判断ミスだったとし，UR関連対策の6兆円の効果についても既存事業の積み増しや，事業前倒しなどであり，半数以上が公共事業であったが，それは折からの景気回復策と重なっており，効果が薄かったとして農水省の検証を裏付けている。

九州食料・農業・農村白書においてもUR対策については，例えば2000年度の白書において第11章「UR農業合意関連対策の推進」[4]を挙げているが，当対策についての事例を紹介されているのみで，その影響や効果については触れていない。UR農業合意が日本農業に大きな影響を与えない範囲で行われたと理解することも出来るが，その間も農業自体の衰退は進んでいるので，6兆円に及ぶUR農業対策が農業の強化や食料自給率の向上につながらなかったと評価できる。

第5節　検証すべき経験

最後に，九州農業にとって重要な出来事であったが，本書の各章では触れられていない問題について簡潔に記述しておく。

第1は，二つの大規模な公共事業に関することである。一つは1989年に着工された国営諫早湾干拓事業である。有明海の諫早湾を閉め切って巨大な干拓地を造成するとともに洪水防止を図ることを目的とした事業で，1997年に潮受け堤防の閉め切りが行われ，2007年11月に完工した。周知のようにこの事業には賛否があり，漁業者と農業者のみならず長崎県と佐賀県，福岡県，熊本県との間でも対立がおこり，裁判においても福岡高裁と長崎地裁が異なる司法判断をし，いまだ決着のついていない問題である。二つ目は，熊本県の川辺川ダム問題である。国交省の直轄ダムとして1966年から事業が始まり，当初多目的ダムとして洪水調節，不特定利水，かんがい，水力発電が計画されていたが，最終的には治水のみに事業縮小された。それには1984年農水省は国営川辺川総合土地改良事業を発表した

が，かんがい事業の必要性への疑問から大規模な反対運動が起き，裁判の末，川辺川ダムのかんがい事業としての目的は消滅したことが大きな転機となった。その後民主党政権下で2009年川辺川ダムそのものの建設が中止されるという経緯をとった。

　この二つの事例は，大規模な公共事業のもつ影響の大きさ，その必要性についての長期的展望を持った根拠およびその予測の困難さ，自然環境への負荷などを考えさせる問題であり，多数の大規模な農業関係公共事業を抱える九州農業にとっても深い検討を必要とする事例である。

　第2は，2010年に宮崎県で発生した口蹄疫問題である。2010年の3月に発生し，7月に収束するまでに牛，豚，水牛が28万8643頭殺処分された。この問題については，農水省の口蹄疫対策検証委員会報告書（2010）や宮崎県の口蹄疫対策検証委員会が出した報告書（2011）などがあるが，共通して指摘されているのは，初動体制の不備，家畜伝染病への意識の低さや体制の未整備，家畜衛生の人員不足や情報共有体制に不備および過度な規模拡大と不適切な堆肥処理など家畜飼養技術の問題である。そしてその対策としては徹底した防疫体制の整備，家畜衛生予防体制の整備，輸入飼料依存の軽減などを指摘している。しかし結局この口蹄疫発生の原因は不明であり，2000年に同じく宮崎県で発生したときに疑われていた輸入飼料との関係も明らかにならなかった。

　この事例は，今日グローバル化した農林水産物資の流通がもつリスク，および高病原性鳥インフルエンザの頻発にみられるような家畜疾病の不可避性を示唆している。と同時にアメリカ型の多頭飼育高密度飼養の畜産がもつ危うさ，家畜伝染病が常時発生しているアジア諸国との近隣性，輸入飼料依存畜産という日本的畜産の包含する問題を示しており，根本的な視点からの再検討が必要である。その意味では先の二つの検証報告書においては日本的な畜産における動物福祉の視点を全く欠いている点を指摘しておきたい。

　第3は，2008年9月に発覚したいわゆる「事故米」問題である。当初は農水省が事故米穀として（株）三笠フーズに売却した非食用の米が食用として転売されたことが確認されて発覚したものであるが，その後不正転売をした複数の卸売業

表序-5　農政年表

年	事項
1992	「新しい食料・農業農村政策の方向」発表
1993	「農業経営基盤強化促進法」改正，認定農業者制度開始 ガットウルグアイラウンド農業合意
1994	ウルグアイラウンド農業合意関連対策大綱決定
1995	ウルグアイラウンド農業合意対策がスタート 「食糧管理法」廃止，「食糧法」制定
1996	青果物原産地表示制度発足
1997	新たな米政策大綱決定
1998	「農政改革大綱」
1999	「食料・農業・農村基本法」制定
2000	「食料・農業・農村基本計画」策定 有機農産物のJAS規格制定
2001	ドーハラウンド開始
2002	「食と農の再生プラン」公表
2003	「消費・安全局」新設 食糧庁廃止と地方農政事務所の新設 米政策改革基本要綱制定
2004	新たな米流通制度開始
2005	「新たな食料・農業・農村基本計画」策定 「経営所得安定対策等大綱」策定
2006	「品目横断的経営安定対策」開始
2007	水田・畑作経営安定対策を実施
2008	「農商工連携促進法」制定
2009	「農地法改正」一般法人の農地の貸借が可能となる
2010	「食料・農業・農村基本計画」策定 戸別所得補償モデル事業開始
2011	農業者戸別所得補償制度の本格実施 「六次産業化法」制定
2012	「人・農地プラン」開始
2013	TPP交渉に日本参加
2014	オーストラリアとのEPA合意

資料：平成25年度「九州食料・農業・農村白書」より抜粋

者から多数の業者を経て全国の食品加工会社，酒造会社，菓子製造業者等に汚染米穀が販売されていた問題である。この問題は九州に限った問題ではなかったが，九州内の焼酎製造，清酒醸造など多数の業者に甚大な被害を及ぼした点で特筆すべき問題である。それは単に食品製造業が農産物の汚染と深くつながっていることを如実に示したというだけでなく，この事故米穀3万4,185トン（農水省公表）のうち75％の2万5,657トンがミニマムアクセス米だったという点で，ミニマムアクセス米の管理の杜撰さと不必要性を天下のもとに明らかにした事件であった。

　今日，アベノミクス農政は，TPP交渉を進める一方で農産物輸出や農業所得の増大など二律背反する政策を打ち出しているが，政策決定プロセスの検証の必要性と，否応なく進むグローバル化の中に九州・沖縄の農業・農村が置かれている

ことをしっかりと認識するべきことをこれらの経験は示している。

註
（1）厳密な経済分析に基づく時期区分ではなく，記述上の便宜的区分である。
（2）本章で九州経済調査協会の資料を参照する場合には，九州7県に山口県，沖縄県が対象に入っており，九州農政局の資料を参照する場合には，山口県，沖縄県は対象から除かれていることに注意が必要である。本章の記述もデータの制約などから九州7県を念頭に執筆されていることを断っておきたい。
（3）「UR関連対策については，その開始時において，事業の目標に対する達成度合いにより事後的に評価を行うこととされていなかった」「施策自体の効果とその他の要因による影響とを分離することが技術的に困難であること」（農水省 2000：pp.3～4），「①マクロ的動向として農家の平均経営規模の緩やかな増加などがみられるが，UR関連対策とそれ以外の影響との分離が困難なこと，②事業メニューが一般施策と同じものが多いことなどから，以後，UR関連対策のみの寄与度の把握はせず…」（農水省 2009：p.3）。
（4）九州農政局（2001）pp.173～178。

参考文献
口蹄疫対策検証委員会（2011）「口蹄疫対策検証委員会報告書」
九州経済調査協会（2010）『九州産業読本（改訂版）』
九州農政局（2000）『九州食料・農業・農村白書』
九州農政局（2001）『平成12年度九州食料・農業・農村白書』
宮崎県口蹄疫対策検証委員会（2011）「2010年に宮崎県で発生した口蹄疫の対策に関する調査報告書」
農林水産省（2000）「ウルグァイ・ラウンド農業合意関連対策の中間評価（平成13年度までに実施されたものについて）」
農林水産省（2011）「ウルグァイ・ラウンド（UR）関連対策の検証」
農林水産省九州農政局（2014）『平成25年度九州食料・農業・農村白書』
東京財団（2014）『政策研究　ウルグアイラウンドと農業政策～過去の経験から学ぶ～』

第Ⅰ部

食：そのあり方と農業の連携

写真提供：小林恒夫氏

第1章　食料農産物輸入の拡大とその影響

本章のねらいと構成

　九州は，1991年の牛肉・オレンジの自由化により，肉用牛産地，柑橘とりわけ温州ミカン産地に多大な影響を受けた。その後，関税率の引き下げに応じてその影響は地域農業・経済に引き続き大きな影響をもたらした。また，中国産野菜，イ草等の急速な輸入拡大が，局地的影響をもたらしたことは言うまでもない。

　本章では，このような状況を踏まえた農産物輸入自由化の影響について考察することを課題とする。そこでの視点は，輸入自由化＝関税化の影響と産地の対応，輸入農産物の市場構造の把握，そして関税撤廃の影響である。

　まず第1節では，九州農業において広範な広がりを見せる肉用牛経営・酪農経営を対象にして，牛肉自由化が及ぼした影響と産地サイドの対応について考察する。さらに，関税が撤廃された場合の牛肉部門に与える影響と派生部門（子牛生産部門）に与える影響について考察し，乳製品の関税を撤廃した場合の酪農部門及び肉牛部門に与える影響についても検討する。

　ところで，国際市場の寡占は，関税と同等の効果をもち，「第2の関税」とも言える。つまり，貿易の自由化が進展したとしても，それにともない，わが国の農産物市場が寡占化されれば，わが国の農業は実質的に保護されることになる。一方，貿易自由化の進展にともない，わが国の農産物市場が競争的になれば，わが国の農業は国際競争に直接さらされることになる。第2節では，輸入自由化が進展した現実を踏まえ，わが国の主要輸入農産物の市場を対象に，「第2の関税」という農業保護の観点から，わが国農産物市場の寡占度の変化を概観する。

　一方で，自由化＝関税化が達成されたのちは，FTAやEPAの進展や議論を待つまでもなく，関税の削減，関税撤廃という流れが生じている。すでに，大豆のような，無関税で輸入される農産物については，国際価格の乱高下の影響を直接受けてしまい，国内価格が不安定になってしまう恐れがある。しかしながら，わ

が国に対する関税削減を中心とした農産物貿易自由化の要求は近年さらに強まっており，予断を許さない状況である。

　そこで，第3節では，大豆を事例とし，無関税で輸入される農産物の価格が，国際価格の変動と連動して不安定になりがちであることを確認することで，安易な貿易自由化の進展は，価格変動リスクを高め，国内価格の不安定化につながりかねないことを示す。

第1節　牛肉自由化が地域畜産業の展開に与える影響

1．課題の設定[1]

　我が国は，1960年の貿易・為替の自由化計画大綱を発表して以来，市場開放の第1段階として農産物における段階的自由化を進めてきた。ここで言う自由化はすなわち関税化を示しており，輸入数量制限品目が順次関税化され，その関税率が下げられるというプロセスをたどってきた。関税化という観点からは，1993年のUR合意によるコメ関税化によってすべての農産物が関税化され第2段階に入った。そして今日，牛肉，乳製品などの関税撤廃をめぐってTPP交渉が行われているが，関税化＝自由化という第2段階から関税撤廃という最終段階への秒読みが始まっているといってよい。

　第2段階での自由化プロセスでインパクトが大きかったのは91年に関税化された牛肉であった。それは，需要成長品目であった牛肉部門へのインパクトという観点，直接牛肉供給という点で影響を受ける肥育部門だけでなく，波及的に影響を受け，地域農村の土地利用からも影響の大きな和牛繁殖部門へのインパクトという観点，そして和牛と輸入牛の品質の差による製品差別化と言った観点から注目を浴びた。

　本節では，以上のような視点を考慮して，牛肉の自由化を対象に，牛肉・酪農部門に与えた影響と産地サイドの対応について考察することを第1の課題とする。そして，関税が撤廃された場合の牛肉部門に与える影響と派生部門（子牛生産部門）に与える影響について考察し，乳製品を関税撤廃した場合の酪農部門及び肉牛部門に与える影響についても検討を加える。

2．91年自由化以降の牛肉市場変化と産地対応

（1）自給率の低下

　図1-1は，牛肉自由化以降の月別の国内生産量と輸入量を棒グラフで示し，自

第1章 食料農産物輸入の拡大とその影響

給率を折れ線グラフで示したものである．図によると，1991年の自由化以降一貫して牛肉輸入が増大し，自給率が低下していることがわかる．その傾向が一変するのは，国内BSE及び米国でのBSE発生以降である．国内BSEが発生して一時的に国内産への嗜好が落ち込み，自給率は大きく減少するが，その後牛肉消費が減少して自給率は上昇する．そして，米国でBSEが発生し米国からの輸入が禁止されるに至り，自給率が50％近くまで上昇する様子がうかがえる．国内牛肉消費における米国の重要性をみることができる．一方でBSE発生以降，消費が落ち込み容易に回復しない様子もみることができる．

(2) 品質的に輸入牛と競合する乳オスの減少・F1の増大

自由化以降に起こったことは，国内供給基盤の変化である．牛肉輸入自由化を前にして，輸入牛肉は，和牛とは代替せず，乳用種とは補完関係にあると指摘する論者もいた（Mori, and Lin 1990：pp.195～203）．しかし，自由化以降乳用種

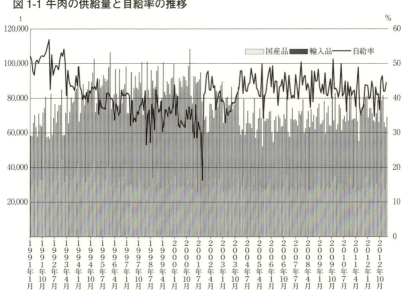

図1-1 牛肉の供給量と自給率の推移

資料：農林水産省「食肉流通統計」，財務省「貿易統計」各年次より作成
注：数量は部分肉ベース

の肥育牛頭数割合が一貫して減少し,逆に黒毛和種と乳用種の交雑種肥育頭数割合が増大した(福田 2014:pp.42〜50)。その割合は1998年を境に逆転し,交雑種の割合がその後恒常的に乳用種を上回っている。これは,米国からの輸入牛肉の品質が国産乳用種牛肉のそれと競合し,乳用種牛肉の価格が低下し,供給量が減少したためである。ただ,2001年以降,乳用種の割合も低下傾向に歯止めがかかり,一定の需要を支えていることは重要な論点である。

(3) 外食・業務用に支えられた牛肉需要

自由化以降,牛肉自給率が低下したこと,国産における品種間構成が変化し,ホルスタイン種の割合が低下したことを指摘したが,ここでは,牛肉消費の観点から考察しておく。

図1-2によると,牛肉の家計消費割合は自由化以降一貫して低下し,業務用・外食向け割合が増加した。しかし,その傾向は国内BSE発生以降変化し,家計消費の割合は横ばい傾向を示している。この間の動向は自給率の動向と軌を一にしている。すなわち,自由化以降一貫して輸入牛肉量が増え,それを業務用・外食

図1-2 牛肉消費仕向割合の推移

資料:農畜産業振興機構資料より作成

向け需要が支えたのである。しかし，BSEが発生して外食産業を中心とした需要増大傾向に歯止めがかかり，結果的に家計消費割合が横ばいとなったのである。

（4）自由化と肉牛産地の立地移動

一方，福田（2011：pp.177～188）は畜産業の産地移動を確認するために，乳牛及び肉牛の飼養頭数の都道府県別変動係数の推移から以下のような点を明らかにしている。まず第1に，乳牛が80年代ですでに肉牛部門に比べて飼養頭数の変動係数が大きかったが，牛肉輸入自由化は，酪農の副産物である乳雄ヌレ子価格の著しい低下をもたらし，収益性を悪化させた。したがって，北海道を中心に相対的に草地基盤に恵まれた地帯を中心に酪農の立地分化が著しく進んでいる。

第2に，和牛肥育部門では，頭数の都府県別変動係数の推移は，自由化前後で乳牛ほどの大きな変化はなく，鹿児島といった繁殖地帯，佐賀（中山間地域）などの新興産地を中心に増頭し，肥育主産地を形成してきた。

第3に，和牛繁殖部門では，役畜から用畜への転換が一巡して以降も，農家の資源利用と結びついた形で高齢零細飼養のシェアが高く，構造再編が遅れていた。同時に，中国，東北地方から南九州への立地移動が顕著で，低賃金，低地代構造の肉牛繁殖産地が形成された。低賃金，低地代地域への立地移動は一層進み，沖縄，北海道における大規模土地利用型経営への産地移動が顕著になるのである。自由化以降の緩やかな上昇傾向は和牛肥育と同様である。

第4に，乳雄肥育牛部門では，自由化を契機に急激に変動係数が上昇し，産地間の飼養頭数の増減が著しかったことを示している。多くの都府県が飼養頭数の激減を見せたのに対して，北海道，九州を中心に増頭傾向が近年まで続いた。この間，一般的に乳雄肥育部門が著しく縮小する中で，専門農協を中心として地域資源と結びついた産地形成も行われてきたことについては，後述したい。

3．と畜段階の構造再編と産地の販売・流通戦略

（1）と畜施設の構造再編

牛肉自由化は，以上のような肉牛産業への影響をもたらしたが，輸入牛肉の増

第Ⅰ部　食：そのあり方と農業の連携

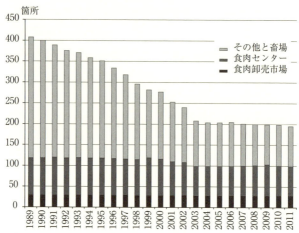

図1-3　と畜場の種類別設置数の推移

資料：農畜産業振興機構資料より作成

大の影響は，国内と畜産業にも波及する（甲斐諭 1990：pp.1～12）。輸入牛肉が増大することで，国内と畜頭数が減少し，と畜施設の取り扱い頭数の減少，施設の統廃合をもたらした。他方飼料資源の国際化は，BSEという家畜疾病のグローバルな広がりをもたらし，と畜施設の衛生・安全面からの淘汰を強いることになった。図1-3は，と畜場の種類別設置数の推移を示したものである。図によると，90年代の早い段階から卸売市場，食肉センター以外のその他のと畜場の数は一貫して減少している。とりわけ，BSEの発生した2001，2002年の減少は著しい。と畜場の減少はその後下げ止まりをみせており，構造再編はいったん終止符を打ったと見られる。

　このような中で，牛肉産地では，産地食肉センターを販売拠点として充実させる戦略がとられてきた。以下では，宮崎県の（株）ミヤチクの事例を考察する。

（2）（株）ミヤチクの産地流通起点としての位置づけ[2]

　（株）ミヤチクは，（株）宮崎くみあい食肉を前身として2001年に社名変更している。会社組織は，管理部，生産部，営業部，加工品部，外食部，の5部，高崎

工場，都農工場の2工場体制からなっている。2つの工場ではと畜解体処理，枝肉生産，部分肉製造をおこなっている。1990年には牛肉対米輸出工場に認定されている。

　営業部はミヤチクの商品販路の開拓及び販売促進，販売に当たっており，宮崎，東京を始めとして現在10の営業所がある。加工品部は3つの加工センターを持ち，ハムやソーセージの生産を行っている。外食部は5か所のレストラン部門からなる。単にと畜解体処理場というよりも食肉生産・加工・販売会社であるという戦略が見て取れる。

　牛肉については，枝肉販売ではなくカット率を高めて部分肉で販売することを戦略化しており，カット率販売75％程度まであがっている。その成果が売り上げシェア増大に結びついているだけでなく，ミヤチクの宮崎牛ブランド化に貢献してきた。

　現状の商取引をみると，ミヤチクがと畜処理した枝肉を経済連から買い取る方式がほぼ100％近く採用されている。いわゆる委託販売ではなく，買い取り販売であり，経済連はと畜・解体料金を差し引いた販売額を生産者に支払っている。

　仕入れた牛肉の販売先は大手3社が55.1％を占めているが，残りは外食，中食，小売業など業態も多種に渡る1,000社を超える実需者との取引である。これが県内外に展開する営業所の販売促進と販売努力によることは言うまでもない。ミヤチクが卸を経由して販売する事例はほとんどなく，自社からの直接販売が行われている。

　「宮崎牛」ブランド確立及び（株）ミヤチクの営業利益の確保のため，次のステージに向けた戦略として，従来の素材供給型から商品供給型への転換を位置づけている。すなわち，最終消費に近い商品供給を行い，付加価値を産地・農家に還元するといった視点が一層重要になるという認識である。今日的にみると6次化の徹底であり，輸出の拡大のみならず加工部門，外食産業部門の強化を意味する。

　以上のように，ミヤチクの事業は，輸入自由化に対応して単なると畜処理解体業者でなく，食肉生産販売会社として展開してきたことに大きな特徴を見出せる。米国輸出認可工場となったことを契機に，衛生・安全の観点から一層信頼のおけ

る生産体制となり，営業との両輪で販売先拡大と売上増大につながった。そして，今日，素材供給型体制から商品供給型体制の重視へという舵取りを指向している。それはとりもなおさず，加工部門と外食部門が食肉販売部門と同様に経営の柱となることを意味する。

（3）宮崎県乳用牛肥育事業農業協同組合の戦略転換

　宮崎県乳用牛肥育事業農業協同組合（以下，「乳肥農協」）は，1972年に乳用種肥育を主業務とする専門農協として75戸の農家（乳用肥育牛飼養頭数2,654頭）で発足している。その後，事業規模は拡大し，2011年で256頭，31戸の農家で，524頭/戸と規模拡大している。

　上述したように，自由化後最も影響を受けたのは，乳オス肥育部門である。乳肥農協ではその影響の顕在化を見越して，1990～92年にかけて，組合の肉用牛肥育センターを建設し，交雑種導入のための技術改善やコスト削減方策の実証試験を実施した。自由化に対応して1990年から開始した交雑種の肥育事業において，給与飼料や出荷月齢の技術的検討を踏まえてマニュアル化を行って組合員に普及し，その結果は図1-4に示す通り，交雑種の拡大につながった。

　1992年以降交雑種は徐々に増頭し，1996年以降急速に増頭が進んで，1999年になると交雑種飼養頭数が乳用種を逆転している。つまり，乳用種の減少を補完するように交雑種飼養頭数が拡大し，折れ線グラフでみられるように1戸当たりの平均飼養頭数は一貫して増大している。そして，現在では，乳用種＋交雑種18戸，乳用種＋黒毛と交雑種＋黒毛で13戸（3種飼養農家も存在）という多角化した肥育牛経営の形態となっている。

　一方，図1-4で明らかなように，交雑種を主体とした飼養構造に転換しても，テーブルミートを中心に一定の乳用種需要に対応した乳用種の飼養があることに留意する必要がある。この背景として，ハーブ牛によるブランド化をあげることができる。2000年口蹄疫，2001年BSE発生後の牛肉需要落ち込みを前にして，1999年から肥育センターでハーブ添加飼料給与による差別化商品の試験を開始し，2001年からハーブ牛の販売を開始している。全肥育牛について全肥育期間ハーブ

図1-4 乳肥農協における飼養頭数と平均飼養頭数の変化

資料：宮崎県乳肥農協資料より作成

添加・無抗生剤飼料の給与など付加価値を高めたハーブ牛のブランド化を行い，大手食肉メーカーの銘柄牛に指定されるに至っている。

以上のように，乳肥農協の肥育センターを基盤とした技術試験，商品開発によって組合員農家は経営転換を図りながらグローバル化した肉牛生産部門を生き抜くことが可能となっている。

（4）大手食肉メーカーの産地食肉センターへの進出

牛肉自由化以降の特筆すべき大手食肉加工メーカーの行動として，九州，北海道を中心とした産地食肉センターの設立を指摘することができる。大手食肉メーカーは，自由化以降肉牛産地に立地する小規模と畜場を統合再編して新たな食肉センターを設立してきた。これは，輸入牛肉を安定的に調達する一方で，国内の和牛，F1等の安定的確保を行い，それによって国産ブランド牛肉の調達・形成を行う戦略がある。

以上のような自由化後の食肉メーカーの行動の論理は，次のような点に求めることができる。第1に，国産牛の安定的供給不足懸念への対応である。自由化以

降，国内肉用牛農家のリタイアが目立つ中で，安定的に産地を確保するために，肉用牛のと畜ポイントであり，部分肉として商品流通の起点となる食肉センターを設立したのである。第2に，食肉センターを肉用牛の主要な産地に設立することによって，産地段階から肥育農家の囲い込みを行うことである。

食肉メーカーは，輸入牛肉に価格だけでなく，品質と安定供給を求めており，安全性基準は今日では必須の条件である。国産牛肉にも同様のポイントを訴求するが，量的安定供給が最も懸念される点であり，自ら産地へ進出する戦略をとっていると理解される。

4．関税撤廃の影響

(1) 肥育部門・繁殖部門への影響

政府は，TPP交渉に関連して関税撤廃による国内農業への影響に関して統一試算結果を発表した。この関税撤廃の影響試算には，いくつかの前提が存在する[3]。この前提をもとに試算された牛肉へのインパクトは，豪州・米国産との価格差3倍弱の3等級以下の国産牛の90%は競合して輸入牛肉に代替される。また，4，5等級は競合しないが，価格が197円/kg低下する。それによる生産減少額は3,600億円である。

ところで，この試算では肥育部門から供給される肉用牛のみの影響が試算されている。和子牛の需要関数の推計では，和牛去勢枝肉価格が1%変化すると，和子牛価格は1.02%変化する。関税撤廃シナリオでは，3等級以下の肉用牛はすべて代替されるほか，4，5等級も7%枝肉価格が下落することになり，40万円の子牛価格は37万円程度に下落する。子牛価格の下落は約30ケ月後の和子牛供給の減少につながると考えられる。試算では，和牛繁殖経営への影響は考慮されていないが，多くの零細経営は激減すると予測され，大規模繁殖経営と酪農経営が和子牛の供給主体になると見込まれる。

(2) 酪農部門への影響

次に，酪農部門の関税撤廃の影響を検討する。豪州産，NZ産，米国産等と約

3倍の内外価格差のあるバター，脱脂粉乳の2部門はすべての国内産が競合して海外産に置き換わり，生産減少額は1,300億円となる。牛乳乳製品全体の生産減少額は，2,900億円となる。この生産減少額のほとんどは生乳ではなく乳製品への影響である。すなわち，乳製品向け生乳供給は壊滅的影響をうけることになる。周知のように，わが国では，加工乳向け生乳の補給金制度により，加工原料乳供給地帯としての北海道，飲用乳供給地帯としての都府県に棲み分けている。関税撤廃により，乳製品の国内市場は海外産に席巻されることから，わが国生乳供給システムは崩壊し，北海道と都府県との棲み分けシステムが成立しえなくなることは容易に予想される。したがって，飲用向け生乳供給をめぐって北海道と都府県との競争が生じることになる。当然のように，コスト競争力からすると，北海道の競争力は高く，酪農は北海道のみに依存する生産構造へ転換することが予測される。これ自体，わが国農業の地帯構成への極めて著しいインパクトである。

そして，都府県酪農家は廃業に追い込まれるか，和牛繁殖経営への転換が見込まれる。すなわち，酪農経営から供給される副産物の本格的な商品供給戦略＝和牛交配によるF1生産，受精卵移植による和牛生産から，経営としての和牛経営への転換に向かうことが予想されるのである。それによって，都府県酪農経営の肉牛繁殖経営への参入による和子牛生産構造，市場構造の再編が生じることが予想される。

5．むすびにかえて

本節では，牛肉自由化の影響を考察した。牛肉市場の関税化は，牛肉生産構造に多大な影響を与えて，自給率が低下した。同時に，新たな交雑牛（F1）市場の拡大，産地としては，和牛産地の系統組織を母体とした企業の，食肉販売企業としての新たな展開，食肉加工メーカーによると畜段階の再編とマーケティングの起点化という対応を迫った。

次に，関税撤廃の影響について考察した。関税撤廃は地域畜産に壊滅的ダメージをもたらし，牛肉生産のみならずその原料を供給する産地とりわけ肉牛繁殖経営，酪農経営への影響は極めて甚大であることを示した。また，酪農部門のイン

パクトの波及効果として，和子牛生産部門における構造再編が必至となることを示した。

註
（1）本節は，福田（2014：pp.42 ～ 50）を加筆修正したものである。
（2）㈱ミヤチクの詳細な実態と機能の分析は，福田（2008：pp.29 ～ 35）を参照されたい。
（3）①内外価格差，品質格差，輸出国の輸出余力等の観点から，輸入品と競合する国産品と競合しない国産品に二分する。②競合する国産品は，原則として安価な輸入品に置き換わる。すなわち，生産減少額＝国産品価格×競合する国産品生産量となる。③競合しない国産品は，安価な輸入品の流通に伴って価格が低下する。すなわち，生産減少額＝価格低下分×競合しない国産品生産量となる。

第2節　貿易自由化とわが国農産物市場の寡占度の変化
　　　―「第2の関税」という農業保護の観点から―

1．はじめに

　わが国の農産物市場の歴史は，貿易自由化の歴史であったと言っても過言ではない。わが国が1955年にGATTに加盟して以降，ケネディ・ラウンド（1964～1967年），東京ラウンド（1973～1979年），日米農産物交渉およびウルグアイ・ラウンド（1986～1993年）等，度重なる国際農業交渉を経て，わが国の農産物の関税はその多くが削減され，輸入数量制限はすべて関税化された。その結果，農産物の輸入は拡大の一途をたどった。

　本節の課題は，以上の貿易自由化にともない，わが国農産物市場の寡占度がどのように変化してきたかを概観することである。

　寡占は，前田（2013）が指摘しているとおり，関税と同等の効果をもち，「第2の関税」とも言える。つまり，貿易の自由化が進展したとしても，それにともない，わが国の農産物市場が寡占化されれば，わが国の農業は実質的に保護されることになる。一方，貿易自由化の進展にともない，わが国の農産物市場が競争的になれば，わが国の農業は国際競争に直接さらされることになる。

　そこで，本節では，わが国の主要輸入農産物の市場を対象に，寡占度の指標であるハーフィンダール・ハーシュマン指数（Herfindahl-Hirschman Index，以下HHI）の時系列を計測することを通じて，「第2の関税」という農業保護の観点から，わが国農産物市場の寡占度の変化を概観する。

2．ハーフィンダール・ハーシュマン指数とその計測方法

（1）ハーフィンダール・ハーシュマン指数

　HHIは寡占度を表す指標の1つである。産業全体の生産量に占めるある企業の生産量の割合を当該企業の市場占有率（マーケット・シェア）と定義すれば，当

該産業のHHIは，企業の市場占有率の2乗を当該産業に存在するすべての企業について合計したものとして定義される。

HHIには次の2つの性質がある。第1に，HHIはその産業の競争度に応じて，$0 < HHI \leq 10,000$の値をとる。例えば，ある産業が1つの企業に100％独占されている場合，この産業のHHIは10,000（$= 100^2$）となる。また，この産業に3つの企業が存在し，各企業の市場占有率がそれぞれ50％，30％および20％であれば，この産業のHHIは3,800（$= 50^2 + 30^2 + 20^2$）となる。さらに，この産業に無数の企業が存在し，各企業の市場占有率がそれぞれ0％に限りなく近ければ，この産業のHHIは0に限りなく近くなる。

第2に，HHIはその産業における企業の分布の不均等度も示す。ある産業に4つの企業が存在するものとしよう。ここで，一部の企業の市場占有率が極端に大きく，各企業の市場占有率がそれぞれ90％，5％，3％および2％であれば，この産業のHHIは8,138（$= 90^2 + 5^2 + 3^2 + 2^2$）と大きな値を示す。一方，各企業の市場占有率に差がなく，すべての企業の市場占有率が25％であれば，この産業のHHIは2,500（$= 25^2 \times 4$）となる。つまり，HHIは，企業の分布が不均等である程，大きな値を示す。

本節では，以上の企業の市場占有率を国家レベルで定義しなおすことによって，わが国の農産物市場における日本と諸外国の市場占有率，およびHHIを計測する。

（2）ハーフィンダール・ハーシュマン指数の計測方法

SSR，DおよびIM_iをわが国におけるある農産物の自給率，需要量およびi国からの輸入量とする。ここで，輸入農産物が海外に転送されたり，在庫として積み増されたりすることはないと仮定すると，次の（1）式が成立する。

$100 - SSR = \Sigma IM_i / D \times 100$　　（1）

また，（1）式より，日本以外の各国の市場占有率は，次の（2）式のように導かれる。

$IM_i / D \times 100 = (100 - SSR) \times IM_i / \Sigma IM_i$　　（2）

したがって，（2）式より，HHIは次の（3）式のように導出される。

$$HHI = SSR^2 + \Sigma \, (IM_i/D \times 100)^2$$
$$= SSR^2 + (100 - SSR)^2 \times \Sigma \, (IM_i/\Sigma IM_i)^2 \quad (3)$$

本節では,以上の(3)式を利用して,HHIを計測する。

3. データ

本節では,HHIの計測対象を,わが国の主要な輸入農産物である小麦,とうもろこし,大豆,牛肉,豚肉および鶏肉の6品目の市場とする。また,計測期間を1986～2011年の26年間とする。

なお,前項の(3)式を利用してHHIの時系列を計測するに当たっては,わが国における各農産物の自給率および各国からの輸入量のデータが必要である。そこで,本節では,各年における『食料需給表』の品目別自給率,およびFAOSTATの品目別国別輸入量を利用する。

ただし,牛肉,豚肉および鶏肉の自給率については,飼料自給率を考慮しない値を用いる。また,各国からの輸入量については,中国と台湾を区別した上で,次のように集計する。第1に,小麦については,わが国への輸入量の90%以上が玄麦であるため,玄麦のみを計上する。第2に,牛肉については,わが国への輸入量の90%以上が部分肉であるため,部分肉のみを計上し,自給率の計算方法に沿って枝肉換算する。第3に,豚肉については,わが国への輸入量の90%以上が部分肉,枝肉および調整肉であるため,これら3種類の肉を計上し,自給率の計算方法に沿って枝肉換算する。第4に,鶏肉については,わが国への輸入量の90%以上が正肉および調整肉であるため,これら2種類の肉を計上し,自給率の計算方法に沿って骨付き肉換算する。

4. ハーフィンダール・ハーシュマン指数の計測結果

わが国の小麦,とうもろこし,大豆,牛肉,豚肉および鶏肉の各市場におけるHHIの計測結果は,それぞれ図1-5～10に示すとおりである。なお,折れ線は各年のHHIの計測値を,また実線は,次の(4)式を推計することによって得られる回帰曲線を示している[1]。

第Ⅰ部 食：そのあり方と農業の連携

図 1-5 わが国小麦市場における HHI の推移（1986 年〜 2011 年）

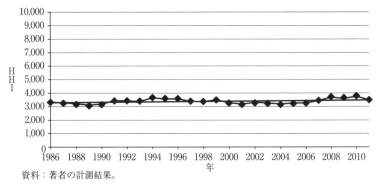

資料：著者の計測結果。

図 1-6 わが国とうもろこし市場における HHI の推移（1986 年〜 2011 年）

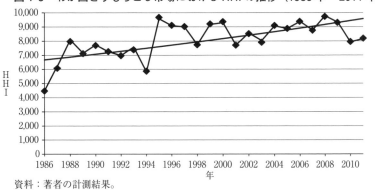

資料：著者の計測結果。

図 1-7 わが国大豆市場における HHI の推移（1986 年〜 2011 年）

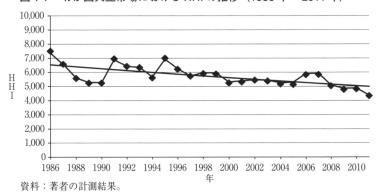

資料：著者の計測結果。

図1-8　わが国牛肉市場におけるHHIの推移（1986年〜2011年）

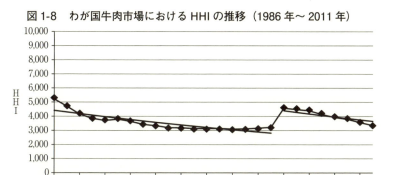

資料：著者の計測結果。

図1-9　わが国豚肉市場におけるHHIの推移（1986年〜2011年）

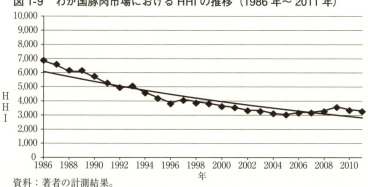

資料：著者の計測結果。

図1-10　わが国鶏肉市場におけるHHIの推移（1986年〜2011年）

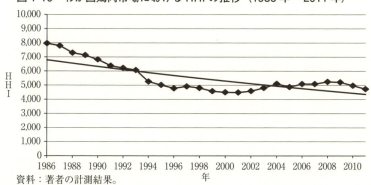

資料：著者の計測結果。

HHI = ae^{bT}　　(4)

ここで，e，Tはネイピア数および時間を表している。また，aおよびbはパラメータを表し，特にbは，HHIの年平均の変化率を表している。

市場ごとにHHIの計測結果をまとめると，次のとおりである。

第1に，小麦市場のHHIは，年平均0.2％（10％水準で統計的に有意）とその上昇率は非常に小さいものの，毎年着実に上昇している。

第2に，とうもろこし市場のHHIは，振幅は大きいものの，毎年着実に上昇し，その上昇率は年平均1.4％（1％水準で統計的に有意）である。特に1995年以降は，HHIが9,000を超える，つまり市場が独占状態に極めて近い年が数多く見受けられる。

第3に，大豆市場のHHIは，毎年着実に下落し，その下落率は年平均1.1％（1％水準で統計的に有意）である。

第4に，牛肉市場のHHIは，米国でBSEが発生し，わが国において米国産牛肉の輸入が禁止された2004年以降，全体的に上昇したものの[2]，毎年着実に下落し，その下落率は年平均2.6％（1％水準で統計的に有意）である。

第5に，豚肉市場のHHIは，毎年着実に下落し，その下落率は年平均3.1％（1％水準で統計的に有意）である。

第6に，鶏肉市場のHHIは，毎年着実に下落し，その下落率は年平均1.8％（1％水準で統計的に有意）である。

5．おわりに

以上のHHIの計測結果を「第2の関税」という農業保護の観点から考察すると，次の点が明らかになる。

第1に，国家貿易品目である小麦の市場では，微量ではあるが，寡占度が長期にわたって着実に上昇しており，わが国の小麦作経営は，「第2の関税」によって安定的に保護されてきた。

第2に，わが国において生産が一定程度行われている大豆，牛肉，豚肉および鶏肉の市場では，寡占度が長期にわたって着実に下落しており，これらの経営は，

「第2の関税」による保護が弱まることによって，国際競争に直接さらされる傾向にある。また，この傾向は，畜産経営が特に強い。

　第3に，とうもろこしの市場では，寡占度が長期にわたって着実に上昇しており，独占状態に近づきつつある。ただし，わが国のとうもろこしの自給率は0％であるため，以上の寡占度の上昇は，「第2の関税」ではなく，外国の市場支配力の高まりを意味する。つまり，寡占度の上昇は，とうもろこしを飼料として需要するわが国畜産経営の価格交渉力が低下傾向にあることを示唆している。

　以上より，わが国においては今後，特に畜産経営が，飼料用とうもろこしの需要および畜産物の供給の両面において，より厳しい市場環境に置かれていくものと予想される。

註
（1）パラメータの推計は，(4) 式の両辺について対数をとった上で，OLSを利用して行った。
（2）2004年以降を1とする切片ダミー変数は，1％水準で統計的に有意である。

第3節　農産物貿易自由化の進展と価格変動リスク
―大豆を事例として―

1．はじめに

　世界の農産物価格は様々な要因によって乱高下している。価格の不確実性は，農家の投資，すなわち要素投入を減少させ，生産量を減少させる原因となる。これに対し，主要な農産物に対する日本の国境措置，例えば輸入小麦の売渡制度は，政府買入価格にマークアップを上乗せして売り渡すことで，実質的に関税の役割を果たしている。また，この制度は，この売渡価格をある水準で一定程度維持し続けることで，小麦の国内価格が，国際価格の乱高下の影響を直接受けないような，「防波堤」の役割をも果たしていると言える。一方で，大豆のような，無関税で輸入される農産物についてはこれらの「防波堤」がなく，国際価格の乱高下の影響を直接受けてしまい，国内価格が不安定になってしまう恐れがある。しかしながら，わが国に対する関税削減を中心とした農産物貿易自由化の要求は近年さらに強まっており，現在「防波堤」を持つ農産物についても予断を許さない状況である。

　そこで，本節では，大豆を事例とし，無関税で輸入される農産物の価格が，国際価格の変動と連動して不安定になりがちであることを確認することで，安易な貿易自由化の進展は，価格変動リスクを高め，国内価格の不安定化につながりかねないことを示す。具体的には，大豆の国際価格と輸入価格および国産価格について，価格の変動の度合いを表すボラティリティ（Volatility）を計測し，その推移について明らかにすることで，所期の目的を達成する。

2．ボラティリティ

　ボラティリティは価格の変動の度合いを表す指標の1つであり，OECDやFAO，IFPRIといった国際機関においても農産物価格の変動リスクを計測する際

に用いられている。ボラティリティは以下の通りに表される（OECD (2010)）。

$$Volatilty\ (P) = \sqrt{VAR_{t \in t-4, t}\left(\ln\left(\frac{P_t}{P_{t-1}}\right)\right)} \qquad (1)$$

ただしVARは分散を，P_tおよびP_{t-1}はそれぞれt期およびt-1期の価格を表している。つまりボラティリティは，価格の前期比変化率5期分の標準偏差と考えることができる。通常の標準偏差や変動係数を計測する場合と異なり，各期の間の価格変動傾向をとらえることができる点で優れており，時系列的な分析をするうえで有用である。また，前期比変化率の変動を取ることで，計測結果を単位によらず評価できる点でも優れている。本節では，上記の(1)式を用いボラティリティを計測し[1]，価格変動リスクの分析を行う。

3．データ

本節では，上述の通り，貿易自由化が完全に進展し，無関税となった例として大豆を取り上げ，国際価格，輸入価格および国内産落札価格のボラティリティを計測する。なお，国産大豆は種子用を除くすべてが食用として利用される。そのため，輸入大豆についても食用向けと比較することが望ましいが，輸入大豆の多くは搾油に利用され，食用の割合は比較的低い。ただし，輸入食用大豆は海上コンテナで輸送されることが多いため，財務省貿易統計において，大豆の海上コンテナの分類が始まった2006年11月から2014年2月までを計測期間とすることで，この問題を解決する。また，この分析期間には世界的な農産物価格の高騰期を含んでおり，国際価格の変動が国内価格に与える影響を分析するうえで適当と考えられる。

データの出所については以下の通りである。国際価格については，IMF (2014)のシカゴ市場先物取引価格を，輸入価格については財務省貿易統計 (2014) における海上コンテナ輸送分の価格を，国産大豆の落札価格については日本特産農産物協会 (2014) をそれぞれ用いる。国産大豆については，落札実績がない月が存在するため，その月については除外してボラティリティを計測する。なお，計測

第Ⅰ部　食：そのあり方と農業の連携

結果を考察するための参考として，本節では，小麦のボラティリティについても計測する。ただし，国内メーカーにとっての小麦の実質的な輸入価格である政府売渡価格は，年に2回の見直し時にのみ変化し，国産小麦の落札結果の公表については年に1度ずつしか公表されないため，考察の際には注意が必要である。小麦の国際価格は大豆同様IMF（2014）を，輸入価格については農林水産省（2014）の政府売渡価格を，国産小麦の落札価格については農林水産省（2013）をそれぞれ用いる。

4．ボラティリティの計測結果と考察

（1）ボラティリティの平均値

表1-1に，計測したボラティリティの平均値を示している。まず大豆について見ると，国際価格のボラティリティ平均値が0.055，輸入価格のボラティリティ平均値が0.036，国内産落札価格のボラティリティ平均値が0.031となっており，国際価格と輸入価格のボラティリティ平均値の間には，30％程度の違いがあり，国際価格に比べ輸入価格の変動が小さいことが伺える。一方，輸入価格と国内産落札価格のボラティリティ平均値の差は小さく，輸入価格の変動が国内産落札価格へ影響を与えている可能性を示唆しているものと考えられる。なお，国際価格と輸入価格のボラティリティ平均値のかい離には，国際価格のデータが食用と非食用の両方を含んでしまっていることが原因の可能性がある。つまり，非食用の大豆は，国際穀物価格高騰の原因となったバイオ燃料の原料となりうるものであり，急激な需要の増加から激しく価格が乱高下したものの，食用の大豆については相対的にその程度が小さかった可能性が考えられる。

次に，小麦について見ると，国際価格のボラティリティ平均値が0.072，輸入

表1-1　ボラティリティの平均値

品目	国際価格	輸入価格	国内産落札価格
大豆	0.055	0.036	0.031
小麦（参考）[1]	0.072	0.042	0.018

資料：著者の計測による。
注：小麦の輸入価格欄には政府による売渡価格のボラティリティを示している。

価格のボラティリティ平均値が0.042，国内産落札価格のボラティリティ平均値が0.018となっており，それぞれ約40％，60％の違いがあり，国際価格が国内価格に与える影響が小さいことが示唆されている。先にも述べたとおり，データの計測期の分類に違いがあり，大豆と直接比較することは難しいものの，輸入品も含めてほぼ食用として利用される小麦において，輸入価格と国内産落札価格のボラティリティ平均値に顕著な違いがあることは，小麦の政府売渡制度が「防波堤」として機能していることを示唆していると考えてよいだろう。

（2）ボラティリティの推移

図1-11～13には，大豆の国際価格，輸入価格および国産落札価格のボラティリティの推移が示されている。まず，図1-11を見ると，大豆の国際価格は2008年半ばから2009年にかけて価格変動の激化が観測され，ボラティリティは最大で0.146（2008年10月）となっている。その後2010年には一時的にボラティリティの値は低下したものの，2011年末から再びボラティリティは上がり始め，2012年10月にふたたび極値をとり，0.093となっている。これらの値は国際価格のボラティリティ平均値0.055を大きく上回るものであり，大豆の国際価格が乱高下し不安定であることを示している。次に，図1-12を見ると，輸入価格は国際価格ほどのボラティリティ上昇は見られないものの，最大で0.083（2011年1月）であり，輸入価格のボラティリティ平均値0.036の2倍強と大きく上回っている。つまり，輸入価格についても乱高下が認められ，不安定であることがわかる。さらに図1-13を見ると，国産落札価格のボラティリティは0.070（2007年8月），0.080（2014年2月）と，輸入価格のボラティリティ平均値0.031の2倍強となる月が複数存在し，ごく最近も含め価格が乱高下していることが伺える。また，図1-12と図1-13を比較すると，計測不能期間が存在するためはっきりとしたことは言えないものの，両者の変動が連動している可能性が読み取れる。そこで，大豆の国際価格と輸入価格，および輸入価格と国産落札価格についてそれぞれ単回帰分析を行った。その推計結果が以下の通りである[2]。

第Ⅰ部　食：そのあり方と農業の連携

図1-11　国際大豆価格ボラティリティの推移

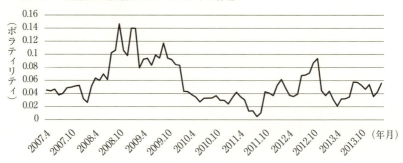

資料：著者の計測による。

図1-12　輸入大豆価格ボラティリティの推移

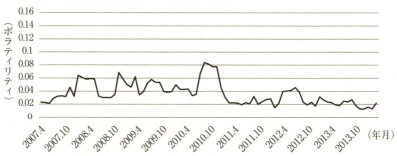

資料：著者の計測による。

図1-13　国産大豆落札価格ボラティリティの推移

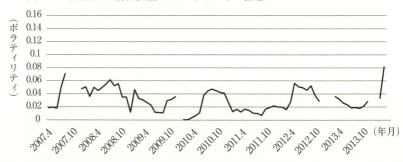

資料：著者の計測による。
注：グラフ空白部分は落札実績がなく，計測が不可能な期間。

第1章　食料農産物輸入の拡大とその影響

$$Volatilty(P_{import}) = 0.030 + 0.106\ Volatility(P_{world}) \qquad R^2 = 0.036 \qquad (2)$$
$$(7.476)\ (1.638)$$

$$Volatilty(P_{domestic}) = 0.022 + 0.240\ Volatility(P_{import}) \qquad R^2 = 0.063 \qquad (3)$$
$$(5.022)\ (2.203^*)$$

ただしP_{world}は国際価格を，P_{import}は輸入価格を，$P_{domestic}$は国産落札価格を表している。括弧内の数値はt値を表しており，*はパラメータの推計値が5％水準で統計的に有意であることを示している。R^2は決定係数である。(2)式より，国際価格のボラティリティと輸入価格のボラティリティの間に有意な相関は認められなかった。(2)式中には記載していないが，$Volatility(P_{world})$のパラメータのp値は$p<0.106$であり，10％有意水準に若干届かない結果となっている。このことは，前項でも述べたが，国際価格のデータに食用と非食用の両方を含んでしまっていることが原因の可能性があり，今後の改善が期待される。また，(3)式より，決定係数は極めて低いものの，輸入価格のボラティリティと国産落札価格のボラティリティのパラメータ間には有意な正の相関関係が認められた。つまり，輸入価格の乱高下は，国産落札価格の乱高下に影響を与えており，国内価格を全体として不安定にしているといえる。

5．まとめ

本節では，大豆を事例とし，国際価格と輸入価格および国産落札価格について，価格の変動度合いを表すボラティリティを計測し，国際価格や輸入価格が国産落札価格へ与える影響について検討してきた。その結果，大豆の国産落札価格のボラティリティ平均値は輸入価格のボラティリティ平均値に近く，その変動は平均的には同程度であることが明らかとなった。また，ボラティリティの相関に着目すると，大豆の輸入価格は国産落札価格へ有意な影響を与えていることが明らかになった。参考として計測した小麦の価格ボラティリティにおいては，国産落札価格の変動は国際価格や輸入価格と比較して小さかったことを鑑みると，大豆に「防波堤」がないことが，国内価格が輸入価格の影響を受けてしまう一因である

可能性が考えられる。つまり，安易な貿易自由化の進展は，国内農産物市場の価格変動リスクを高める可能性があり，関税の削減については慎重な姿勢を保つ必要があると考えられる。

註
（1）金融工学におけるボラティリティでは，変動を実質年率換算する場合もあるが，本節ではOECD（2010）の定義通りに計測を行う。
（2）推計は，通常の最小二乗法（OLS）を用いて行った。

引用文献
福田晋（2008）「宮崎牛ブランド確立の一翼を担う（株）ミヤチクの事業展開と戦略」『畜産コンサルタント』第44巻第1号, pp.29～35
福田晋（2011）「わが国農業構造の到達点と展望」『農業経済研究』第83巻第3号, pp.177～188
福田晋（2014）「環太平洋パートナーシップ協定が畜産物流通に与える影響」『流通』No.34, pp.42～50
IMF（2014）IMF Primary Commodity Prices（http://www.imf.org/external/np/res/commod/index.aspx）
甲斐諭（1990）「牛肉輸入自由化と牛肉供給産業の課題」『農業経済論集』第41巻第2号, pp.1～12
前田幸嗣（2013）「国際農産物市場の不完全競争とその関税相当量」『農業経済研究』第85巻第2号, pp.116～121
Mori, H and Lin, B.-H.（1990）Japanese Demand for Beef by class :Results of the Almost Ideal Demand System Estimation and Implications for Trade Liberalization,『農業経済研究』61（4）, pp.195～203
日本特産農産物協会（2014）大豆落札価格推移（http://www.jsapa.or.jp/daizu/etc/DaizuRakusatuSuii/DaizuRakusatuSuii.html）
農林水産省（2013）麦の需給に関する見通し（http://www.maff.go.jp/j/seisan/boueki/mugi_zyukyuu/pdf/0328hontaisankou.pdf）
農林水産省（2014）輸入小麦の政府売渡価格について（http://www.maff.go.jp/j/press/seisan/boeki/pdf/kohyosiryo.pdf）
OECD（2010）Aggregate Model Analysis of Exogenous Risk and Price Variability（https://www.oecd.int/olis/vgn-ext-templating/views/DocList/genericDisplay.jsp?cote=TAD/CA/APM/WP（2010）31/FINAL&lang=2）
財務省（2014）財務省貿易統計統計品別表（http://www.e-stat.go.jp/SG1/estat/OtherList.do?bid=000001008803&cycode=1）

第2章　激変する国内流通環境と産地の販売戦略

本章のねらいと構成

　わが国の農業を取り巻く環境は現在，厳しい状況にある。外部環境の変化としては，前章で取り上げた農産物輸入増大の他，「食の外部化」に伴う業務・加工原料需要の増大と卸売市場経由率の低下，小売・外食企業の成長と流通過程での影響力増大，国産農産物の価格低迷など，内部環境の変化としては，これらに起因する農業収入の低下に伴う担い手の減少・高齢化・後継者不足の深刻化などが挙げられる。

　本章ではこのように激変する国内流通環境を整理するとともに，産地の採りうる販売戦略について明らかにする。第1節では，流通環境の変化を概観し，新たな販売戦略として農産物直売所事業および農村地域における農関連事業の広がりについて明らかにする。第2節では，流通環境変化のひとつとして小売・外食企業の成長を取り上げ，これら川下企業による農業参入の動向について分析する。第3節では，産地の販売戦略として農産物の輸出を取り上げ，その取り組み状況を分析するとともに，農産物輸出推進の方向性について考察を行う。

第1節　新たな出荷販売戦略

1．はじめに

　今日,「地産地消」や「6次産業化」といったキーワードにも象徴されるように，農村内部において農関連事業を推進することで，農村の外部に流出していた経済的価値を内部循環させ，農村部における所得の維持・向上をねらった取組が拡大しつつある（岡田 2005：pp.138 〜 156）。これらの取組に関する具体的な事例分析は後段に任せるとして，本節では，このような状況が進む社会経済的要因について概観し，とりわけ農産物直売所や農村が行っている農関連事業などについて，農協共販や卸売市場流通といった従来型の農産物流通とは異なる「新たな出荷販売戦略」として位置付け，これらの展望と課題を整理する。

2．産地対応の背景

（1）外部環境の変化

　わが国の農業を取り巻く外部環境の変化として，食生活の変化は農業を取り巻く環境変化に大きなインパクトを与えている。図2-1は，わが国の1世帯1か月当たりの食料費支出（全世帯・菓子類，飲料，酒類を除く）について，内食・中食・外食の3領域ごとに示している。1970年の1世帯1か月当たりの食料費支出は23,000円であり，そのうち3領域の構成は，内食84.8％，中食4.2％，外食11.0％となっている。これが2012年になると，食料費支出48,000円のうち，内食60.6％，中食15.7％，外食23.7％となっており，「食の外部化」率はこの40年で15.2％から39.4％まで，その構成比を2倍以上に拡大させた。

　このような状況は，農産物市場において業務・加工原料需要の増大というインパクトをもたらした（藤田 2006：pp.32〜45）。安価な輸入食材の需要増大は農産物輸入増に拍車をかけ，これらに引きずられる形で国産農産物の価格は低迷する。内食用食材需要の縮小はこの状況に拍車をかけ，農業所得は低下の一途をた

図2-1　1世帯1か月当たりの食料費支出および内食・中食・外食の内訳

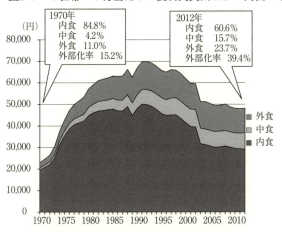

資料：総務省「家計調査年報」。
注　：食料費全体から「菓子類」「飲料」「酒類」の除いたものを示している。

どっている。またこれらに伴い，卸売市場経由率も低下している。1990年の青果物卸売市場経由率は82.7％（野菜85.3％，果実78.9％）であったが，2009年は64.6％（野菜75.5％，果実47.1％）となっている[1]。市場価格は低迷し，これまで卸売市場と強固な関係を保ってきた農協共販は，量販店との直接販売など市場外流通も視野に入れるなど，販売対応の再考を余儀なくされている。

（2）内部環境の変化

これまで述べたような農業を取り巻く外部環境の変化は，農業部門においてその生産の存続に対して厳しい状況を生み出している。2012年の個別経営1経営体当たりの平均粗収益は，水稲で167万円，露地野菜で365万円，果樹477万円，施設野菜827万円であり[2]，大きな初期投資を必要とする施設野菜経営のみ，勤労者世帯の実収入519万円を上回っている。このような状況で農業の担い手不足は深刻化している。図2-2は，野菜・果樹経営体の面積規模別経営体数の推移（2000年～2010年）を示している。経営体数は，この10年で野菜作が45万から38万へ，果樹作が33万から25万へそれぞれ減少している。とりわけ，作付面積1.0ha未満

第Ⅰ部　食：そのあり方と農業の連携

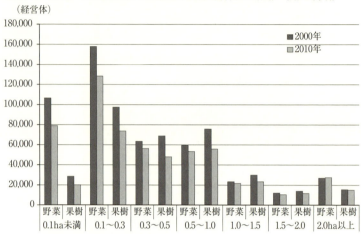

図2-2　野菜・果樹経営体の面積規模別経営体数の推移（露地栽培）

資料：農林水産省「農林業センサス」。

の中・小規模層は軒並み減少傾向にあり，これらが経営していた耕地をどう維持していくか，とりわけ担い手の確保という点で産地は緊急の対応を迫られている。

また，野菜・果樹作経営における中規模層の減少は，農協共販体制にも大きな影響を与えている。これまで農協共販は，卸売市場との強固な関係のもとでの量販店対応が主流であったが，大型ロットによる定時・定量・定品質出荷が必要条件となるなか，生産部会組織における中規模層の減少は，とりわけロットの確保という点で厳しい状況を生み出している[3]。

3．販売先の多様化と構造変化

（1）農産物直売所という新たな販売チャネル

このようななか，近年，農業生産者自らが直接，消費者に農産物を販売するという販売形態である農産物直売所が注目を集めている。この販売形態は以前から，農家が市場や農協へ出荷できない裾物を自らの農地の周辺で有人あるいは無人で販売するという形で存在していた。注目され始めたのは1990年ごろであり，当時の建設省（現国土交通省）が「道の駅」という形態の道路関連施設に対する補助事業を開始した際，交流事業の一環として施設内に地場農産物などを販売すると

第2章　激変する国内流通環境と産地の販売戦略

いう形態を採用する施設が増え，これらが農産物直売所を世間に知らしめる大きな契機となった[4]。

その当時，市場流通に基づく強固な農協共販体制を確立していた農協は，この販売形態が市場外流通であるということと，小規模兼業農家の青果物出荷の受け皿であるということから，品質，規格，価格形成等で共販品の販売に負の影響を与えるのではないかという懸念があり，このような農産物直売所といった販売形態を積極的に導入することには躊躇していた[5]。しかしながら，先に述べたように国産農産物の市場価格低迷に伴い，小・中規模層を中心に野菜・果樹作経営体が減少していくなかで，大型ロットを必要とする農協共販・市場流通のみでは地域農業を維持することが困難であると気づき始めた一部の農協が，2000年前後に直営の農産物直売所を設立し始めた。2000年に相次いで設立された「めっけもん広場」（JA紀の里・和歌山県），「げんきの里」（JAあいち知多・愛知県）や「さいさいきて屋」（JAおちいまばり・愛媛県）などは，近年の食の安全・安心，顔の見える流通を求める消費者ニーズの増大とも相まって，現在（2014年）ではそれぞれ年間20億円以上の販売金額となるまで成長している。また，2007年に設立された「伊都菜彩」（JA糸島・福岡県）は，年間販売金額35億円に到達するといったように，それぞれの農協において販売事業の核となる存在にまでなっている。農業センサスによると全国の農産物直売所の設置数は，2005年で1万3,500組織であり，2010年には1万6,800組織に増加している。

（2）農産物直売所の運営状況

表2-1は，農産物直売所の運営主体別設置数および年間販売金額（2009年）について示している。設置数としては「生産者又は生産者グループ」主体のものが最も多く1万を超えており，全体の6割以上を占めている。無人販売などが発展して直売所として営業したり，コミュニティビジネスの一環として任意組織や集落での運営が主である。1組織当たりの年間販売金額は2,300万円となっている。また，販売金額ベースでは農協が運営主体の直売所が年間2,800億円で全体の32％を占めている。1組織当たりの年間販売金額も1億4,800万円となっている。

表 2-1　農産物直売所の運営主体別設置数および年間販売金額

運営主体	設置数 (組織)		販売金額 (億円)		1組織当たり (万円)
農業協同組合	1,901	(11.3)	2,811	(32.1)	14,787
生産者又は生産者グループ	10,686	(63.5)	2,452	(28.0)	2,295
第3セクター	450	(2.7)	518	(5.9)	11,511
地方公共団体	427	(2.5)	139	(1.6)	3,255
農業協同組合（女性部・青年部）	203	(1.2)	124	(1.4)	6,108
その他	3,149	(18.7)	2,723	(31.1)	
総計	16,816	(100.0)	8,767	(100.0)	5,213

資料：農林水産省「農産物地産地消等実態調査」(2009年度結果)。
注：（ ）内は総計に占める各項目の構成比（％）。

　その他には，第3セクターや地方公共団体が運営主体となったものが存在するが，これらは主に先に指摘した「道の駅」など交流施設に設置されたものが多い。なかには，道の駅くるめ（福岡県久留米市）のように，直売所内に市場コーナーを設けて，久留米市中央卸売市場に入場する青果卸売業者がその品揃えを担当し，卸売市場の重要性を市民にアピールするといった取組も行われている。

　農産物直売所における2009年の年間販売金額は全国で8,767億円であり，内訳はコメ473億円（5.4％），野菜類2,946億円（33.6％），果実類1,105億円（12.6％），その他生鮮食品658億円（7.5％），農産加工品1,035億円（11.8％），花き・花木1,298億円（14.8％）などとなっている（農林水産省「農産物地産地消等実態調査」2009年度結果）。農産物直売所の主力品目はやはり地場野菜である。周辺地域で採れた新鮮な野菜は「顔が見える流通」として消費者に安心感を与え，農産物直売所では売り上げの最大のシェアを占めている。次いで，果実類が人気であるが，とりわけ周辺地域に果樹産地を持つ直売所は，それぞれの時期にそれぞれの品目が陳列されることで売場に季節感を演出でき，観光客を中心に休日のドライブ需要を取り込む一つのアピールポイントにもなっている。また，コメは購入した玄米をその場で精米して持ち帰ることが可能な「今摺り米」が人気となっている。なお，農産物直売所とはいえ，スーパーと棲み分けしながらも，顧客からはある程度の品揃えを要求されるようになっており，例えば，定番商品としてのバレイショ，タマネギ，ニンジンなどの端境期対応であったり，リンゴやカンキツ類といった人気の果実の品揃えについては，他地域の農産物直売所と提携関係を締結

して「連携商品」として仕入販売する直売所も少なくない。あるいは，地域の漁協と提携して地場の水産物を新鮮なまま購入できるような売場を設置したり，高齢者対策として漬物や惣菜を地元業者や協力農家に製造してもらって直売所で販売するといった取組も行われている。

　農産物直売所における産地別販売構成をみると，総販売金額に占める地場産農産物の割合は73.2％，自都道府県内産を加えると81.6％に達する（農林水産省「前掲資料」）。直売所は新鮮さや「顔の見える流通」といった消費者に安心感を与える売場づくりが当該販売形態の最大のポイントであるが，これらを実現するためにも安全に対する取組が重要となっている。この取組については，特に農協が運営主体の直売所において進んでおり，例えば，抜き打ちの残留農薬検査を行ったり，栽培履歴を提出しないとバーコードを発行しないなど，生産者が直売所に入荷する際に必ず安全確認が可能なシステムを構築するといった取組が進められている。しかしながら，小規模な直売所や施設整備が進んでいないケースなどは，このような取組が不可能な場合があり，農産物直売所であれば必ず安全・安心が担保されているというような状況には至っていない。

（3）農産物直売所が産地に与える効果

　農産物直売所の設置が産地に与える効果は，主に次の2つが挙げられる。第1は，小・中規模農家の農産物出荷の受け皿となっているという点である。先にも述べたように，農産物価格の低迷に伴う農業所得の低下により，とりわけ小・中規模兼業農家層において農業経営存続が困難な状況となっている。このようななか，大型ロットを必要とする農協共販のみでは，これらに対応できない農家が出荷先を失うことになる。しかし，小ロットでも受け入れが可能な農産物直売所が存在することで，これらの農家において少しでも農業生産を行おうとする意欲が芽生え，結果的に地域農業の維持に貢献できる存在となり得るといえる。

　第2は，生産者が消費者と直に接することで，消費者の購買行動を想定した農業生産が可能となるという点である。農協共販の場合，営農指導担当者や販売担当者が意識をして出荷先市場や量販店に積極的に出向くといった取組がないと，

生産者は，川中や川下，消費者などとの接点を作ることが難しい。このため，「誰のために農産物を生産しているのか」という意識が薄くなる可能性が高い。一方で農産物直売所は，自己が生産した農産物を自ら売場に持って行って陳列するというシステムを採用する組織が多く，生産者は消費者に直に接する機会が多くなる。消費者にただ接するだけでも生産意欲の向上につながるが，例えば，積極的な生産者は進んで消費者と交流してそのニーズを把握し，それを生かした農業生産を行うことで品質が向上し，自己の販売額の向上につながっているというケースも少なくない。

　このような効果も手伝って，最近では消費者の農産物購入金額に占める農産物直売所の構成比が拡大している。図2-3は消費者のコメおよび青果物の購入先構成について試算したものである。これによると，コメ，野菜，果実とも農産物直売所の構成比が拡大しており，野菜に至っては10％を超えるという試算結果となっている。「農協系統利用」は，系統組織を通じた販売金額であるが，卸売市

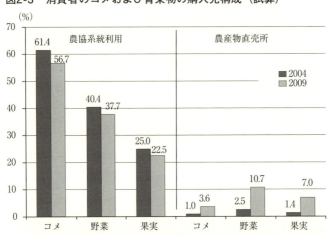

図2-3　消費者のコメおよび青果物の購入先構成（試算）

資料：農林水産省「農産物地産地消等実態調査」，「総合農協統計表」，総務省「家計調査年報」，「住民基本台帳に基づく人口，人口動態及び世帯数」。

注：「家計調査年報」の1世帯1か月当たり支出金額に「住民基本台帳」の総世帯数および12（月）を乗じたものを分母とし，農協系統利用については「総合農協統計表」の系統利用販売高を，農産物直売所については「農産物地産地消等実態調査」の販売高を分子として試算している。

場を経由した農協共販品とみなすことが可能である。数値的には，この農協系統利用の比率はどの品目も縮小傾向にあるが，直売所の伸びほどには縮小していない。農協は販売事業の多チャネル化の一環として，直売所運営をむしろ積極的に位置づけていると捉えることも可能である。

（4）農村地域における農関連事業の推進

1990年前後に今村奈良臣氏が「6次産業化」の概念を提唱して以降，農産物に関連する経済的価値を農村内部に循環させることで，農村地域の所得向上・雇用創出をめざそうとする取組が拡大している。いわゆる「6次産業化」とは，第1次産業部門が主体となって，加工（第2次産業）や販売・外食（第3次産業）を取り込む動きである。これは，これまで原料生産を主として担ってきた第1次産業が加工・販売などを内部化することで，付加価値部分を農村内に取り込むねらいがある（細野ほか 2013：p.46）。

図2-4は，この「6次産業化」と言われる農関連事業に関する取組を行っている経営体数の推移を示している。農産物の加工を自ら行う経営体は，2005年の2万3,900から2010年には3万4,200に増加した。また，観光農園，農家民宿，農家レストランの取組はそれぞれ拡大傾向にある。このうち農産物の加工は，これ

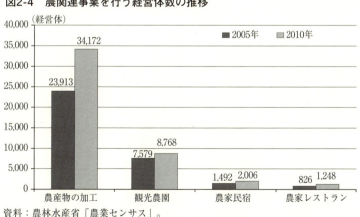

図2-4 農関連事業を行う経営体数の推移

資料：農林水産省「農業センサス」。

まで都市地域に立地していた食品加工業を中心に，農村外部の産業が担ってきた加工部分について，農村自らが取り込むことで経済的価値の流出を抑えようというものである。コミュニティビジネスの中核となる事業形態であり，地元指向ブームも手伝って，地場産品が注目を集めており，直売所や道の駅，高速道路のサービスエリアなどで積極的に販売されている。また，各都道府県が東京都心にアンテナショップを設置し，これらの地場産品を販売することで観光誘致に繋げようという取組も近年増加しつつある。

一方，これまで一貫して一次産品や原材料の供給を行ってきた農村地域においては，商品開発や販売促進などマーケティングのノウハウがあまり蓄積されておらず，一般商品と比較して劣悪な品質の地場産品も少なからず見受けられ，農村地域の所得向上に対して効果的であるとは言い難い状況もしばしばみられる。

これらのほかに，観光農園，農家民宿，農家レストランなども徐々にではあるが取組が拡大している。これらは，農村で生み出した商品を都市住民に提供するといった，これまでの取組とは異なり，都市住民を農村に招いて商品やサービスを提供しようというものである。農村では当たり前の地域資源も，都市住民にとっては貴重な存在であり，これらを活かすことで，都市と農村に持続的な関係性を構築するとともに，地場農産物を食する機会を提供することで，それらの販売促進の一助になる可能性も備わった取組である。

4．産地マーケティングの展望と課題

以上，農産物直売所および農村が行う農関連事業について，従来型の農産物流通対応とは異なる「新たな出荷販売戦略」として，これらが拡大する背景とその現状について検討してきた。

これらは，グローバル化が進展する日本経済において，その対極に位置する存在であるが，農村地域において生み出された経済的価値をできるだけ流出させない取組として，とりわけ農村地域における所得の維持向上と雇用創出という面で期待されている。また，縮小再編下の日本農業において，小・中規模の兼業農家あるいは退職専業農家層の生産意欲を維持させ，耕作放棄の予備軍においてその

第2章 激変する国内流通環境と産地の販売戦略

耕作を存続させ,地域農業の維持に対して一定の役割を果たしているといえる。

産地マーケティングの一環としてこれらの「新たな出荷販売戦略」を捉えた場合,以下のような課題および対策が提示できる。

まず農産物直売所についてであるが,農協が販売事業の一環として検討する場合,当然ながら農協共販との関係性について慎重に考慮すべきであろう。共販部会に所属する農家は,自己の農産物を部会が定める出荷基準に適合させるために,集約的な労働を日々投入している。このことから,小規模農家が小ロットでも出荷できる農産物直売所と共販品は,出荷・販売地域や客層を競合させないなど,販売に対する配慮が必要である。例えば,「伊都菜彩」を持つJA糸島や「めっけもん広場」を持つJA紀の里では,共販品は主に東京・大阪の大都市に出荷し,販売先地域を直売所と棲み分けている。また,「さいさいきて屋」を持つJAおちいまばりでは,自農協の共販品をAコープが地元市場から市場利用型産直[6]のかたちで仕入れ,一部を同直売所で販売するなどして共販品の価格形成を下支えしている。

また,直売所と量販店との関係については,一部のローカルスーパーでは,直売所を競争相手ではなく,むしろ地場産品のブランドを持つパートナーとして位置づけているケースも少なくない。例えば,「大地の恵み」という直売所を持つJA北九（福岡県北九州市）では,この直売所の名称をブランド化してスーパーのインショップで販売するといった取組を行っている。このように,地域の量販店との関係性を良好なものにしつつ,競争条件を緩やかにするという取組も有効である。

農協が行う農関連事業については,先にも指摘した通り,マーケティングのノウハウが蓄積されていないケースが多くみられる。これらの解決については,Iターン者やUターン者を積極的に登用したり,良心的なビジネスパートナーとの連携関係を構築するなど,積極的に外部との関係を模索することが有効である。

註
(1) 藤島は「卸売業者がほとんど取り扱っていない加工青果物の輸入量が80年代中期以

第Ⅰ部　食：そのあり方と農業の連携

　　　降に著しく増加したことが，非市場流通量の急増を引き起こした主因」と指摘している（藤島 2004：p.5）。
（2）数値は農林水産省「農業経営統計調査」の「平成24年営農類型別経営統計（個別経営・総合編）」による。各品目別の数値は，水稲が水田作経営全体の作物収入のうちの水稲の平均値，露地野菜が露地野菜作経営の作物収入のうちの露地野菜の平均値，果樹が果樹作経営全体の作物別収入のうちの果樹の平均値，施設野菜が施設野菜作経営の作物収入のうちの施設野菜の平均値を示している。
（3）岸上は農協共販組織にとって「農家数の減少とともに，兼業・高齢農家が増加し，管内農家つまり農協共販を支える農家が多様化しているなかで部会組織（共販組織）をどのような形で維持するか」が大きな課題であると指摘している（岸上 2012：p.55）。
（4）大浦は直売所に関する研究動向を整理し，「1970年代〜1980年代にかけて都市近郊で発達し，さらに，1990年代に入るとJAや建設省（現：国土交通省）の認可による『道の駅』が直売所の開設・運営に本格参入してきたことにより，直売所数が大きく増加した」と指摘している（大浦 2011：p.123）。
（5）三島らは農協が農産物直売所への事業参入に消極的であった理由について，「その理由は簡単で，直売所，とくに生産者やそのグループによって設立されたものは，農協の共同販売事業にとってプラスにならない，むしろ農協への結集を妨げるものとして，大半の農協はみなしてきたからである」と指摘する（三島・行方 2004：pp.155〜156）。
（6）産地直結型流通のうち，物流は集荷場から大口需要者に直接送られ，商流は卸売市場を経由する形態を指す（細野 1998：p.125）。

第2節　小売・外食企業の成長と農業参入

1．本節の課題

　今日，農業をめぐる流通環境を考える場合，チェーン展開によって大規模化した小売・外食企業の主導性，発言力が無視できないものとなっている。しかも近年，これらの企業は農産物の買い手としてだけでなく，農業に参入し，自ら農産物の作り手として登場するに至っている。

　本節では，小売・外食企業の成長過程ならびに農産物調達チャネルを素描した後，大手企業が開設した直営農場の生産・販売戦略について明らかにし，その到達点と今後の展望を考察する。

2．食品小売・外食市場における上位企業の市場シェア拡大と青果物調達チャネル

（1）上位企業の市場シェア拡大

　図2-5は食品小売市場規模とその中でのスーパー上位10社のシェアの推移をみたものである。2000年代の市場規模は1993年より1割以上低いものとなっている。スーパー上位10社のシェアは1978年に6.6％であったが，上昇を続けて2009年には15.0％にまで上昇している[1]。

　図2-6は外食・中食市場規模と外食上位10社のシェアの推移をみたものである。これによれば，同産業規模は1990年代後半にピークに達し，その後は微減ないし頭打ちの状況にある。その中にあって，中食産業は順調に規模を拡大している。次に，外食産業のうち飲食店等の市場における外食企業上位10社のシェアをみると，1990年代初頭の7％を底に，以後順調にシェアを拡大し，2012年現在14.5％を占めるまでになっている。

（2）小売・外食産業の青果物調達チャネル

　続いて**表2-2**は食品小売業・外食産業における青果物の仕入先別金額割合をみ

第Ⅰ部 食：そのあり方と農業の連携

図2-5 食品小売市場規模とスーパー上位10社のシェア

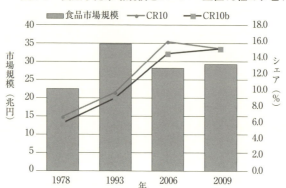

資料：国勢調査，総務省「家計調査」，商業界『日本スーパー名鑑』，日本経済新聞社『日経MJトレンド情報源』

注：1）食品市場規模は『家計調査年報』の1世帯当たりの食料支出から外食支出を引いたものに『国勢調査』の一般世帯数を乗じて求めた。
　　2）CR10b：1978～2006年に上位10位以内に入っていた1社の売上高が2009年に非公開になったため，同社を除いた上位10社で計算した値。

図2-6 外食・中食産業規模と外食上位10社のシェア

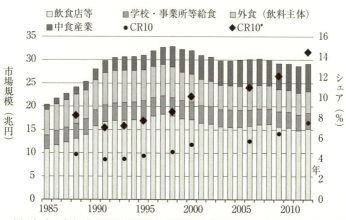

資料：（公財）食の安全・安心財団付属機関外食産業総合調査研究センター調べ，日本経済新聞社『日経MJトレンド情報源』

注：1）上位10社の売上高は日本の飲食業調査（日経MJ）における店舗売上高ランキングによる。
　　2）CR10は外食産業全体（飲食店等・学校・事業所等給食・外食（飲料主体））に占める上位10社のシェア，CR10*は飲食店等に占める上位10社のシェア。

たものである。このうち食品小売業については，野菜・果実ともに卸売市場からの仕入れが7割を超えて圧倒的である。これに対して，外食産業の青果物調達は卸売市場，その他食品卸売業と並んで，食品小売業が野菜47％，果実32％と大きな役割を果たしている。ただ，食品小売業自身の調達チャネルが前述の通り卸売市場中心であることから，結局，外食産業の青果物調達においても卸売市場が基幹的な役割を果たしていることになる。

表2-2 食品小売業・外食産業における青果物の仕入先別金額割合—2006—
(単位：金額，％)

			合計	仕入先別金額割合						
				産地直接・直接輸入	卸売市場	商社	その他食品卸売業	食品製造業（加工業者）	食品小売業	自社栽培等
食品小売業	野菜	国産	94.4	8.3	74.2		13.7	1.0	2.6	0.1
		輸入	5.6	4.1	56.2	28.9	7.2	2.2	1.4	
		合計	100.0	8.1	73.2	1.6	13.4	1.1	2.6	0.1
	果実	国産	77.3	4.4	76.7		16.0	0.6	2.0	0.3
		輸入	22.7	1.2	55.2	32.7	7.6	2.3	1.0	
		合計	100.0	3.6	71.8	7.4	14.1	1.0	1.8	0.2
外食産業	野菜	国産	93.4	4.1	18.4		26.9	2.3	48.2	0.2
		輸入	6.6	4.2	18.8	11.0	29.9	10.9	25.2	
		合計	100.0	4.1	18.4	0.7	27.1	2.9	46.7	0.1
	果実	国産	79.8	3.4	22.9		27.8	9.2	36.6	0.1
		輸入	20.2	3.9	18.8	14.3	49.6		13.5	
		合計	100.0	3.5	22.1	2.9	32.2	7.4	31.9	0.1

資料：農林水産省『食品産業活動実態調査報告』2007年。
注：1）産地直接・直接輸入：国内産の生産者・集出荷団体等，輸入品の自社（本社）直接輸入。
2）国産品における「その他食品卸売業」には商社を含む。

(3) 企業の農業参入に向けた規制緩和

企業の農業参入に向けた規制緩和は，2000年代に入って相次いで行われてきた[2]。その嚆矢となったのは，2001年の農地法改正である。この改正によって，それまで認められていなかった，株式会社形態での農業生産法人の設立が可能となった他，取引関係者が出資可能となり，さらに農業と関連事業で全体の2分の1以上であればその他の事業を行えるようになった。続いて2003年には農地リース方式による農業参入が制限付きながら認められた。すなわち，特区（農地遊休の深刻な地域）において，当該市町村などが株式会社など農業生産法人以外の法

人に農地をリースするというものである。同方式は2005年の農業経営基盤強化促進法の改正によって，特区に限らず全国で展開可能となった。さらに，2009年には農地法が再度改正され，遊休農地以外の農地も一般企業が借りられるようになった。

前掲表にあるように，小売・外食業者による自社栽培等は2006年実績で1％未満[3]だが，こうした規制緩和の進展に伴って，現在は大手企業を中心に自社栽培の割合は上昇しているものと思われる。

3．大手小売企業による農業参入　A社

（1）参入の目的と経緯

a社はスーパーマーケット事業を主軸とする大手小売企業A社が2009年に設立した株式会社である。設立の目的には雇用，地域活性化，耕作放棄地解消等の地域貢献をはじめ，小売業自ら農産物を生産することによるPBとしてのストーリー性の拡充，生産者との相互理解，バイヤーの教育研修などが掲げられている。

A社では2008年に社内プロジェクトを立ち上げて準備を進めていたが，これを聞きつけた関東地方のある自治体から農場開設の提案を受け，翌年にa社を設立し，農業参入に踏み切った。そのことが呼び水となり，さらに全国の自治体から誘致の提案が続出したことを受けて，同社ではまず東日本での集中的な農場設立を行った後，徐々に中日本，西日本へ順次展開する，という方針を立て，実行に移していった。そして2014年，北海道[4]，東北，九州に農場を設立，全国展開を実現した（図2-7参照）。

（2）直営生産と集荷

a社は現在，全国に15か所の直営農場を運営しており，その総面積は250haに達する。同社ではこれを全国3ブロックに分けてそれぞれにエリアマネージャーを配置し，農場の広域管理，調整を行っている。

主な栽培品目は葉菜類を中心とした野菜である。直営農場の事業を始めてまもなく野菜栽培の困難さを痛感し，ICTを導入してデータの蓄積・共有化を進める

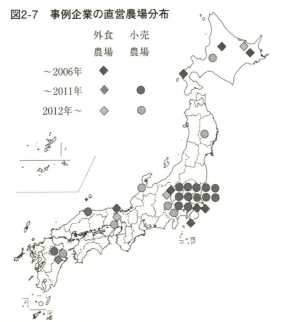

図2-7 事例企業の直営農場分布

資料：各社における聞き取り調査（2014年7，8月）

とともにGLOBALGAPを取得してマニュアル化，標準化を進めた。これにより，誰がどこに行っても一定水準の農業が出来るような体制の構築を図っている。

　同社ではこうした直営農場での生産に加え，2011年から提携農場を設置し，集荷販売を開始している。提携農場は全国60か所，面積は1,200haに上る。この提携農場は具体的には農業生産法人，農協，集出荷業者，加工業者など様々であるが，いずれの提携農場についても，全圃場をリスト化して栽培情報等の管理を行っている。また，提携開始後数年でのGLOBALGAP取得を目標とし，準備段階を設定し，指導を行っている。さらに，価格メリットの確保できた一部の生産資材について，一括購入して提携農場への供給も行っている。これらの農場の管理，調整，集荷業務は前述のエリアマネージャーが担当している。

（3）販売面の特徴

　a社で取り扱う野菜のうち，40％は直営生産分，60％は提携農場からの集荷と

なっている。これら生産・集荷された野菜はほぼ全量が最終的には本体（A社）へ供給されることになるが，その供給形態は3種類に分けられる。このうち，青果としてそのまま供給されるのが40％あり，品目的にはレタス，エダマメ，スイートコーンなどが該当する。次に，単純なカット向けが40％あり，ハクサイ，カボチャ，キャベツなどがこれに該当する。さらに刻み等加工向けが20％あり，ネギ，ダイコン，キャベツが刻み，ミズナ，ホウレンソウがお浸し用等として供給されている。

　販売される野菜の価格・数量は，供給形態によって大きく異なっている。青果については2週間前に商談し，a社側の見込み出荷量を念頭に置きながら概略を決め，最終的には前週に価格を決定し，週間発注を受ける。これは通常のベンダーと同様の方式である。単純なカット向けは，加工担当業者の作業員確保の都合で2週間前に価格・数量ともに確定させており，受注数量は厳守である。刻み等加工向けは年間計画に基づいて価格・数量が設定されており，3ヶ月前には最終確定となる。

　このように，a社と本体（A社）との関係は，直営農場という言葉から受ける印象とは異なり，A社の供給先のひとつと位置づけられ，特段，取引上の優遇措置が取られているわけではない。また，a社は発注を受ける立場にあり，提携農場からの集荷を含めても供給不足に陥ることがある。その際には，提携農場に依頼するが，不足する時には全農や卸売市場から購入している。

（4）九州九重農場の運営状況

　a社九重農場は，大分県の強い働きかけ[5]によって誘致された農場である。九州では他県を含め，進出を求める自治体は多かったが，同社では夏季の野菜が不足していたことから，大分県に対し，高原地帯で圃場が団地化されているところを探すよう要望し，2011年に実現したものである。

　同農場では約9haの圃場でキャベツ，白ネギ，ハクサイ，ダイコンを露地栽培し，全量をA社向けに供給している。このうち，白ネギは全量青果，キャベツ，ダイコンは全量加工向け，ハクサイは85％が青果（単純なカットを含む），15％

が加工向けとなっている。さらにa社では大手食品製造企業と提携し，2013年に独自ブランド「九州力作野菜」を立ち上げた。これは同製造企業佐賀工場の加工残渣を大分県内の酪農家の牛糞と合わせて堆肥を生産し，これを利用して栽培した野菜に同ブランドを付けて有利販売を狙うものである。この取り組みはa社九重農場だけでなく，九州内の提携農場などで広がりつつある。同社は「売り先はもっているが売り場はもっていない」ため，商談の際，商品力に基づく一定の交渉力は必要という考えがこうした取り組みの背景にある。

4．大手外食企業による農業参入　B社

（1）参入の目的と経緯

b社は大手外食チェーンB社が2002年に有限会社として設立し，翌年に農業生産法人となった農場運営会社である。設立の目的は，安全・安心な食材の供給ならびに地域に根ざした有機農業の発展と循環型社会の創造である。

設立当初は関東地方での農場設立を進め，近畿地方・北海道にも農場や牧場を開設している。近年は中部，近畿ならびに九州に農場を展開し，北海道に2つめの牧場を開設している（前掲図2-7）。農場・牧場開設のきっかけは，自治体からの誘致と自社からのアプローチの両方がある。

（2）直営生産と集荷

b社は現在，10農場と2牧場で約800haを運営しており，農場では主に米と野菜を生産している。野菜の品目は多種多様であるが，同社では現在，農場ごとに栽培に適した主力品目への特化と，用途別販路別の品種選択を進めている。同社の特徴は9農場がJAS有機の認証を取得し，有機農産物や有機畜産物を生産していることである。

同社では地域との共生の具体策として，自社農場周辺の農場からの集荷を行っている。その際，面積契約はしておらず，年間固定価格での取引を基本としている。栽培方法は原則として特別栽培以上とし，将来的には集荷する農作物は全て特別栽培，有機栽培にしたいとしている。

(3) 販売面の特徴

　現在，同社では自社生産の野菜と集荷による野菜はほぼ同量となっており，販売先はほぼ全量がB社グループ向けとなっている。自社生産分はCK機能を持つB社グループの工場に出荷され，一部品目は地元企業に委託して有機野菜ジュース等にも加工されている。これに対し，集荷分はカット野菜やホールでB社グループの店舗へ供給される傾向が強い。

　販売価格は基本的に年間固定となっている。B社グループの外食部門で使用する青果物に占めるb社供給の割合は約10％である。現行法では100％使用ではない場合，表示することは問題とされているため，別途，6次産業モデルの取り組みなどを表示するにとどまっているが，今後も積極的にb社の取り組みをPRしていく予定である。

(4) 大分農場の運営状況

　b社大分農場は，同社が大分県の農場開設依頼を受け，2010年にU市に開設した農場である。同県による誘致の際，候補地は他にもあったが，U市が有機農業に熱心で，圃場が既に農業公社によって有機的管理されていたこと等が決め手となった。農場面積は実質6haで市内5か所に分散している。栽培作物はサツマイモ，ダイコン，ニンジン，ショウガであり，すべて有機農産物として格付け，出荷されている。このうち，ショウガは地元加工メーカーに委託してショウガダレに加工され，B社弁当宅配部門において販売されている。

　同農場ではまた，周辺の農家10軒からダイコン・サツマイモ（いずれも慣行栽培）のほかカボス（有機栽培），小ネギ（特別栽培）を集荷している。数量は時期別の必要数量を念頭に置きながら農家に提示，価格は播種前に前年価格を参考に決定する。収穫期には週1回，農家からの集荷依頼を受け，農場側で数量を決めて発注している。

　販売先は，立地上の都合から，B社グループの弁当宅配事業向けが全体の70％，外食部門が10％を占め，20％は市内の学校給食への供給や直売となっている。

5．小売・外食産業による農業参入の到達点と今後の展望

　以上，小売・外食企業の農業参入について，直営農場の形態で本格的に取り組んでいる2つの事例について明らかにした。両事例はいずれも，企業の農業参入を促進する規制緩和が実行に移される中，本業である小売業，外食業の充実と地域経済・社会への貢献という2つの目的を掲げて2000年代に設立された。両社とも全国の自治体からの誘致活動を受け，直営農場の全国的な展開を実現してきた。その際，GAPやJAS有機といった栽培・管理基準を導入し，一定の統一性を維持，発展させる取り組みを行っている。両社は自社農場での生産とほぼ同量の集荷を他農場から行い，合わせて本体向けに供給しているが，これら集荷対象の農場に対しても，直営農場の栽培基準を順次導入する取り組みを行っている。さらには，小売・外食企業自らが農業生産を行い，様々な困難に直面するなかで，これらの農場との信頼関係が密になり，不足時の集荷協力などが得やすくなるなどの成果も現れ始めている。

　しかし，直営農場は自治体からの誘致によって開設されることが多く，対象農地も遊休農地が主で優良農地をまとまって確保することは容易ではない。また，販売先は本業である小売・外食企業向けが圧倒的に多く，計画性のある生産，出荷となっているが，他方，小売・外食企業本体からみた供給比率は決して高くなく，店頭で直営生産であることを必ずしもアピール出来ていない。また，本業からの発注は比較的硬直的で，豊凶変動のリスクは基本的に直営農場側が負担している。

　つまり，本業（小売・外食企業）側から見れば，他社あるいは異業種企業との激しい競争の中で，直営農場といえどもそれを優先的に扱う余裕は限られているということである。他方，直営農場の側でも，経営収支のバランスを取るため，本業の求める農産物・食材供給に安住せず，自ら進んで加工度を高め，あるいはこだわり農産物を栽培すること等によって付加価値を農場側に確保する動きを強めていくことになる。

　小売・外食企業の直営生産は以上のような問題を（宿命的に）抱えているため，

劇的な拡大はしないものの，今後も一定程度，こうした直営生産は維持されていくものと思われる。それはちょうど小売企業による産地直結と同様と考えられる。すなわち，小売企業の青果物調達経路は卸売市場を基本に成り立っており，産地直結の比率は決して高くはないものの，産地直結に取り組む中で卸売市場の機能を正確に分析，評価し，再編を迫りながら，自らに適合的な調達経路を構築してきたのである。直営生産についても，農業生産・経営のノウハウや難しさを実際に学ぶことによって，自社で農産物を生産・調達するだけでなく，農家や農場による農業生産を理解し，再編する力を獲得するということである。事実，両社はこれを行うことによって，他の農場との相互理解を獲得し，より高次元での提携関係を構築しつつある。このように，直営生産の経験は本業の発展にも大きな資産となろうし，また，地域，産地の側でも誘致を行うのであれば，これを起爆剤として周辺の農家，農場を捲き込んだ活性化策を展開するべきであろう。

註
（1）コンビニエンスストアを含めた小売企業上位10社のシェアは25％となっている。
（2）島根県HP（http://www.pref.shimane.lg.jp/nogyokeiei/ninaite/eino/seturitu.data/youken.pdf，2014年10月10日）
（3）小田氏は当時の状況として，外食企業の生鮮野菜調達における垂直的な調整システム作りが活発化しているものの，農地利用の制度的制約，需給調整などの課題を解決する内部機能を持つに至らず，産地との直接的取引関係を見直し，カット野菜メーカー経由の間接的産地指定に移行するなどの動きが一般的であるとした（小田：2005）。
（4）北海道三笠農場の設立経緯は『全国農業新聞』2014年6月20日付（北海道版）に詳述されている。
（5）同県の取り組みは，磯田・西（2014）に詳しい。

第3節　農畜産物輸出の実態評価と推進課題
―九州からアジア諸国への取り組み事例を踏まえて―

1．本節の構成

　農畜産物を輸出する場合,国内での方法とは少なからず異なるマーケティング・ミックスの構築が求められるだろう。アジア諸国での一人当たり所得水準の高まりにより高価な日本産農畜産物への購買力が高まっている。国内市場に加えてより多くの海外市場をターゲットとし,そこへ輸出することにより利益を得ることや,輸出実績のある国に安定的に輸出を継続させながら日本産農畜産物の浸透を図ることによりそこへの輸出を増加させることが期待できるようになってきた。

　日本産農畜産物の輸出の領域では,輸出側の海外市場対応,輸出先国における消費者の意識や行動,輸出先国における流通に関する研究がある。輸出側の海外市場対応に関する研究は,輸出が開始されて長い,りんご,ながいもを対象としたものが多く,それらの産地は青森や北海道である。

　本節では九州産の農畜産物の輸出に着目するが,これに関する既存研究は管見の限り,まだ少ない。甲斐（2013）が佐賀県と鹿児島県の牛肉輸出の取り組み,西田（2011）がJAふくおか八女のいちごの輸出について,海外単独での収益が意識されていること,また輸出は需給調整のためではないこと,高橋・外園・前田（2012）が福岡から香港への海上輸送と航空輸送の費用を分析して,航空輸送から海上輸送に変えることにより香港での日本産いちごの輸入価格を削減できること,福田（2013）が福岡県の事例を用いて輸出における機能分担や輸送費用削減に関する方策を明らかにしたものがある。

　九州からの農畜産物輸出は開始されてそれほど時間が経過していないが,商業ベースで特定の輸出先への輸出が継続しつつある九州産農畜産物の輸出事例の実態はどうなっているのか聞き取り調査を踏まえて整理するとともに,その実態を評価する。そして,農畜産物輸出の推進課題として二つの方向を提示し,それら

第Ⅰ部　食：そのあり方と農業の連携

の達成方法を述べる。

2．輸出の実態評価

(1) いちご産地の輸出システム

　図2-8によりいちご産地の輸出システムをみていく。経路Ⅰは，生産者からみれば国内流通と変わらないシステムである。仲卸業者と輸入業者の取引では，取引ごとに仲卸業者が見積価格を提示し，それを見て輸入業者が数量をオーダーしている。

　経路Ⅱは，農産物貿易会社が特定の8～9農協から買取るシステムであり，買取単価は月決め（相場にあわせて微調整はある）されている。農産物貿易会社と輸入業者の取引は，期間（11月～3月）固定の価格を設定している。

　取引における価格と量の決定には，需給関係（買い手の限界評価と売り手の限界費用の関係）が大きく影響する。農産物貿易会社と輸入業者の取引では固定した価格が設定されている。需要（買い手の限界評価）と供給（売り手の限界費用）が一致する価格を固定する取引は，需要と供給が変わらない状況で売り手と買い

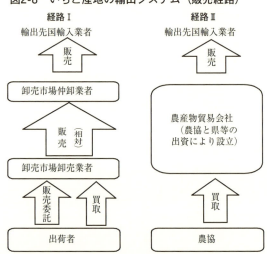

図2-8　いちご産地の輸出システム（販売経路）

注：2010年6月22・23日の聞き取り調査より作成

図2-9 日本から香港へのいちごのFOB価格と輸出量

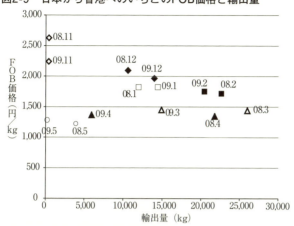

資料：財務省『貿易統計』より作成
注：輸出金額は2008年1億5,547万円，2009年1億2,042万円

手に偏りのない利益の分配をもたらす。しかし，**図2-9**からわかるようにいちごの輸出入市場の需給状況はその季節性の影響を大きく受けて月により異なっている。つまり同図は日本から香港へのいちごのFOB価格と輸出量を示しているが，輸出の少ない11月はFOB価格が高く，2月まで輸出が増えることによってFOB価格は低くなる。2月以降は輸出が減るため，需要が以前と同じであればFOB価格も高くなったであろうが，おそらく輸出の減少と同時に需要も減るためにFOB価格は低迷したままとなっている。2008年と2009年の両年においてそのような傾向がみられる。需給状況が不変に近い週や月レベルで需要と供給が一致する価格を固定することは偏りのない利益の分配上望ましいが，11～3月までの出荷シーズン全期間に及んで固定することは，このような利益の分配をもたらすことを難しくするであろう。農産物貿易会社と農協の間の買取単価は先述したように月決め（相場にあわせて微調整はある）されており，月単位では需給状況の変化は小さいと考えると，両者により適切な利益の分配をもたらす取引がなされているといえるであろう。

第Ⅰ部　食：そのあり方と農業の連携

(2) 青果物中央卸売市場からの輸出システム

　九州内にある卸売業者と仲卸業者が輸出においてどのような役割を果たしているのか述べていきたい。これらが関係する輸出には商流の視点から，二つのシステムがみられた。

　一つは，JA—卸売業者—仲卸業者—輸出先国（台湾と中国）の卸売市場卸売業者—小売店等の販売ルートで構築されたシステムである。卸売業者が台湾と中国上海のそれぞれで最大の卸売市場卸売業者と業務提携を行い，2009年からこのシステムによる輸出が開始され，台湾にながいも，りんご，なし，甘藷を，中国にりんごが輸出されている。すべて海上輸送であるが，ながいもとりんごはコンテナに一品目のみを詰め込み，なしと甘藷は混載している。台湾と中国の卸売市場卸売業者へ販売する商品の価格と数量の交渉・決定は卸売業者がコンテナごとに行っているが，それは，出港の2週間前にコンテナに詰め込む商品ごとのおおよその価格と数量を決め，1週間前に確定させるというものである。ただし，卸売業者が輸出先国の卸売市場卸売業者に直接販売することはできないために，特定の仲卸業者1社がそこで決定した金額の請求書をそれらに送り，その分の手数料を徴収することになっている。卸売業者はJAからは買付をしているが，買付価格は出港の2週間前に，国内相場に準じて決められている。買付先となるJAは同じ品目であっても国内用と海外用を区分した商品の生産や出荷に対応できるJAが選定されている。このシステムで興味深い点は，ながいもとりんごは商物分離により輸出されることである。それらの産地のJAが貯蔵とコンテナ詰めまで行い，このコンテナを積んだ船は産地近くの港から海外に向けて出るが，これより産地から卸売市場までの横持ち費用を大幅に削減することができる。JAにおける貯蔵とコンテナ詰めの費用負担は増えるが，それらをカバーするように横持ち費用の削減により生じる利益が分配されることになっている。

　もう一つは，出荷者—卸売業者—仲卸業者—輸入業者（香港の2社）—小売店等の販売ルートで構築されるシステムである。青果物の多くの品目が海上輸送と航空輸送により輸出されている。香港の輸入業者との価格と数量の交渉・決定は仲卸業者が行っているが，仲卸業者が出港の2週間前に各商品の提案価格を提示

第2章　激変する国内流通環境と産地の販売戦略

し，輸入業者からこれに対する数量の注文を取るというものである。場合によっては当初の提案価格を下げて，数量を増やしてもらおうとすることもある。香港までの海上運賃はコンテナの個数単位で定額であるため，数量が増えると商品1個当たりの海上運賃を抑えることができ，そのようにした方がよいと判断する場合に当初の提案価格を変更する。提案価格は，相場や前年の実績を考慮して決められている。仲卸業者は輸出する品目を相対取引により卸売業者から購入している。

(3)「佐賀牛」の輸出システム

図2-10に「佐賀牛」の流通チャネルを示している。「佐賀牛」[1]と格付された枝肉は，食肉卸売販売業者に販売され，そこから「佐賀牛」取扱指定店[2]である小売業者と飲食業者に販売され，消費者に提供される。輸出用の「佐賀牛」は鹿児島県内にあり輸出用と畜場のライセンスのある南九州畜産興業の工場でと畜後に，JAさががJA全農ミートフーズに販売し，そこから輸出されるという流通チャネルである。

2007年に香港への輸出が開始されたが，香港で海外初の「佐賀牛」取扱指定店が認定され，また「佐賀牛」図形の商標登録がされた。これは国内市場で構築していった流通チャネルの形態（取扱指定店）と商品差別化の手段（商標）を香港でも同様に実施したことを表している。2008年には，アメリカへの輸出も開始され，「佐賀牛」取扱指定店3店舗が認定された。

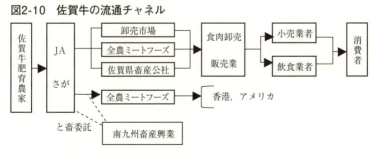

図2-10　佐賀牛の流通チャネル

注：2009年9月9日のJAさがにおける聞き取り調査より作成

第I部　食：そのあり方と農業の連携

「佐賀牛」については，香港やアメリカをはじめとする海外市場への輸出の拡大が今後の目標課題とされている。すでに述べたように香港やアメリカにも取扱指定店を開拓しており，香港では商標マークを取得済みである。「佐賀牛」を食べてもらうために香港からの観光客をJAさが直営のさが風土館季楽（直販コーナーを併設したレストラン）本店に呼ぶなど販売促進にも抜かりない。海外の消費者にも「佐賀牛」を知ってもらいファンを獲得するとともに，新たな販路を構築することで国内と海外への供給を調整することにより枝肉価格を安定化させる狙いもある。

（4）宮崎県内JAによる豚肉の輸出システム

JA宮崎経済連の関連会社である株式会社ミヤチク（以下，「ミヤチク」という）では製造した輸出向け豚肉の全量を自らが販売しており，その大半が香港に仕向けられている。香港に輸出する場合は，直接または国内の輸出業者を通し，香港側の輸入業者を通じて販売している。香港では，JA宮崎経済連の現地駐在員により販路開拓がなされているが，主な納品先は，豚肉は豚カツ屋など，ハムやソーセージの加工品は居酒屋，焼肉屋，ラーメン屋などが中心となり，その多くは日本から進出した店である。納品先がこのようになっているのは，飲食店サイドは，日本から進出した飲食店であるがゆえに，積極的に宮崎産の豚肉の消費者への普及・啓発に努め，輸出・供給サイドは，現地飲食店への後方支援をすることにより，宮崎県産豚肉の差別化や需要拡大への連携が相互補完的に図り易い環境にあったと考えられる。どこから輸出するかは香港の取引先あるいは国内の輸出業者の指示によるが，現在は冷蔵の豚足，豚胃袋，豚肉を中心に福岡空港から空輸されるケースが多い。積み出し地点まではミヤチクが商品を外部委託したトラックで輸送している。

輸出用商品の工場出荷価格は，固定化の傾向にある。それは，現地飲食店のメニュー価格は硬直性が強く，工場出荷価格も固定的・安定的であることを強く求められるためである。ミヤチクでは輸出業者からの商品の単価や量の問い合わせに対し，輸出認定工場の維持費や輸出関連書類の作成経費なども含めた単価を記

載した見積を提示し，その上で輸出業者から要望される内容にできる限り対応する努力をしている。

このように工場出荷価格を固定的・安定的かつ有利に設定するには，輸出先国において最終消費者への販売価格を高位に維持できていることと，産地間競争が激しい中では，輸出用商品が，輸出先国で特徴・特色が認められた高品質の商品としての評価を受け，他の商品との差別化が図られていることが望ましい。

3．推進課題

農畜産物輸出の課題としては以下の両極的な推進課題が考えられる。一方はスポット的に国際取引の場で利益を確保していくという方向であり，他方は安定継続的な輸出入チャネルを構築し，輸出先国の業者とも最終消費者への販売を連携しながら，将来的な輸出拡大に着実に結び付ける方向である。

スポット的に輸出主体が利益を確保するためには，輸入主体との国際取引において，輸出主体と輸入主体による取引量が市場全体取引量の増減に影響を及ぼすような市場支配力（マーケットパワー）を発揮することができ，かつ，輸出主体は，限界費用よりは高い価格帯において，市場全体取引量が多くなりそうな時には価格は低くてもよいが，少なくなりそうな時は価格が高くなるように取引交渉力（バーゲニングパワー）を発揮することにより，取引決定（価格と量の決定）に至ることが求められる。

安定継続的な輸出入チャネルを構築するためには，農畜産物を最終消費者に販売することによって輸出入チャネル構成主体が生み出す総利益を主体間で適切に分配すること，また，商品を最終的に販売するまでに輸出入チャネルで起こりうるリスクを主体間で適切に分担することが重要である。前者のためには，先述した市場支配力や取引交渉力が発揮されない買い手の評価と売り手の費用に基づく取引決定がなされなければならない。後者のリスクの中でも売れ残りのリスクの望ましい分担のあり方は，輸出先国の小売業者や輸入業者が採用する取引慣行により異なってくるため，それらを理解した上で，ケースバイケースで検討することが肝要である。

第Ⅰ部　食：そのあり方と農業の連携

註
（1）佐賀牛として食肉販売業者が表示販売を行うことができる牛肉は，JAグループ佐賀の農家が佐賀県で肥育した黒毛和種であって（社）日本食肉格付協会の定める牛枝肉取引規格格付を受けたもののうち，牛枝肉肉質等級「4」等級以上であって，かつ脂肪交雑（BMSNo.）7以上のものである。
（2）佐賀牛取扱指定店の認定条件は，①佐賀牛の名声を高め，消費者への普及啓発に積極的に努める店舗，②佐賀牛の表示販売にあたっては，顧客の信頼に応えるよう常時販売と表示の適正に努めることができる店舗，③佐賀牛の品質保全には万全の注意を払い，また衛生管理の徹底した店舗である。JAさがは認定を行った指定店について，年度毎に1回以上の現地調査を行うものとし，①〜③の要件を満たしていない場合，改善を要請する。改善が認められない場合，JAさがで協議し，認定を取り消すことになっている。

引用文献
藤島廣二（2004）「青果物非市場流通の現状を分析する」『フレッシュフードシステム』第33巻第1号，pp.2〜11
藤田武弘（2006）「食料供給の国際化とフードシステム」橋本卓爾・大西敏夫・藤田武弘・内藤重之編著『食と農の経済学（第2版）』ミネルヴァ書房，pp.32〜45
福田晋（2013）「日本産農産物輸出拡大に向けた展開条件」『農業および園芸』第88巻第8号，pp.807〜821
橋本卓爾（2006）「現代の農業・農政をめぐる課題」橋本卓爾・大西敏夫・藤田武弘・内藤重之編著『食と農の経済学（第2版）』ミネルヴァ書房，pp.63〜78
細野賢治（1998）「佐賀県青果物をめぐる流通環境の変化に関する検討」『1998年日本農業経済学会論文集』pp.123〜125
細野賢治・藤田泉・矢野泉・髙梨子文恵（2013）「農村活性化に向けたワークショップの意義とその効果—広島県における『6次産業化ワークショップ』の取組を事例として—」『農業市場研究』第22巻第1号，pp.45〜51
磯田健一・西和盛（2014）「企業の参入による地域農業の維持・再生—大分県の取組と今後の展望—」『食農資源経済論集』第65巻第1号，pp.13〜20
甲斐諭（2013）「牛肉の輸出推進を目指した産地の取り組みと課題」『畜産の情報』No.284, pp.56〜66
岸上光克（2012）『地域再生と農協』筑波書房，p.55
三島德三・行方のな（2004）「農産物直売所の実態と意義に関する考察」『流通』第17号，pp.150〜157
西田晃一（2011）「青果物産地から見た海外市場の評価に関する研究」九州大学大学院生物資源環境科学府修士論文

小田勝己（2005）「外食企業の調達チャネルとネットワーク形成」『農業経営の新展開とネットワーク』（農業経営年報　No.4）農林統計協会

綏鹿泰子・清水みゆき（2014）「全国展開を図る小売業の農業参入―ローソンの経営戦略とローソンファームの展開―」『フードシステム研究』第21巻2号，pp.118～125

岡田知弘（2005）『地域づくりの経済学入門』自治体研究社

大浦裕二（2011）「日本国内の直売型農業に関する研究動向」櫻井清一編著『直売型農業・農産物流通の国際比較』農林統計出版，pp.121 ～ 139

高橋昂也・外園智史・前田幸嗣（2012）「輸送費削減による日本産いちごの輸出拡大効果―香港市場を事例として―」『食農資源経済論集』第63巻第2号，pp.1～10

高橋正郎・盛田清秀（2013）『農業経営への異業種参入とその意義』（農業経営年報No.9）農林統計協会

暉峻衆三（2003）「低成長への移行と，経済大国下の農業小国化への道」暉峻衆三編『日本の農業150年』有斐閣ブックス，pp.218 ～ 290

大野備美・納口るり子（2013）「小売業の農業参入事例分析―大手小売2社の比較―」『農業経営研究』第51巻第3号，pp.79～84

豊智行（2012）「日本の卸売市場から海外への輸出対応―青果物中央卸売市場の事例」『農業と経済』第78巻第12号，pp.50 ～ 51

豊智行（2014）「宮崎県下におけるJAによる豚肉輸出の取り組みと今後の展望」『畜産の情報』No.299，pp.40 ～ 47

第3章　食と地域の連携

本章のねらいと構成

　グローバリゼーションの進展に伴ってわが国の農業は縮小・後退を余儀なくされており，各地において地域農業の維持・存続が危ぶまれる状況となるとともに，食の安全に対する消費者の不信が高まっている。また，近年ではライフスタイルの変化等とも相まって食生活の乱れが問題視されるようになっている。このような状況の下で，食育（食農教育）や地産地消，地域流通が注目されるようになっているが，これらを推進するためには，行政の支援とあわせて，地域内における生産者や消費者等の関係者の相互理解や連携・協力が不可欠である。

　そこで，本章では地域内における関係者の相互理解や連携といった点に注目しながら，食育，地産地消，地域流通の実態と課題についてみていくことにしたい。

　本章の構成は次のとおりである。第1節では食生活の変化と食育の推進，第2節では地産地消の意義と課題，第3節では消費者の安全志向と地域流通について取り上げる。まず第1節では食生活の変化とその影響について概観した上で，国の食育推進施策について整理し，国・地方自治体をあげて推進している学校給食における地場産物使用拡大の取組と食によるまちづくりの取組について明らかにする。つぎに，第2節では地産地消の意義とその背景について整理した上で，地産地消の取組の実態を明らかにし，その課題について考察する。さらに，第3節では安全志向という点からの消費者の地域流通に対する意識と，安全性ニーズを訴求した地域流通の動きについて明らかにするとともに，近年の消費者意識と実態とのギャップについて検討する。

第1節　食生活の変化と食育の推進

1．食生活の変化とその影響

（1）食生活の欧米化

　戦後，わが国の食生活は大きく変化してきた。戦前から戦後復興期にかけては主食である米に大豆や野菜，魚介類などからなる副食（おかず）を組み合わせた食事が典型的であった。ところが，高度経済成長期以降，食生活の欧米化・多様化がみられるようになり，畜産物や果実などの消費が増加した。その結果，1980年頃には栄養バランスのとれた健康的で豊かな「日本型食生活」が実現した。日本型食生活は近年の和食ブームや日本食ブームにみられるように，優れた食生活として世界から注目されている。しかし，その後は食生活の欧米化がいっそう進み，米や野菜の消費が減少する一方で，畜産物や油脂類の消費が拡大し，近年では脂肪摂取過多となっている。このような中で，2013年12月に「和食（日本人の伝統的な食文化）」がユネスコ無形文化遺産に登録されたが，食生活の多様化に伴って若者の和食離れが進行し，日本国内において日本の伝統的な食文化である和食が危機的状況にあることが登録申請の背景になっているのである。

　食生活の欧米化は食料自給率の低下，肥満や生活習慣病の増加など，さまざまな影響を及ぼしている。わが国の食料自給率（カロリーベース）は1965年には73％であったが，国内で自給可能な米の消費が減少する一方で，飼料や原料を輸入に頼らざるを得ない畜産物や油脂類の消費が増加した結果，現在では39％に低下している。また，食生活の欧米化による脂肪摂取過多は肥満者の増大につながっている。肥満は生活習慣病の主な原因となることが指摘されているが，厚生労働省「2012年国民健康栄養調査」によると，わが国の肥満者の割合は男性29.1％，女性19.1％となっており，糖尿病有病者は約950万人，糖尿病予備群は約1,100万人と推計されている。

（2）食の外部化・簡便化

　近年，食生活の欧米化とあわせて，食の外部化・簡便化が進んでいる。わが国における食料消費支出の構成について1970年から2011年までの変化をみると，生鮮食品の占める割合が47％から29％に低下する一方で，外食や中食といわれる弁当，そう菜などの調理食品の割合が13％から29％に上昇している。また，加工食品の占める割合は31％から32％へと大きな変化はみられないものの，冷凍食品やレトルト食品など高度に加工された食品への支出割合が高まっている[1]。

　食の外部化・簡便化が進んだ主な要因として，ライフスタイルの変化と食品産業の進展が挙げられる。また，冷凍食品の消費拡大については大型冷凍冷蔵庫や電子レンジの普及も大きな要因となっている。

　一般家庭で購入する生鮮食品と比較して，外食産業や食品製造業等では輸入食材の使用割合が高く，食の外部化・簡便化の進展は食料自給率の低下を助長するだけでなく，生産と消費の乖離を進め，生産者と消費者との関係をいっそう希薄化する要因ともなっている。さらに，近年では食の安全・安心を揺るがす事件・事故が相次ぐとともに，消費者は食品添加物や遺伝子組換え食品にも不安を抱いているが，これらは食の外部化・簡便化の進展とも大きく関わっているのである。

（3）食生活の乱れ

　ライフスタイルの変化に伴って，食事をとらない「欠食」や一人だけで食事をとる「孤食」，家族が一緒に食事をしていても個人個人が別々の料理を食べる「個食」など，食生活の乱れが問題視されるようになっている。

　「2012年国民健康栄養調査」によると，朝食の欠食率は前年と比べて減少しているものの，男女とも20代で最も高く，男性29.5％，女性22.1％となっている。朝食の欠食はやる気や集中力の欠如を招き，とくに子どもでは学力や運動への影響も指摘されている。また，農林中央金庫が2005年と2006年に公表した調査結果によると，夕食を一人で食べる子どもの割合は小学生では10％にとどまるが，中学生では30％，高校生でも27％となっている[2]。このような家族が朝食や夕食を一緒に食べる「共食」の機会の減少は，家族のコミュニケーションを低下させ

るだけでなく，食事の重要性や食文化，食事マナーなどを家庭で身につけるという大切な機会の喪失でもあり，食習慣の全般的な乱れにつながることが懸念される。

2．食育推進施策の展開

(1) 食育基本法の制定

　生命と健康の維持に欠かすことのできない「食」と「農」に関する理解を深めることを目的として，従来から各地において食農教育が展開されてきたが，前述のように，食生活の乱れ，「食」の海外依存や安全上の問題などが深刻化する中で，2005年6月に食育基本法が制定された。同法では食育を生きる上での基本であって，知育，徳育および体育の基礎となるべきものと位置づけ，食育推進の目的をさまざまな経験を通じて「食」に関する知識と「食」を選択する力を習得し，健全な食生活を実践することができる人間を育てることとしている。また，基本理念の一つとして，「食育はわが国の伝統のある優れた食文化，地域の特性を生かした食生活，環境と調和のとれた食料の生産とその消費等に配慮し，わが国の食料の需要および供給の状況についての国民の理解を深めるとともに，食料の生産者と消費者との交流等を図ることにより，農山漁村の活性化とわが国の食料自給率の向上に資するよう，推進されなければならない」（第7条）と謳っている点は注目される。このこととも関わって，同法では国や地方自治体，教育関係者等の責務だけでなく，農林漁業者や食品関連事業者等の責務についても言及している。

(2) 食育推進基本計画の策定

　食育基本法にもとづいて，食育推進基本会議により2006年3月に食育推進基本計画が策定された。また，2010年度をもって同計画が最終年度を迎えたことから，2011年3月に2011年度から2015年度までの5年間を対象とする第2次食育推進基本計画が策定された。この新たな計画は「周知」から「実践」へをコンセプトにしており，目標を11項目設定している（2013年12月に一部改定して目標は12項目

表3-1 第2次食育推進基本計画における食育の推進に当たっての目標値と現状値
(2014年3月現在)

目標事項		策定時の値	現状値	目標値
食育に関心を持っている国民の割合の増加		70.5%	74.6%	90%以上
朝食または夕食を家族と一緒に食べる「共食」の回数の増加		週9回	週9.3回	週10回以上
朝食を欠食する国民の割合の減少	子ども	1.6%	1.5%	0%
	20～30歳代男性	28.7%	27.2%	15%以下
学校給食における地場産物を使用する割合の増加		26.1%	25.1%	30%以上
学校給食における国産食材を使用する割合の増加※		77%	77%	80%以上
栄養バランス等に配慮した食生活を送っている国民の割合の増加		50.2%	56.7%	60%以上
内臓脂肪症候群の予防や改善のための適切な食事，運動等を継続的に実践している国民の割合の増加		41.5%	40.7%	50%以上
よく噛んで味わって食べるなどの食べ方に関心のある国民の割合の増加		70.2%	74.2%	80%以上
食育の推進に関わるボランティアの数の増加		34.5万人	34.6万人	37万人以上
農林漁業体験を経験した国民の割合の増加		27%	37%	30%以上
食品の安全性に関する基礎的な知識を持っている国民の割合の増加		37.4%	64.1%	90%以上
推進計画を作成・実施している市町村の割合の増加		40%	71.5%	100%

資料：内閣府HP（http://www8.cao.go.jp/syokuiku/about/plan/moku_gen/index.html）により作成．
注：※は2013年12月の基本計画一部改定により追加．

となった)。

　表3-1は第2次食育推進基本計画における食育の推進に当たっての目標値と現状値（2014年3月現在）について示したものである。これによると，順調に進展している事項がある一方で，ほとんど進展していない事項も多く，とくに「学校給食における地場産物を使用する割合の増加」については策定時の値を現状値が下回っている。この事項は2006年3月に策定された食育推進基本計画において目標が掲げられたものの，その目標値をクリアできなかったことから，第2次食育推進基本計画においても同様の目標が掲げられた経緯があるが，このままでは目標達成は困難であるといわざるを得ない状況である。

3．学校給食における地場産物使用拡大の取組

　近年，学校では食育の取組が活発に行われるようになっている。2005年4月には栄養教諭制度が導入されたほか，2008年3月の学習指導要領の改訂では総則に「学校における食育の推進」が盛り込まれ，関連する各教科にも食育に関する記

述がなされた。また，同年6月には学校給食法が改正され，同法の目的に「学校における食育の推進」が明確に位置づけられるとともに，栄養教諭による食指導の充実が掲げられた。さらに，同年7月に閣議決定された教育振興基本計画においても今後5年間に総合的かつ計画的に取り組むべき施策として，栄養教諭を中核とした学校・家庭・地域の連携によって食育を推進すること，学校給食において地場産物を活用する取組を促すこと，米飯給食の一層の普及・定着を図ることが盛り込まれた。これらとあわせて前述の食育推進基本計画なども踏まえ，学校現場では学校給食を通じた食育が推進されており，学校給食関係者はとりわけ地場産物の使用が学校給食を「生きた教材」として活用する上で非常に有効であるとの共通認識に立ち，その使用拡大に注力している。その結果，地場産物の使用拡大によって教育的意義の高い学校給食を実現している自治体が各地でみられるようになっている[3]。

　しかしながら，全体としてみると，前述のとおり学校給食における地場産物の使用は計画どおり進んでいないのが現状である。**表3-2**は2011年1月に沖縄県内の学校給食調理場に対して実施したアンケート調査において地場産食材を使用する場合の問題点について尋ねた結果を示したものであるが，これによると「多品目の品揃えが難しい」や「数量の確保が難しい」とあわせて，「連携できる組織が少ない」や「食材や生産者の情報が少ない」といった項目に「そう思う」「ややそう思う」との回答が多くみられた[4]。また，地場産物を使用する上で，今後連携を強めたい組織・機関等について尋ねたところ，「生産者・生産者グループ」(76.8%)，「農協・漁協」(53.6%)，「市町村の農政部局」(26.8%)との回答が多くみられた。**表3-3**に示すとおり市町村内産食材の使用の多い野菜や果実，魚介類については一般納入業者とあわせて，生産者や農協・漁協から調達している調理場が多数みられるが，依然として連携できる組織や食材・生産者の情報が少ないと感じている給食関係者が多く，生産者や関係機関との連携の拡大や強化を望んでいるのである[5]。

　学校給食については家庭内でもよく話題に上るため，学校給食における地場産物の活用は子どもだけでなく，その保護者である大人に対しても地域の農林水産

第Ⅰ部　食：そのあり方と農業の連携

表3-2　学校給食に地場産物を使用する際の問題点

（単位：％）

	そう思う	ややそう思う	どちらとも言えない	あまりそう思わない	そう思わない	無回答
多品目の品揃えが難しい	58.9	26.8	10.7	3.6	―	―
連携できる組織が少ない	51.8	19.6	12.5	10.7	5.4	―
数量の確保が難しい	48.2	28.6	8.9	12.5	―	1.8
食材や生産者の情報が少ない	41.1	35.7	7.1	12.5	3.6	―
連絡調整や事務が煩雑になる	26.8	23.2	17.9	23.2	7.1	1.8
品質や規格に問題がある	21.4	32.1	21.4	16.1	7.1	1.8
納入など流通面で問題がある	14.3	25.0	25.0	25.0	10.7	―
既存納入業者との調整が難しい	10.7	26.8	17.9	35.7	8.9	―

資料：沖縄県内の学校給食調理場に対するアンケート調査（2011年1月実施）により作成。
注：回答のあった56票に占める回答割合を示す。

表3-3　沖縄県内学校給食調理場における市町村内産食材の使用状況とその調達先

	使用の有無			調達先						
	あり	なし	無回答	生産者	農協・漁協	直売所	一般納入業者	県学校給食会	その他	無回答
米	11	40	5	1	1	―	―	8	1	―
野菜	47	7	2	18	10	2	26	―	2	3
果実	26	26	4	10	4	2	13	―	1	2
牛乳	13	37	6	2	―	―	1	11	1	―
肉類	12	39	5	―	―	―	11	1	―	―
魚介類	30	21	5	3	12	2	18	―	―	―
加工品	20	28	8	5	2	2	10	2	1	1

資料：沖縄県内の学校給食調理場に対するアンケート調査（2011年1月実施）により作成。
注：1）「生産者」には農業者，漁業者，食品製造業者を含む。
　　2）「加工品」は原料に市町村内産の農畜水産物が使用されているものに限る。

業や食文化に関する理解を深める上でたいへん有効であると考えられる。グローバリゼーションの進展によって地域の農林水産業の維持・存続が危ぶまれる中で，学校給食関係者と地域の農林漁業関係者との連携のさらなる拡大・強化に期待したい。

4．「食」によるまちづくりの取組

近年，条例を制定するなどして地域ぐるみで食育の推進に取り組む市町村が多くなっているが，食育や地産地消の推進によって地域振興を図ろうとする市町村も少なくない。その中でも全国に先駆けて「食」によるまちづくりに取り組み，食育の先進地として注目されているのが福井県小浜市である。

第3章　食と地域の連携

　小浜は奈良・飛鳥時代には若狭湾でとれる豊富な食材を朝廷に献上する御食国（みけつくに）の一つであった。また，その後も京都に鯖を運ぶ「鯖街道」の起点の一つになっていた。このような歴史的な背景を持つ地域資源を生かしたまちづくりを目指し，小浜市は2001年9月に食に関する全国初の条例である「食のまちづくり条例」を制定した。とくに食育については重要な分野として条例の中に位置づけ，「生涯食育」という概念を提唱している点は注目される。また，条例制定に伴い，同市は2002年4月に「食のまちづくり課」を新設し，翌2003年4月には全国初の食育専門職員を採用して，ライフステージに合わせた広範な食育事業を展開している。

　2003年9月には食のまちづくりの拠点施設として「御食国若狭おばま食文化館」を開館している。同施設は小浜の食に関する歴史・伝統・文化の展示をはじめ，伝統工芸の制作・実演を観たり，体験したりできる「若狭工房」や調理室「キッチンスタジオ」などを備えている。キッチンスタジオでは乳幼児から高齢者までのあらゆる年代層を対象とした各種の料理教室や食育講座を開催しているが，その中でもとくに注目されるのが「キッズ・キッチン」の取組である。これは子どもに料理を教えることを目的とした一般的な料理教室とは異なり，料理を通して子どもの能力を引き出すことを目的とした教育プログラムであり，「義務食育」として市内すべての幼稚園・保育園の年間行事にも組み入れられている。

　小浜市は市内すべての小中学校に給食調理場を設けた単独調理方式（自校調理方式）の給食を採用しており，学校給食の食材を校区内の生産者から優先的に調達する「校区内型地場産学校給食」を実施している。各学校では給食の時間に校内放送で食材の生産者を紹介するほか，生産者を学校に招いて交流会を開催したり，畑に手作りの似顔絵看板を設置したりするなどしている。その結果，児童・生徒の「食」や「農」への関心や理解が深まり，生産者への感謝の気持ちが醸成されるとともに，生産者のやり甲斐や生き甲斐にもなっているという。

　このように，小浜市では「食のまちづくり」が推進されているが，特筆すべき点は市民参画によってそれが進められていることである。同市では2000年9月に市職員と市民からなる「御食国・食のまちづくりプロジェクトチーム」を立ち上

第Ⅰ部　食：そのあり方と農業の連携

げ，前述の「御食国若狭おばま食文化館」の整備について提言を行うなど，行政と市民が協働して「食のまちづくり」推進に向けた施策を検討してきている。また，「食のまちづくり条例」についても当初から市民参画によってその内容が検討されたが，同条例にもとづいて組織された各地区の「いきいきまちづくり委員会」が地区振興計画を策定し，その事業の実施も市民主体で進めてきたのである。なお，各地区の振興計画をとりまとめた形で2005年3月に小浜市食のまちづくり基本計画が策定されている。さらに，キッズ・キッチンを女性グループが中心になって担当するようになっているほか，地元食材を活用した商品を地域の事業者が開発・販売するなど，行政と地域の住民や事業者とが連携・協力して食のまちづくりに取り組んでいるのである。

5．小括

　以上のように，高度経済成長期以降，食生活の欧米化や食の外部化・簡便化が進展しており，それらとも相まって「食（消費）」と「農（生産）」との距離が拡大し，消費者と生産者との関係が希薄化している。また，近年では朝食「欠食」や「孤食」「個食」に象徴される食習慣の乱れなどが問題視されるようになっている。

　このような状況の下で，2005年に食育基本法が制定され，国をあげて食育が推進されるようになっている。とりわけ小中学校では給食を「生きた教材」として活用しながら食育を推進しており，地域の農林漁業者やその関係機関と連携するなどして地場産物の使用拡大に努めている。その結果，地産地消型の学校給食を実現しているところがみられるが，全体としては学校給食における地場産物の使用拡大はあまり進んでおらず，依然として連携できる組織や食材・生産者の情報が少ないと感じている給食関係者が多いのが実態である。

　このような中で，食育を推進することによって地域住民の「食」に関する知識や能力の向上を図るだけでなく，まちづくりに生かそうとする市町村がみられるようになっている。その先進事例が福井県小浜市であるが，同市では行政と地域住民，事業者とが連携・協力して食のまちづくりに取り組んでいるのである。

第3章　食と地域の連携

　グローバリゼーションが進展する中で，地域の農林水産業の維持・存続を図るためには食料の生産・流通や食文化等に対する地域住民の理解と認識を深めることが不可欠であり，地域内のさまざまな関係者が連携して食育を推進していくことが今後ますます重要になるものと考えられる。

註
（1）数値は総務省「家計調査」「消費者物価指数」をもとに農林水産省が公表したものであるが，「こづかい」から外食や中食等の食料に支出されたものは反映されていないため，生鮮食品の支出割合は実際には2割以下に低下していると考えられる。
（2）農林中央金庫「親から継ぐ『食』，育てる『食』」2005年2月（調査対象：東京近郊に居住する小学校4年生〜中学校3年生400名，調査期間：2004年11月25日〜12月6日）および同「現代高校生の食生活，家族で育む『食』」2006年3月（調査対象：東京近郊に居住する高校生400名，調査期間：2005年12月1日〜12月12日）。
（3）優良事例については，竹下（2000），竹下（2010），安井（2010），内藤ら（2010）等を参照されたい。
（4）アンケート調査の配布数は93票，有効回収数は56票，回収率は60.2％である。
（5）内藤ら（2010）によると，全国の5万人以上の都市を対象としたアンケート調査においても同様の結果となっている。

第2節 「地産地消」の意義と課題

1．地産地消の盛り上がり

(1) 地産地消とその意義

 「地産地消（ちさんちしょう）」とは，1990年代ごろから盛り上がりをみせている，地域で生産したものを，できるだけその地域で消費しようという取組である。具体的な取組としては，直売所での農林水産物の直接販売，地域の農林水産資源を活用した商品開発，学校給食等での地域食材の利用，都市と農村の交流や農村体験，グリーンツーリズムなどを指すことが多い。

 地産地消には，さまざまな効果が期待されている。まず，地域内での流通であるということは，輸送距離・時間が短くてすみ，農水産物を新鮮なまま流通コストをかけずに消費者に届けることができる。それは生産者，消費者の双方にとってメリットである。輸送距離が短いということは，輸送の際に排出される二酸化炭素による温室効果も軽減される。

 つぎに，地域の生産者と消費者が直接コミュニケーションし，「顔の見える関係」を構築することで，地域の食文化や伝統野菜などが守られる可能性が高まる。消費者になじみが薄い伝統野菜などは，詳しい説明や情報がないと購入しにくいが，直売所などで消費者が生産者から直接説明を受けることにより，関心や理解が増し，購入につながることも期待される。同様のことが学校給食などで行われれば，地域の食材への興味が増し，健康につながるだけでなく，地域への理解や愛着が増すことにつながる。そのため，食育としての効果も期待できる。

 さらに，そのような地域での取組が，農産物に付加価値を与える加工や販売に発展したり（6次産業化），商工業者との連携によって，より高度な商品開発やマーケティングが行われ（農商工連携），都市部や海外での販売が可能になることも期待される。地域の特徴をうまく演出できれば，他では真似のできない差別化要因となりうるし，地域内での連携が進めば，地域経済が活性化されることにもつ

つまり地産地消は、生産者、消費者にメリットがあるだけでなく、地域経済の活性化や文化の継承、環境の保全という意味で、社会的な意義も大きい。そのため、行政も地産地消を推進するために、2010年には「地産地消・6次産業化法」[1]を策定し、地域資源の利用を促し、新事業につながる活動を支援している。

(2) 地産地消の盛り上がりの背景

地産地消が注目され、さまざまな取組がなされている背景には、いくつかの要因があると考えられる。

1) 大規模遠距離流通の代替として

戦後、日本の農家は農協を組織し、協同して生産・出荷することにより効率性を高めてきた。それにより、地方の零細な農家であっても、都市部の市場で一定の価格交渉力、ブランド力を築くことが可能となり、地方の農家の所得向上に寄与してきた。

しかし、地方の農家が生産したものを農協で集約し、都市部の市場へ輸送し、それが卸売市場で取引され、仲卸業者から小売業者へと農産物が多段階に流通されていく過程は複雑で、どうしてもコストが高くなり、逆に鮮度は低下しがちである。流通の各段階は、それぞれで機能を発揮しており、流通費用がかかることはやむを得ないことなのではあるが、生産者と消費者双方にとって、より効率的で低コストな方法はないのかというシンプルな思いが芽生えることは不思議なことではない。そのような思いが、地産地消の概念が広く受け入れられている基本的な素地といえよう。

2) 食の安全・安心へ関心の高まり

戦後の日本における流通システムの発達は、地方から都市への農産物の輸送を可能にし、人々の食生活を豊かにしたことは事実である。しかしその陰で、農薬や化学肥料が多投され、地力の低下や環境破壊の懸念が生じてきた。また、長距

離輸送に耐えうるよう完熟前に収穫されたり，輸送に強い品種が開発されたりといったことが行われた。生産と消費の距離が拡大し，互いに「顔が見えない関係」となる過程で，経済性と効率性が優先され，栄養や味，安全性がややなおざりにされた側面は否定できない。

　生産者と消費者の乖離が進んだ結果，近年，消費者の信頼が揺らぐような，農薬の誤使用や無登録農薬の使用，産地偽装など，食をめぐるスキャンダルが頻発した。それは国内に限ったことではなく，国際化とともに，輸入農水産物からたびたび基準値を超える農薬が検出されたり，日本では使用が認められていない農薬が検出されたりした。また，長距離輸送の劣化を抑えるため，いわゆるポスト・ハーベスト農薬使用の懸念も指摘されてきた。また最近では，遺伝子組換え作物の使用（混入）が消費者の不安要素となっており，消費者に輸入農水産物に対する漠然とした不安を抱かせている。

　生産者と比較して，消費者は商品の情報を十分に知り得ず，そこに「情報の非対称性」が存在するといわれる。地産地消が支持され直売所等の利用者が増してきたのは，生産者を直接確認し，信頼できるものを確認して購入したいという，消費者の情報に対する意識の高まりもその背景にあるといえよう。

3）環境問題への関心の高まり

　農業は環境に働きかける営みで，ときに環境に過度の負荷を与える。消費者の環境に対する意識の高まりは，農薬を使用しない有機栽培などへの関心を高めた。それに応えるように，一部の農家も「合鴨農法」などの自然環境にできるだけ負荷をかけない栽培方法を開発し，人と環境にやさしい農産物の生産に努めた。しかしながら，そのような「こだわり」の農産物は，販売に詳細な説明が必要であり，量販店などでの販売にはなじみにくかった。生産者と消費者が直接コミュニケーションできる直売所は，このようなこだわりの農産物に貴重な流通機会を提供した。

　社会の環境問題への意識はいっそう高まっており，安全や環境に配慮した農産物の流通も増え，今日では量販店でも入手しやすくなっている。いわゆる「エコ

バッグ」が普及し，フード・マイレージやフェア・トレードなどの概念も知られるようになり，できるだけ近くで生産されたものを選択したり，適正な方法で生産・流通されたものを選ぶ消費者も現れている。自身の食料消費によって，環境問題をはじめとする国内外の社会の諸問題に負の影響を与えないという消費者意識やライフスタイルの広まりが，地産地消を後押しする要因の一つとなっている。

4）自給率の低下への懸念

　食料自給率の低下が指摘され，日本の食料自給率が4割前後であることは，多くの消費者に知られるようになった。また，国内の農家の高齢化が進み，国内農業の弱体化が懸念されている。食料の海外依存度の高まりが，人々の間に食料安全保障上のある種の危機感を抱かせている。食料自給率の低下は，食の多様化が進んだ結果ともみることもできるが，長らく低下傾向にあることは間違いなく，地産地消が国内の農業を支え，地域の農業や食文化を守る一助となりうることへの理解が進んだことも地産地消の盛り上がりの背景といえよう。

5）「食育」の導入

　海外から安価な農産物が大量に輸入され，人々の食生活は量的には豊かになったが，その影で，栄養の偏りや不規則な食事など食生活の乱れが進行した。核家族化が進み，「個食」（「孤食」）や「欠食」も問題となっている。その結果，肥満や生活習慣病が広まり，また地域の伝統的な食文化の継承も危ぶまれてきた。そこで，政府は2005年に食育基本法を策定し，国民とくに子どもたちが健全な食生活をおくれるための食育推進計画[2]を策定した。その中で，学校給食における地場産農水産物の活用や，生産者と消費者の交流の促進，地産地消の推進と食文化の継承と「日本型食生活」などが目指された。地産地消は生産者側からだけではなく，消費の側からも求められていたことがわかる。

第Ⅰ部　食：そのあり方と農業の連携

２．地産地消の取組

（１）日本における取組

　地産地消を推進するため，「地産地消・6次産業化法」では，国および地方公共団体に以下のような施策を求めている。①地域の農林水産物の利用の促進に必要な基盤の整備，②直売所等を利用した地域の農林水産物の利用の促進，③学校給食等における地域の農林水産物の利用の促進，④地域の需要等に対応した農林水産物の安定的な供給の確保，⑤地域の農林水産物の利用の取組を通じた食育の推進等，⑥人材の育成等，⑦国民の理解と関心の増進，⑧調査研究の実施等，⑨多様な主体の連携等。

　また，農林水産省は2008年度から毎年「地産地消の仕事人」を選定し，地域での活動の中心的役割を担う人材を選定している[3]。その活動領域は，「農産物直売所関係」「学校給食関係」「農産物加工関係」「消費者との交流関係」「食育」となっており，それらが日本における地産地消の主な取組であると整理できよう。

　以上のことから，農産物直売所が日本における地産地消の主要拠点と位置づけられよう。農産物直売所数の正確な把握は難しいが，1990年代から増加しており，2012年度時点で全国に2万3千件以上が存在するといわれている。定義の違いにより直接の比較は難しいが，2005年の調査で約1万3千件だったことを考慮すると，農産物直売所の設置数が大きく伸びていることがわかる。また大型化も進んでおり，17％が年間1億円以上を売り上げているとされる[4]。

　農産物直売所では，新鮮な農産物の販売に加え，生産者と消費者の交流イベントが開催されたり，地域の伝統行事を積極的に取り入れるなどの活動も行われている。そのような取組によって，直売所を利用する消費者は安心を感じ，生産者を身近に感じるようになっている（**図3-1**）。

　学校給食も地産地消に大きな役割を果たしている。食育基本計画（第2次）では，学校給食における地場産利用率を2015年度までに30％に高めることを目標としている（2012年度：25.1％）[5]。食材の利用だけではなく，農業体験を実施したり，生産者を給食に招いたりといった活動が行われており，地域について理解

第3章 食と地域の連携

図3-1 消費者が地産地消の利点として意識していること

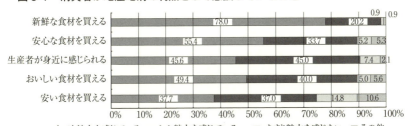

資料：農林水産省大臣官房情報課「平成18年地産地消に関する意識・意向調査」より作成

を深め，また，食べ物やそれを生産する人々への感謝の気持ちを育む機会となっている。

（2）海外での地産地消

　海外でも地産地消と同様の取組が広がっている。イタリアには「スローフード」運動があり，Good, Clean, and Fairであることを理念に，地域で伝統的に食されてきたものを，安全な方法で生産し，その地域で消費する取組が行われている[6]。スローフードでは，地域の食文化を伝え，そのような農産物を生産する農家を支えることも目指されている。1989年に設立された国際的なNPOがリードするこのスローフードの取組は，今では150カ国に支部が置かれ，世界に波及している。

　米国でも，環境問題への関心の高まりや地域経済の活性化の必要性を背景に，地元の産品を買おうという運動がある。ファーマーズ・マーケットなどはその一つであり，1970年代後半くらいから開催されるようになり，今では全米のいたるところで農家が消費者に直接販売する姿がみられる。米国のファーマーズ・マーケットを日本の農産物直売所と比較した場合の特徴は，消費者主導ということであろう。日本は農協などの生産者グループによって運営されているものが多いが，米国の場合，消費者グループか都市部の自治体によって運営さているものが多い。

　また米国では，1980年代中ごろからCSA（Community Supported Agriculture）という取組が広がっている。CSAというのは，消費者（会員）が年会費（share：シェア）を前払いすることで，農業生産に伴うリスクを共有し

ながら，環境にやさしい方法で生産された安全な農産物を収穫期に分かち合おうという仕組みである。農作業にも関わることを義務付けている農場もあるなど，消費者が川上の生産現場に積極的に関わる連携といえよう。収穫期になると，収穫された農産物を分かち合うために，会員は農場を訪れ，そこで農業者と交流を深める。アメリカでも，安全で環境にやさしい農産物への関心は高まっており，CSAに取り組む農場数は増加し続け，全米で1万を超えているという報告もある（新開 2013：p.217）。

アジアでも，韓国には古くから「身土不二」という概念があり，生活する地域（「四里四方」）で採れたものを食することが健康につながると考えられてきた。韓国でも近年，ハナロクラブ，ハナロマートという日本の農産物直売所に似た取組が盛んになっている。

3．地産地消の課題と今後

地産地消には，さまざまなメリットがあるが，万能というわけではない。既存の流通システムも日々改善が進んでおり，地理的近接性だけが鮮度を保つ要因ではなくなっている。遠距離であっても鮮度を保ちながら輸送できるシステムが開発されている。また，近年では量販店の中に「インショップ」という直売コーナーを設けて，地元の農家にスペースを提供してもらうなど，量販店自らが地産地消に取り組むケースもみられる。

流通コストについても，地産地消では小規模にならざるを得ないことが多く，大きなロットでの大量流通には輸送単価としては優位性を発揮できないこともありうる。包材費や人件費についても同様である。

ロットが小さいということは，サイズや規格の面での制約も生じる。農産物の生産流通には，天候による生育の遅れや病害虫の発生，事故などさまざまなリスクが伴うが，何らかの要因によって，需要者のニーズが満たせないリスクが高まることを意味する。逆に，需要者が何らかの理由で注文を止めた場合は，生産者側に販売リスクが生じる。生産者と需要者の直接的な結びつきが強まることは，販売や調達の選択肢を限定することにもなる。それを補うための相互の密なコ

ミュニケーションと理解がなければ，継続的な取引は難しい。

　従来の流通システムは経済的な合理性をもって発達してきたものであり，地産地消がそれに完全に取って代わることは難しい。例えば農家が直接販売することは，中間の流通段階を省略できて効率的なようでもあるが，販売する時間を生産に専念した方がより効率的であるケースもあろう。また，地域の農産物をその農村部の地域内だけで消費することは非現実的であるし，都市部や海外で販売してこそ，地域経済が潤うことになる。

　しかしこれまで述べたように，地産地消はその取組方によってさまざまな可能性を秘めている。それを実際のメリットにできるかどうかは，そこにかかわる人々の相互理解が重要であり，相互のコミュニケーションにかかっているといえよう。ICT環境の変化に伴ってコミュニケーションの方法は変化している。先に紹介した米国のCSAにおいても，80年代ごろの黎明期は，消費者が直接農場に赴いて農作業をしたり農産物を受け取ったりという，まさに「顔の見える」フェイス・トゥ・フェイスの（リアルな）関わりが中心であったが，最近はSNSや宅配なども活用した緩やかな関係へと変化の兆しがみられる。今後，日本でもSNSなどを含めたさまざまなコミュニケーション・ツールを駆使して相互の理解を深めていくことが，地産地消が持続・拡大するために重要であろう。

註
（1）正式には，「地域資源を活用した農林漁業者等による新事業の創出等及び地域の農林水産物の利用促進に関する法律」。
（2）「食育推進基本計画」。第1次は2006～2010年度，第2次は2011～2015年度。
（3）農林水産省生産局「『地産地消の仕事人』について」等。
（4）2005年世界農林業センサスおよび農林水産省「農業・農村の6次産業化総合調査結果」
（5）註（2）に同じ。
（6）スローフード協会イタリア国際本部　http://www.slowfood.com/，および，スローフードジャパン　http://www.slowfoodjapan.net/．

第3節　消費者の安全志向と地域流通

1．地元産への安全性認識

　広域流通する農産物よりも，地場産の農産物の方が安全性が高いという認識が消費者の中には少なからず存在している。表3-4は，農業地域である福岡県八女市において，地元産農産物を購入したい理由について聞いた結果である[1]。ここで集計された回答者は，地元産農産物を購入したい程度について，5件法で「3．ややそう思う」から「5．非常にそう思う」までを回答した87.0%の回答者である。地元産農産物を購入したい理由として，6割の回答者が「新鮮だから」を理由として挙げており，これに次いで大きな理由が，安心・安全だからで，4割の回答者が理由として挙げている。

　つぎに，福岡県糸島産の農産物（米・野菜・果物・牛肉・牛乳）や農産加工品に対する福岡県内の住民の意識調査結果である[2]。糸島市は福岡市という都市部に隣接しつつ，農業・畜産業・漁業，自然，環境などのイメージが福岡県の消費者に浸透した地域であり，地元の農業地域という認識が高い。図3-2では，糸島市から地域が離れるに従って糸島産を地元産と「強くそう思う」および「そう思う」と答える割合は下がっていくものの，福岡市の約半分，福岡県であっても約3分の1の消費者が糸島産を地元産と認識している。また，糸島産を地元産と「まったくそう思わない」場合，安全であるという認識もほとんどない一方，糸島産を地元産と認識する消費者であるほど，糸島産を安全であると認識する傾向

表3-4　八女産農産物の購入理由

（単位：人，%）

	回答数	出現率
安いから	19	4.5
新鮮だから	256	60.4
安全安心だから	176	41.5
便利だから	27	6.4
その他	37	8.7
総数	525	121.5
実回答者数	424	

注：1）複数回答。回答数の合計と回答者数の合計は一致しない。
　　2）「八女産の農産物を購入したいか」という質問に対する「1．まったく思わない」〜「5．非常にそう思う」の5件法の回答において，「3．ややそう思う」以上の回答を行った430名（87.0%）について集計したものである。ただし，無回答6名を含む。

図3-2　福岡都市圏の消費者のもつ糸島産食品に対する地元産イメージ

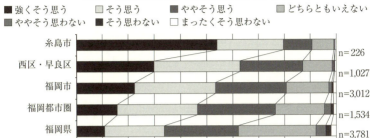

注：図中の地区区分について，「福岡市」は西区・早良区を除いた福岡市であり，「福岡都市圏」は糸島市，福岡市を除いた福岡都市圏である。同様に「福岡県」は福岡都市圏を除いた福岡県である。

図3-3　消費者のもつ地元産イメージと安全性イメージの関係

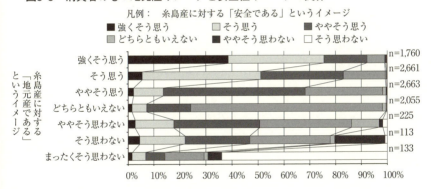

が表れる（**図3-3**）。

このように，消費者の中に，地元産の農産物・食品ほど安全であると認識される理由には，農産物や加工食品の流通過程への不信があると考えられる。輸入農産物では，国産農産物と異なりポストハーベスト農薬の適用がなされることもあり，しばしば残留農薬が問題視される。また，加工食品においても，原料農産物の残留農薬・食品添加物，賞味期限切れ原料の使用，異物混入などで安全性問題が発生しメディアをにぎわすことがある。こうした断続的な問題の発生であっても，消費者の記憶に蓄積されることで，海外産より国産が安全であるという認識

表3-5 八女市における地元農産物の購入場所

(単位：人, %)

	回答数	出現率
自家生産あるいは実家などから送付	66	37.5
生産者からの直接購入	24	13.6
農産物直売所・道の駅	84	47.7
専門小売店	15	8.5
生協	5	2.8
スーパー	107	60.8
コンビニエンスストア	1	0.6
その他	1	0.6
総計	303	172.2
実回答数	176	

注：1）複数回答。回答数の合計と回答者数の合計は一致しない。
2）表3-4において八女産の農産物を購入したい理由として「安全だから」を挙げた176名についての回答を集計した。

が生まれていることは想像に難くない。ただし、国内産については地元産であれ、地元以外であれ上述のような意味での安全性上の大きな差異はないであろう。それにもかかわらず、同じ国産であっても地域流通する地元産農産物・加工食品の方が、より安全性が高いという消費者の認識が生まれる理由は、次の2点であろう。第1に、国産農産物であっても、多段階の流通を経るほど、輸入農産物・食品等が流通過程で国産として産地偽装される可能性が高くなるためと考えられる。地場産農産物では、極端な場合、農家からの直接購入が行われるなど、より少ない段階で流通され、偽装の機会が限られることになる。第2に、顔が見える・見えやすいことからくる安心感という心理的なバイアスも働いていると考えられる。

そのような安心感の高いチャネルとして典型的なものは、農家からの直接購入、あるいは直売所での購入である。**表3-5**は先述の八女市の調査において、地元産を購入する理由として「安全安心だから」を挙げた回答者に、地元産農産物の購入場所を聞いたものである。その内、6割の回答者はスーパーを利用するが、5割弱の回答者は直売所・道の駅を利用していることがわかる。

農産物・加工食品の安全性は、従来、生産段階と流通の出口における指導・監視等が行われていた（後述）。しかし、流通過程での食品の取り扱い、あるいは産地偽装など、流通過程への監視の必要性が意識されるに至り、食品安全行政においても、流通過程全体への指導・監視体制が目指されるようになっている。

トレーサビリティもその一つで，商品が生産・流通する過程で，生産履歴・流通履歴が記録され，商品に情報として付随して流通するシステムである。食品安全上の問題が発生した場合に，生産者や流通経路を追跡・遡及できるようにすることで，問題原因を迅速に発見するとともに，商品のリコール対象を絞り込むことで影響範囲を小さくし，また，風評被害等の発生を抑えることが期待される。そのため，原料や流通段階に対する消費者の信頼性を高めるシステムとして注目されている。日本では，現在，牛および米穀等に対しては法的にトレーサビリティが生産から流通の各段階で義務付けられている。また，青果物等においても，トレーサビリティ・システムは国の実証事業等を活用しながら民間において開発が進められている。しかし，農産物や加工食品のように開放的なチャネルにおいて多段階流通する商品ほど，トレーサビリティ・システムの費用対効果が急激に悪化する[3]。そのため，有効なシステムとして広く導入されるには至っていない。このように，流通過程の指導・監視体制の構築にはいまだ課題が多い。

以上のように，より短い流通段階を経る国産農産物に対して消費者がより強い安心感をもつ傾向は，現状では致し方ないといえよう。

2．直売所流通する農産物・農産加工品の安全性

地場産の農産物の安全性が高いということについて，必ずしも明確な根拠があるわけではない。食品の安全性を担保するための伝統的な食品安全管理体制は，生産段階および流通の出口において行われており，生産現場における農薬取締法や飼料安全法による生産監視指導，食品衛生法に基づく，流通の川下における収去検査，施設の監視指導が行われている。このような安全管理は，広域流通においては卸売市場と小売店を中心に安全衛生管理体制の網の目がかけられていたが，直売所流通や市場外の地域流通に対しては，当初，立ち遅れぎみであった。2010年12月26日の農林水産省通知「農産物直売所で販売される農産物の適切な取扱いについて」で，直売所等への監視に対する注意喚起がなされ，現在は，直売所流通や市場外流通についても，安全衛生監視計画に含まれるようになっている。

ただし，行政による指導・監視体制および収去検査等は，それだけで十分な検

査の網がかかるというものではない。こうした状況を補完するように，JAの系統出荷においては，JAや生産部会の中で指導管理および自主検査が行われ，また，小売チェーンや生協においても，同様に自主検査が行われている。それに対して，直売所への出荷においては，同一品目の生産部会において統一の生産指針や農薬使用計画に基づいた生産管理が行われているわけではない。各農家が多様な品目を栽培した上で出荷しており，組織的な生産管理が行われていないところがほとんどである。直売所や出荷者によっては同じ品目でJA系統出荷と直売所出荷を行っており，その場合，同様の指導管理および自主検査が生産段階で行われる。しかし，直売所にのみ出荷している品目や生産者においては，こうした指導管理や生産段階の検査が不十分になる可能性がある。普及センター等の啓蒙により，直売所独自の活動を通して指導管理が行われるようになったが，ようやく直売所に流通する農産物等の生産における安全監視体制が敷かれつつあるという状況である。こうした問題は，農産物だけではなく，例えば，6次産業化によって増えつつある農業者の製造販売した加工食品についても同様に当てはまる。

このように，生産構造をみると，むしろ，地場産の方が安全性が低くなりやすい側面もあり，地場産，あるいは直売所流通に対する消費者の安全性認識と生産実態が必ずしも一致していない面も存在する。

3．減農薬栽培農産物の地場流通

農業生産において，栽培段階の安全管理や環境面への配慮において，慣行栽培より厳格な栽培を行っているものとして，有機農業，特別栽培，減農薬・減化学肥料栽培，GAPなどの認証農産物がある。日本において，これら認証農産物は，そのロットの少なさと不安定さ，消費者ニーズの弱さなどから，広域かつオープンな卸売市場流通において差別化商品として評価されることは難しい。そのため，そうした栽培方法についてのニーズをもった特定の実需者や小売，消費者グループとのクローズドな取引が中心となってくる。とくに，GAPや減農薬・減化学肥料栽培においては，小売スーパーチェーンのPB商品として独自の基準と契約的な栽培が行われることが多い[4]。

図3-4 福岡県減農薬・減化学肥料栽培認証制度における更新農家と非更新農家の販売チャネルの違い

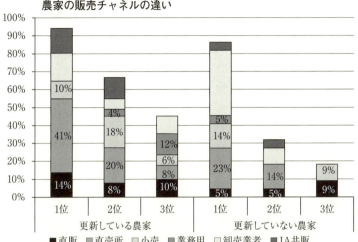

資料：烏雲塔娜・森高・福田（2012）を一部改変。

　その一方で，多くの地方自治体が独自に特別栽培や減農薬・減化学肥料栽培の認証を行っている。こうした認証を受ける農家においては，契約的な販売先がない場合も多く，マーケティング力が乏しい中で，認証農産物の販売チャネルとして，地元の直売所が用いられる。図3-4は，福岡県減農薬・減化学肥料栽培認証を受けた農家の販売チャネルについて，よく使うチャネルの第1位から第3位までを聞いたものである[5]。この認証の有効期限である3年後に，認証を更新した農家と，更新しなかった農家別に示している。認証を更新した農家の認証農産物の主な出荷・販売先をみると，7割が直売所，4割が直販，3割がJA共販を利用している。一方，更新しなかった農家は，4割が直売所，3割が卸売市場を利用していた。販売先としての直売所は，更新の有無にかかわらず重要なチャネルとなっていることがわかる。

　ただし，直売所で価格プレミアムを得ることは困難である。直売所において価格プレミアムが得られない理由として，先述の消費者における地場産農産物に対する心理的バイアスが影響するものと考えられる。先述したように，直売所で流通する地場産農産物について，決して安全性や信頼性が高いという明確な根拠が

あるわけではない。もし，地場産農産物の安全性に対して高すぎる信念がもたれた場合，そうした消費者に対して，認証製品のもつ安全性の上昇部分はそれほど大きく評価されないであろう[6]。

認証製品が差別化商品として流通するためには，顧客において地場産の安全性について，心理的なバイアスが高くかかっていないことが望ましい。同じ地域流通であっても，安全性ニーズをもち，かつ心理的バイアスの小さいターゲットを特定し，契約的にクローズドなチャネルを通した流通でこそ，安全性の高い農産物や食品流通が実現する。

小売業者や業務需要者などとの契約的な取引先を確保している場合，取引条件として認証が活用されている側面があり，農業経営の安定化を図る上での有効なツールといえる[7]。一方，直売所のみが認証農産物のチャネルとなっている農家にとっては，直売所において価格プレミアムが実現しない場合，減農薬・減化学肥料栽培を継続するインセンティブが大きく損なわれることになる。直売所は減農薬・減化学肥料栽培農産物の流通において，中核となるチャネルではなく，数量調整弁などの補完的なチャネルと考えなくてはならないであろう。

前掲図3-4をみると，更新できている農家は，1農家当たりの販売チャネルの回答数が多く，直売所以外にも販売先として直販，小売および業務用を含むクローズドな複数のチャネルを確保しており，更新していない農家では，卸売業者や直売所等のオープンなチャネルが多く，双方のマーケティング力の違いが浮き彫りになっている。

4．小括

本節の内容を小括すると，以下のとおりである。広域流通する農産物に比べて地場産農産物の方がより安全であると消費者に受け取られる傾向がある。これは，流通段階が少なく，輸入農産物等に対する産地偽装が行われにくいこと，また，生産者の顔が見えること，身近でなじみがあることからくる心理的なバイアスが主な要因と考えられる。

九州では直売所流通が伸びてきており，地場産農産物の主要な調達先となって

きたが，JA系統出荷で卸売市場を経由する広域流通に比べると，農薬使用管理，残留農薬等の検査において指導・監視の網が粗い面があったため，体制整備が進められているところである。このように，漠然とした安心感という意味では消費者の地場産農産物への期待と実態が一致しない面がある。

また，減農薬・減化学肥料栽培認証農産物は市場経由の広域流通にのりにくいため，地場流通しやすい。特定の小売PBとの契約栽培などのクローズドな流通を除くと，直売所が中心的な流通チャネルとなる。しかし，必ずしも，認証農産物に対するプレミアムが得られているという状況ではなく，他に有力なチャネルを確保できない生産者においては，減農薬・減化学肥料栽培の継続が困難になる状況がみられる。安全・安心を訴求した生産者にとっても，その主要な流通経路の一つである直売所において，生産者の期待と販売実態が必ずしも一致していない。

安全性に対する期待という側面からみると，農産物やそれを原料とする農産加工品の地域流通においては，需給のギャップが存在しており，この解消が望まれる。

註
（1）調査は，2010年7月に実施し，福岡県八女市住民基本台帳から無作為に抽出した1,000人の住民へ，市役所を通じてアンケートを郵送し，504件（回収率50.4％）を回収した。なお，八女市は主要産業を医療や福祉および農業とする，いわゆる高齢化が進んだ農村地域である。地元産農産物や加工食品の購入先として，都市部に比べ，自家生産や実家からの調達，農家からの直接購入や直売所など，多様な購買先を想定できる。
（2）調査は，2014年3月に実施し，株式会社マクロミルの消費者モニターを対象としてWebアンケート調査を行い，1万人を目標として目標数に到達した時点で打ち切った。
（3）詳細は森高（2011），を参照されたい。
（4）例えば森高・劉（2004），森高・福田（2005）を参照されたい。
（5）調査は，2011年12月～2012年1月の期間に実施した「福岡県減農薬・減化学肥料栽培認証制度に関するアンケート調査」をもとにしている。2007年3月から2008年3月に野菜・果物の栽培計画に対して認証を受けた農家を対象とした郵送法によるアンケート調査である。配布数は118件，回収数は74件（回収率62.7％）である。

(6) このメカニズムについては,森高 (2013) を参照されたい。
(7) このことはベイズ統計学的な意思決定を援用して説明が可能であり,認証取得は初期信念を高め,監視結果を補完する役目が強く期待される。こうしたメカニズムについては森高 (2007, 2008) を参照されたい。

引用文献

森高正博 (2007)「農協共販の下での不完備情報に起因する農産物契約取引リスクの解明と産地対策―残留農薬自主検査による産地差別化の可能性―」平成17年度JA共済総研助成研究報告書,44p

森高正博 (2008)「流通事業者による食品安全性・リスク情報の判断に関する考察―頻度論統計学とベイズ統計学によるアプローチ―」福田晋編著『食品の安全・安心の経済分析』九州学術出版振興センター,pp.97～131

森高正博 (2011)「青果物トレーサビリティシステム導入・運用の有効性と課題」南石晃明編著『食料・農業・環境とリスク』農林統計出版,pp.253～269

森高正博 (2013)「取引における認証制度の有効性―安全基準に対する信頼の観点から―」『フードシステム研究』第20巻第2号,pp.83～95

森高正博・福田晋 (2005)「認証制度の比較分析」細江守紀・三浦功編著『現代公共政策の経済分析』中央経済社,pp.151～174

森高正博・劉小図 (2004)「減農薬栽培農産物等の認証手段の多様性とその背景―日本と中国の認証制度事例から―」福田晋編『東アジアにおけるフードシステムの交差』九州学術出版振興センター,pp.29～52

内藤重之 (2006)「地産地消運動の展開と意義」橋本卓爾ら編著『食と農の経済学(第2版)』ミネルヴァ書房,pp.47～59

内藤重之・佐藤信編著 (2010)『学校給食における地産地消と食育効果』筑波書房

野見山敏雄 (1997)『産直商品の使用価値と流通機構』日本経済評論社

農林水産省 (2007)『平成19年版食料・農業・農村白書』農林統計協会

櫻井清一編著 (2011)『直売型農業・農産物流通の国際比較』農林統計出版

新開章司 (2013)「アメリカのCSA」小田滋晃編著『動きはじめた「農企業」』昭和堂,pp.217～228

新開章司・西和盛ら (2013)「米国におけるCSAの変容と新たな展開―北東部とカリフォルニア州の事例から―」『農業経営研究』第51巻第2号,pp.67～71

竹下登志成 (2000)『学校給食が子どもと地域を育てる』自治体研究社

竹下登志成 (2010)『人と地域の学校給食―コストから手つなぎへ―』自治体研究社

烏雲塔娜・森高正博・福田晋 (2012)「福岡県減農薬・減化学肥料栽培認証制度の利用実態調査報告書」九州大学大学院農学研究院食料流通学研究室,8p

安井孝 (2010)『地産地消と学校給食―有機農業と食育のまちづくり―』コモンズ

第4章　地域経済の活性化と農商工連携の展開条件

本章のねらいと構成

　農商工連携は,『中小企業者と農林漁業者との連携による事業活動の促進に関する法律（農商工等連携促進法）』によって「中小企業の経営の向上及び農林漁業経営の改善を図るため,中小企業者と農林漁業者とが有機的に連携して実施する事業であって,当該中小企業者及び当該農林漁業者のそれぞれの経営資源を有効に活用して,新商品の開発,生産若しくは需要の開拓又は新役務の開発,提供若しくは需要の開拓を行うもの」と定義されている。これまで独立自営の農林漁業者だけ,独立自営の商工業等を営む中小企業者だけでは開発・生産することが難しかった商品・サービスを連携し協力し合うことで創り出し,市場への販売によって売り上げや利益の増加を目指そうとする取り組みである。この農商工連携は,「農林漁業者が経営多角化により付加価値向上を主眼」とする,1980年代に議論された1.5次産業や2000年代初めに議論された6次産業「農業や水産業などの第一次産業が食品加工・流通販売にも業務展開している経営形態」とは明確に異なる。

　本章ではこの農商工連携について,その地域経済及び地域環境に果たす役割を検討することでその意義を明確にし,さらに実証的に,理論的にその持続的展開条件を考察する。分析結果は以下の各節,第1節　九州における農商工連携の展開動向と農商工連携の意義及び展開条件,第2節　農商工連携の合理的・持続的形態の展開条件,第3節　価値共創を実現する食農連携プラットフォームの展開,の通りである。

第1節　九州における農商工連携の展開動向と農商工連携の意義及び展開条件

1．課題と背景

　1985年プラザ合意以降の異常な円高，1995年WTO加盟，その後のFTA，EPAの展開により，我国では海外産の農産物，加工食品，冷凍食品などの輸入量が年々増加した。2000年代になると，それら食料の輸入増加による影響で国内産の農産物や加工食品などの市場がさらに縮小し，売れにくくなっている。しかも，成熟市場化は一層進むことが予想される。その成熟市場では，標的市場を限定し，その市場のニーズを満たす商品の生産・供給が市場対応策として重要になった。この市場対応をとれるのが，地域経済の基幹的構成体である独立自営の農林水産業，商業，工業が事業体間で連携し補完する形態であり，農林漁業者と商工業者が個々に有する経営資源を互いに持ち寄り，新商品・新サービスの開発等に取組むシステムである。相互に契約関係を構築して連携を行うので，取引相手のニーズに応えた生産販売を行うことが可能である。連携事業体間の補完関係による事業の相乗効果で，農林漁業者・中小企業者の収益拡大，地域資源の利活用による環境への配慮，地域労働市場の拡充などによる地方経済の基盤強化，食の再生，地域活性化にもつながるものである。この農商工連携推進は，九州各県においても地域産業の再生に向けた重要施策として位置づけられ，2008年9月以降，事業認定による支援等の動きを加速した。しかし，その認定数は当初の2年を除き停滞してきたのが現状である。農商工連携による多面的効果を想定すると，その現段階的な意義と今後の展開条件を探求することは重要である。農商工連携の展開条件の探索には，多くのモデルケースを析出する必要があり，ここではモデルケースとして期待される認定事業に着目し，連携事業の実態及び今後の事業展開に向けた課題を検討する。

2. 九州における農商工連携事業の実態と特徴

　2008年5月, 農商工等連携促進法が成立し, 7月に施行された。当年, 中小企業基盤整備機構九州による農商工連携事業に認定されたのは19件（沖縄を含めて28件），その後漸増し2013年65件（同84件, 沖縄19件, 福岡, 熊本各17件, 鹿児島12件, 大分7件, 佐賀, 長崎, 宮崎各4件）となっている[1]。

　農商工連携認定事業（上記65件）の代表者は中小企業者92.3％, 農林漁業者7.7％であり, ほとんどが中小企業者である。従業員規模50人以下が86.1％で大半を占め, 200人以上は4.6％であった。その中小企業者の組織形態は株式会社71.7％, 有限会社25.0％が多い。連携先事業体のエリアは同一県内78.5％, 他県21.5％であり, 地域内での事業体提携が主体である。その業種は食料品・飲料製造業59.0％, 卸・小売業19.7％, その他製造業9.8％, 宿泊業・飲食サービス業1.6％, 建設業3.3％, その他6.6％であり, 食料品・飲料製造業, 卸・小売業が主体である。活用資源は, 農産物81.5％, 林産物4.6％, 水産物13.9％であり, 農産物を資源とする所が多い。その農産物は野菜35.8％, 果実20.8％, 畜産物（生鮮肉類, 牛乳, 食用鳥卵）18.9％, 豆類5.7％, 米3.8％, 麦3.8％, 雑穀1.9％, その他9.4％となっている。最終商品は, 食品83.1％（農産加工品70.4％, 水産加工品16.7％, 畜産加工品13.0％）, 非食品16.9％（化粧品25.0％, 建築材16.7％, 花卉植栽8.3％, 機械装置8.3％, その他36.4％）であり, 農産加工食品が大きい。顧客は, 一般消費者・事業者向け64.6％, 事業者向け32.3％, 一般消費者向け3.1％であった。九州では, 野菜や果実を基礎素材とした農商工連携事業が多く, また, 食品製造業をチャネルリーダーとする農商工連携事業が多い。

　これら事業体の連携目標は「新規用途開拓による地域農林水産物の需要拡大・ブランド向上」36.9％,「新たな作物や品種の特徴を活かした需要拡大」29.2％,「規格外や低未利用品の有効活用」18.5％,「生産履歴の明確化や減農薬栽培等による付加価値向上」9.2％,「IT等の新技術を活用した生産や販売の実現」6.2％であった。つまり, 地域の資源に対する需要拡大と地域資源の有効活用による付加価値向上を目的として事業連携を図るものである。さらに, 九州の連携事業を対象と

第Ⅰ部　食：そのあり方と農業の連携

したアンケート結果[2]によると，「農商工連携を通じて，地域資源を活用することで地域経済の活性化と安心安全な商品提供」を理念に掲げている所が最も多く，「独立自営業として企業責任を持ち，専門性の追求を行い，取引では適材・適時・適所を達成することが重要」としている。ちなみに，九州の農商工連携事業54件を対象とするアンケート調査結果，原材料を野菜や果実を用いて農商工連携に取組む割合が約50％と多かった。また，農業，工業，商業の3者間で連携を組んでいる割合が約63.6％で，その中で契約関係のもとで連携を組んでいる割合が約81％であった。

3．食品加工業と農家生産者主導型農商工連携事業の特徴と展開条件

（1）農商工連携による冷凍おにぎりの商品開発・販売チャネルと展開条件
　　―佐賀県小城市の農商工連携認定事業を事例に―

　佐賀県小城市に「安心安全な地元産の米と新鮮具材を使用した冷凍おにぎりの商品開発とその販売」に取組む農商工連携事業がある。この事例は，2009年6月，E食品（株）を連携代表者として認定された事業であり，佐賀県内の農業生産者4戸との連携で推進している。その農商工連携事業システムの概略は図4-1のとおりである。

　本事業システムを対象に，1）連携事業体にはその理念に共通性があるか，それをいかに実践し相互信頼関係を築いているか，2）連携事業体間で適材・適時・適所を実現する物流的マッチング方策がどのようになっているか，3）連携事業体間での収益分配をどのようにしているか，3視点で検討した。

1）連携事業体の理念とその実践

　連携代表者であるE食品加工業者は，「美味しく且つ健康と環境にやさしい本物の食品の商いを行う事，品質・尊客本位で流通使命の貫徹を図る事，生活者・生産者との三者共存共栄の実現を図る事，食を通じ社会の発展と向上に貢献する事」をその経営理念としている。当社は，味，品質など食に充実感を得たいという東京近郊に住む消費者40歳代以上の取引先百貨店・量販店の会員をターゲット

第4章 地域経済の活性化と農商工連携の展開条件

図4-1 冷凍おにぎり農商工連携事業のシステム

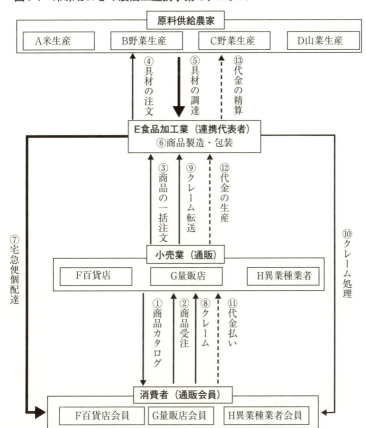

資料：聞きとりに依る。
注：①小売業（通販）：大規模な百貨店（東京の3社），スーパーマーケット（東京，千葉の2社）異業種店（東京3社，大阪，熊本の5社）など大都市に立地。
②E食品加工業：冷凍おにぎりの加工と問屋の機能をもつ業者。
③原料生産者：全ての農家が米，野菜など具材を無農薬・無化学肥料栽培する生産者。

にして，顔の見える生産者の安心安全で新鮮な地元産農産物を原料とする添加物のない商品を，注文した1人1人へ配送希望日に宅配している。

原料を納品する4農家の経営理念は，Aが無農薬で安全安心な米作り・健康的な土作り，Bが安全安心な具材生産・ミネラルを活かした有機栽培，Cが食味・

107

食感・風味のある具材生産，Dが地元産品を活用した加工品生産としている。そして，農家Aは無農薬・無化学肥料栽培，栽培から精米までの一貫作業，Bは無農薬・無化学肥料，有機栽培，Cは無農薬・無化学肥料栽培，Dは自然農法による栽培などを実践している。農家は明確な個々の経営理念をもち，無農薬・無化学肥料栽培，有機堆肥の利用による食材生産を行っている。

連携する百貨店や量販店など小売業者は，連携事業に取組む理念として「消費者のニーズにあった商品の販売，味・安全安心・添加物なしのこだわり商品の提供」がある。本事業に関して会員制をとり，顧客が商品の情報内容を詳細に認知できるようカタログ通信販売を行っている。

このように，食品加工業者，農家，小売業者が連携する条件には，農商工3者に共通した経営理念と連携目的が合致していること，また，その理念を確実に実践していることがある。

2）連携事業体間の物流的マッチング方策

農商工連携の場合，図4-1に示す連携事業体間の資源の循環システムにおいてミスマッチのない適正資源のスムーズな流通がある。消費者と小売業者間のカタログ記載情報，小売業者と食品加工業者間の商品注文量と商品製造に要する食材在庫量，食品加工業者と農業者間の食材注文と食材供給，食品加工業者と消費者間の商品注文と商品配送希望日などでミスマッチ発生の可能性が高く，これは事後の事業展開を妨げる要因ともなる。特に，消費者へ伝えるカタログへの情報記載漏れやミス，食材調達頻度の不定期性，農作業等の時間的制約や天候等の外部要因による量的品揃え等の点で問題視される。各連携事業体が量的・質的・時間的ミスマッチを予測しその準備対応を採れば問題の発生はなく順調に進展する。しかし，急速な注文量の伸び，事業間に成長のアンバランスがあれば食材の需給と商品の需給に量的ミスマッチ発生の可能性がでてくる。

3）連携事業体間の収益分配

商品冷凍おにぎりの小売価格は，食材生産者25％，食品加工業者45％，小売業

者30％の取り分で構成されている（**表4-1**）。小売価格に占める各連携事業体の収益分配率は，各取り分から費用を差し引くと，小売業者3％，食品加工業者5％であり，食材生産者は農家手取価格から物財費差引額の割合である。連携事業体の利益は最低限を確保する形をとっている。連携事業体間の取引価格は農家手取価格に基準を置いて決定している。この価格決定方式には，当面，農家の生産費を限りなく補償することで安定的に食材を確保し事業の展開を安定化させる思惑がある。この価格決定方式は連携事業システムの持続条件として捉えることができる。

　各事業体は異業種事業体の理念を認めて連携し，その理念の徹底した実践によって相互の信頼関係を強めている。連携を主導するE食品加工業は商品販売のターゲットや商品コンセプトを明確化し，その目的と合致する独立自営の農業者や小売業者と連携している。また，連携事業体間で合理的な商的物的循環システムを構築して，適材・適時・適所の取引を実現して事業間ミスマッチを解消し，事業体相互の信頼関係を強めている。さらに，連携事業体間の取引価格を農家手取価格に基準を置いて決定することで，質の高い食材を安定して調達し，これを高品質商品作りへとつなげている。理念の実践に基づく信頼関係は事業連携を持続し展開させる条件である。

　今後，連携事業が推進されればその事業展開を妨げるミスマッチが予測される。食品加工業はより質の高い商品生産に向けた食材調達の為の連携強化や食材の調達頻度・調達量等の契約内容を明確化すること，小売業者は会員拡大に向けた商

表4-1　小売価格の構成

業態別構成比	費目別構成比
小売業者（商）：30％	・カタログ作成費や通信費（会員への配布・通信）：10％ ・営業経費：17％ ・利益：3％
食品加工業者（工）：45％	・包装資材費・輸送経費（消費者への宅配費）：15％ ・製造コスト（雇用労賃など）：25％ ・利益：5％
食材生産者（農）：25％	・農家手取価格（加工業者の食材調達コスト）：25％ （コメ，野菜，その他）

資料：実態調査に基づき計算。

品カタログに商品情報の記載を明確に行い，全ての消費者が購入可能な環境を構築すること，食材生産者は食材需要量とのミスマッチに対応すること等の条件整備が必要となり，この課題を克服することが事業の持続条件となる。

（2）機能性食品素材の開発に取組む農商工連携の意義と展開条件
―福岡県久留米市の取組みを事例に―

　福岡県久留米市に「未利用柿を活用した新商品の開発及び需要の開拓」に取組む農商工連携システムがある。この農商工連携のチャネルリーダーB食品加工業は，年間6,000トン廃棄処分される規格外品柿を活用する為に，A果樹園，C醤油製造業等の出資支援を得て，2008年2月に設立された。B食品加工業は，柿ピューレ・柿シロップ・柿酢を製造している。柿は保存が難しく，風味が乏しいので食品加工用原料として扱いにくく[3]，食品素材とする研究開発が進まなかった。その後，実験レベルの製造法が確立[4]された為，B加工業はC醤油製造業の協力で加工品製造に取組んだ。その農商工連携システムの概略は図4-2に示す通りである。

　この農商工連携はA果樹園がJAへ出荷販売できない柿と地元JAが選別して市場出荷できない柿を加工原料としている。B加工業はその柿を一次加工し，取引先へ二次加工用として調整し販売している。原料柿は柿ピューレ500kg用約1,700kg，柿シロップ150kg用約800kg，柿酢100kg用約800kgを使用している。柿ピューレは地元のC醤油製造業，EやF食品製造業へ販売し，柿シロップと柿酢はD飲料製造業へ販売した。C醤油製造業は，柿ピューレを柿醤油や卵かけ醤油の製造に使用し，D飲料製造業は柿シロップと柿酢を柿ジュースの製造に使用した。E食品製造業は柿ピューレを柿飴に使用し，F食品製造業は柿ピューレを柿ロールケーキに使用している。

　A果樹園は地方発送，地元JA出荷，柿狩り観光農園販売，地元直売所販売，自宅直売を行う他，収穫量の10％（約10トン）の規格外柿をB加工業，地元ケーキ屋，地元アイスクリーム屋へ販売している。以前，規格外柿は圃場廃棄であった。チャネルリーダーは商談会や知人の紹介等で最終加工業や商業等の連携先を増やし販

第4章　地域経済の活性化と農商工連携の展開条件

図4-2　廃棄柿を活用した農商工連携の展開

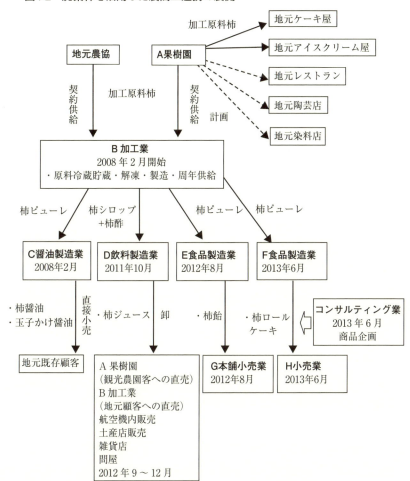

資料：聞きとりに依る（2013年8月）。

注：1）本システムの特徴は，①地元を中心とした広域展開，②柿素材の成分特性を活かした機能性商品製造，③廃棄資源活用の付加価値生産，④地元経済担い手と地元雇用の創造などである。
　　2）A果樹園は柿専門家族経営，柿栽培面積4.7ha，柿の品種は西村早生，早秋，伊豆早生，太秋，松本早生，富有柿であり，9月下旬から11月中旬まで収穫。
　　3）B加工業は柿ピューレ，柿シロップ，柿酢など一次加工業で周年供給体制をとる。
　　4）C，D製造業は二次加工業であり最終商品を製造。

第Ⅰ部　食：そのあり方と農業の連携

路拡大を行い，リスク分散を図っている。

　以下，この農商工連携システムを対象に，1）農商工連携事業体の理念とその実践，2）農商工連携の意義について検討した。

1）農商工連携事業体の理念とその実践

　連携するA果樹園，B加工業，C醤油製造業，D飲料製造業などは理念を掲げ実践している。**表4-2**は，主な事業体の農商工連携に向けた理念とその実践状況を示した。

　農商工連携に向けた理念として，「地域資源の活用による付加価値生産」をA果樹園，B加工業，C醤油製造業，D飲料製造業が掲げ，「廃棄物利活用による付加価値生産」をA果樹園，B加工業，「地域雇用の場を確保する」をA果樹園，B加工業，C醤油製造業が掲げている。

　「地域資源の活用による付加価値生産」・「廃棄物利活用による付加価値生産」の実践状況をみると，A果樹園は未利用柿を廃棄処分せずに加工業者へ販売し，B加工業は地元産の未利用柿を活用して一次加工を行い，C醤油製造業は地元産の未利用柿を活用して製品製造を行っており，D飲料製造業は地域の特産物を活用した商品の企画・製造・販売を行っている。また，「地域雇用の確保」の為に，A果樹園は地域住民6人を，B加工業では基本的な製造工程で近隣地域からパート職員を，C醤油製造業は近隣地域の住民を雇用している。

　事業体相互の要求を満たすことが事業体相互の信頼を高め，連携の持続条件となる。A果樹園とD飲料製造業は取引量や品質に不満はないが，周年加工を行うB加工業は原料の過不足に，C醤油製造業は製造品の品質のばらつきに不安をもっている。A果樹園は鮮度保持のための冷蔵保存による改善，B加工業は品質の要望に応えられるよう製造工程の改善を行っている。現在，適材・適時・適所に向け，不可欠なビジネスパートナーとして改善を進めている。

　以上の実態から，農商工連携の展開条件として，第1に，類似した経営理念を掲げる事業体と連携を組むこと，第2に，各事業体が理念を各事業によって確実に実践し相互信頼を確立すること，第3に，SCMを構築することで各事業体及

第4章　地域経済の活性化と農商工連携の展開条件

表4-2　農商工連携事業体の理念・実践とミスマッチ対応の現状

区分	連携事業の理念	理念の実践	事業体相互の必要性	取引不満と対応
原料生産者 A果樹園	1．地域資源の活用による付加価値生産 2．廃棄物利活用による地域環境の保全 3．地域雇用を確保	1．地域住民6人の期間雇用 2．地元産未利用柿の加工	地域資源の活用，地域経済の活性化にはB加工業やC醤油製造業，D飲料製造業は不可欠。 新規に地域製造業と取引出来れば，地域経済の担い手維持や地域雇用増加を見込める。	取引に不満なし。 鮮度保持の為に冷蔵保存体制を確立させ取引先の要望に応える。
食品加工業 B加工業	1．地域資源の活用による付加価値生産 2．廃棄物利活用による地域環境の保全 3．地域雇用を確保	1．地元産未利用柿の一次加工 2．基本的な製造工程で周辺地域のパート雇用	A果樹園やC醤油製造業，D飲料製造業は不可欠。 A果樹園の協力で原料を入手し，C醤油製造業やD飲料製造業の協力がなければ製品販売による収入が得られない	取引先が求める品質に応える製造工程の改善を行う。
食品加工業 C加工業	1．地域資源の活用による付加価値生産 2．地域雇用を確保	1．地元産未利用柿を活用した製品製造 2．地域住民の積極的雇用	農商工連携による製品製造に原料は不可欠。一次加工原料を供給できるB加工業は重要なビジネスパートナー	製造ロットごとの品質のばらつきをなくす
食品加工業 D加工業	1．地域資源の活用による付加価値生産	1．地域特産物を活用した商品企画と製造，販売		

資料：調査聞取りによる（2013年8月）。

び顧客のニーズとのミスマッチを回避し各事業体及び顧客に信頼されること，第4に，連携事業体相互に必要とされる事業内容であること，などがある。

2）農商工連携の意義

　農商工連携が及ぼす効果は，特に①地域経済効果と②連携事業体への収益効果である。

　本事例は2008年2月にA果樹園とB加工業，C醤油製造業による農商工連携事業に認定された。2011年10月，D飲料製造業と連携を組み柿ジュースの製造・販売を開始した。2012年8月，E食品製造業と連携を組み柿飴の製造・販売を開始

した。2013年6月，F食品製造業と連携を組み柿ロールケーキの製造・販売を開始した。同年，F食品製造業はHコンサルティング業と連携し商品企画を行い，商談会への参加や知人の紹介等で取引先を拡げている。さらに，地元のケーキ屋，アイスクリーム屋と連携し，今後は，レストラン，陶芸店，染料店など地元企業と連携を組むことで農商工連携を展開していく計画である。このように食品製造業だけでなく，異業種とも連携を組み，補完関係によって地域経済の担い手減少に歯止めをかけ，地域資源循環をスムーズにして地域経済活性化に一定の役割を果たしている。

一方，D飲料製造業は柿ジュース200ml（果汁10％）製造に柿シロップ20mlを使用している。B加工業は柿シロップ20ml製造に原料柿を107.5g使用している。A果樹園は原料柿107.5gを農家手取り価格5.38円で販売し，B加工業は柿シロップ20mlを受渡価格50円で販売している。D飲料製造業は柿ジュースを受渡価格180円で販売し，それを小売業者は200円で販売している。A果樹園とB加工業の間で107.5g原料柿の付加価値44.62円を生産し，D飲料製造業は新しく機能性商品を消費者に届けるだけでなく，柿ジュース1本当たり製造費18円（労賃，建物・機械償却費，光熱費・水代，容器代，商標・デザイン代，各種添加物）を差引き112円の付加価値を生産している。未利用柿は，廃棄処分によって生産コストだけマイナスとなっていた。農商工連携事業で，A果樹園を始め連携事業者全てが新価値を付加している。

本農商工連携は，農業，商業，工業3者相互に経済的補完関係を構築し，当該地域において雇用の創出，地域経済の担い手の拡充など不可欠な役割を果たしている。また，廃棄物資源を有効活用することで付加価値生産を行うだけでなく，地元の環境維持にも寄与している。

4．まとめ

九州における農商工連携の特徴は，理念に「地域資源を活用すること」，「地域経済の活性化に努めること」，「安心安全な商品を提供すること」などを掲げていること，野菜や果実を原料に付加価値商品の開発に取組む事例が多いこと，食品

加工業がチャネルリーダーとして連携事業を進めている事例や農業・工業・商業の3者間で相互に契約関係を結んで連携している事例が多いことである。

その農商工連携の持続条件は，類似した経営理念を掲げている企業と連携を組むことであり，その理念の実践により相互信頼を確立して，事業内容が相互に不可欠な関係を築くこと，相互に原料の取引量や品質に対する不満を抱いていないこと，機能性食品など安心安全な商品の製造を行うことで顧客から信頼を得ること，事業者が独立自営業として社会的企業責任を持つことである。その展開条件で重要なものは，相互取引で原料や最終商品が適材・適時・適所を可能とする生産，加工，物流システムを実現して相互ミスマッチを回避することである。その連携の意義は廃棄物を有効活用することで付加価値生産を行い，かつ地元環境に配慮すること，当該地域において雇用の創出，地域経済担い手の拡充などの役割を果たすことである。

地域における農商工連携の展開条件は，独立した経営体が相互に次の諸点でマッチングできるかにある。第1に，経営理念や経営目標に関して独立した経営体相互の調整である。第2に，その持続的な担い手の経営維持のための取引価格水準の調整及び農商工間の各資本営業利益率均等化の調整である。第3に，その経営理念に基づき，消費者・製造業者のニーズに合った適材・適時・適所の実現と「原材料」の安定的な供給体制構築のための物流的な農商工間調整及び農商工間相互の支援である。第4に，ソーシャル・マーケティング戦略を採用し，環境対応とコスト削減の実現のため農商工連携による地域内資源循環システムの形成である。第5に，消費者ニーズにあった商品開発を実現するなど成熟市場に対応する農商工各部門の強みを活かすための調整である。

註
(1) 中小機構 九州の資料による。
(2) 村山賢「機能性食品素材の開発に取組む農商工連携の意義と展開条件―福岡県久留米市田主丸の柿での取組みを事例に―」佐賀大学農学部　地域ビジネス開発学分野。
(3) 福岡県工業技術センター「未利用柿を活用したピューレ及びシロップ製造並びに成分特性」。

（4）2007年度（財）福岡県産業・科学技術振興財団研究FS事業「規格外柿からの効率的砂糖製造法の確立」の研究開発により実験レベル製造法が確立された（注2：資料：J-Net21, 農商工連携パーク,「未利用柿を活用した機能性食品素材の開発及び需要の開拓」を参考）。

第2節　農商工連携の合理的・持続的形態の展開条件
　　　　　―ナレッジマネジメント等の視点から―

1．はじめに

　WTO，FTA等の貿易体制の整備とともに海外から大量に原料農産物や食料加工品が輸入され，その競争環境は激化の一途をたどっている。また，一方で2001年のBSE事件の発生や2007年の中国産食料加工品の偽装・毒物混入事件，またTPPによる市場開放の議論を踏まえ国内農業再生の1つの切り札として，国内原料を使用した食料加工品や外食食材としての利活用等，食料加工原料への関心が高まっている。

　この様な状況の中，食品・外食産業と国内農業の連携は国内農産物を原料とする食料加工品の製造や外食食材としての利用，観光と農業の連携，等を通じての地域活性化に大きな期待が寄せられている。

　本節の目的はこのような農商工連携に関わる合理的・持続的形態としての展開条件をナレッジマネジメント等の視点から整理することにある。農商工連携における技術革新や商品化の完成度合いは試験的段階から良好な販売実態にあるものまで様々であり，どのような視点でこのような連携を捉えるべきか，今後の連携のより一層の推進を考える場合，非常に重要な課題であると考えられる。

　本節においては，まず，はじめに農商工連携の推進を阻害している農業，食品・外食企業，そして消費者に内在するミスマッチについて整理する。次にそのようなミスマッチを克服し新商品の開発や技術革新を通じて進められる共創的連携の方向を提示するとともに，そのような連携事例の分析視角をナレッジマネジメント等の視点から整理する[1]。

2．農業，食品・外食企業，消費者に内在するミスマッチ

　現在，経産省，農水省が積極的に推進している農商工連携であるが，その連携

には農業，食品・外食企業，そして消費者に内在するミスマッチがその促進を大きく阻害しているのも事実である。図4-3にはそのミスマッチの実態を農産物の加工食品，外食食材としての利用のケースにしぼりモデル的に示している。

図4-3 農業，食品・外食企業，消費者内のミスマッチの実態

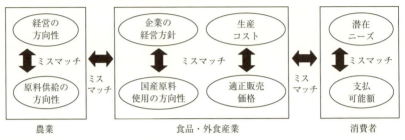

資料：著者作成。

まず，はじめに原料供給部門としての農業分野では，これまで多くの農業地帯（産地）で加工用原料の生産でなく，生鮮品をメインの品目として生産が推進されている。そのため，品質，価格（コスト）の両面で，加工原料用の生産物としては不向きな生産が多い。加工・外食部門においても，品質，量の安定は，原料利用として最も重視する項目であり，生鮮品には不向きの規格外品の原料利用は品質，量ともに安定せず，おのずと限界が存在しているのも事実である。

一方，加工・外食企業部門では消費者のニーズにそった安定した品質の商品を，しかも消費者が購入可能な価格帯で供給することが基本的な経営方針である。にも関わらず，国産農産物の原料利用はコスト（価格），品質の両面で十分そのニーズを満たしていないケースが多い。もちろん国産農産物を原料として利用したいという潜在的ニーズは昨今の食をめぐる様々な問題を背景に高まっているのも事実である。しかし，加工・外食企業が供給できる量に見合う国産原料を確保するのは容易な事ではない。

さらに，消費者においても，国産農産物を利用した加工品や外食食材を購入したいという潜在的ニーズは確かに高まってきている。しかし，それら商品の価格はどうしても相対的に割高であるし，安全性を重視し，高価格であっても購入を

決断する消費者層は一部に限られる。

このように農業，食品・外食企業，消費者に内在するミスマッチによって農商工連携の推進には大きな阻害要因が存在している[2]。

3．農商工連携の進化モデル

このように多くの阻害要因のある農商工連携であるが，それらの阻害要因を克服し，連携を推進している事例が九州地域にも散見される。しかし，その連携事例は前述したように多種多様であり，このような連携事例をどのような視点で整理していくべきであろうか。

本節では農商工連携をとらえる視点として図4-4にあるような農商工連携の進化モデルを提示したい。農商工間の連携による最終的ゴールが付加価値を持ち安定的に消費者，実需者に認知・購入される商品であることに疑う余地はないであろう。そのような付加価値を持つ商品開発のプロセスは，図4-4にあるように，当初は不安定な連携による商品化が想定される。たとえば生鮮品の規格外品の利用による品質，量の不安定な加工品の生産は常に加工業者を悩まし，時には連携を中断するような不安定な段階と言えよう。そして次の段階として，ひとまず連携が形成されるが，農業，食品・外食企業，そして消費者のすべてが満足するい

図4-4　シンプルな連携から共創的連携への進化のモデル図

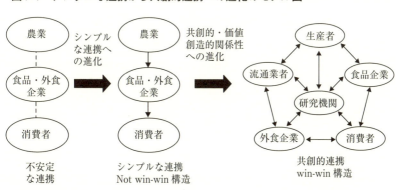

資料：著者作成。

わゆるwin-winな構造ではない，問題を内在したシンプルな連携が考えられる。そして最終段階として，農業，食品・外食企業，消費者に内在するミスマッチを相互に検討し，知恵，知識を創出して相互にメリットのある共創的な商品開発に至る段階が存在するように思われる。このような状況になれば，求める消費者層や消費者ニーズの限定，観光体験農園を通じての消費者の取り込み等を通じ，ニーズにそった安定的な商品と原料供給を農商工間の知恵，知識の創出により達成した商品開発が進められ，付加価値の高い安定供給可能な段階が形成されよう。その際，知恵，知識の創出は農商工間だけでなく，大学等の研究機関や流通業者がサポートする場合も存在する。このように，農商工の連携にはその商品開発の進化の過程から，その整理が可能であると思われる。

4．農商工連携とナレッジマネジメント

前節で提示した農商工連携の進化モデルを考えた場合，新商品の開発プロセスの解明は極めて重要であると思われる。このような技術開発のプロセスの解明に有効な理論がナレッジマネジメントである。**図4-5**には野中郁次郎らが提唱したナレッジマネジメントにおける4つの知識変換モードを示している[3]。企業が新たな技術や新商品を開発するプロセスでは，暗黙知と形式知の変換が繰り返され，その中で新技術や新商品が誕生すると説明している。ここで，形式知とは客観的，理論的でデジタル（マニュアル）化が可能な知識であり，暗黙知とは主観的，経験的でアナログ的な知識である。野中は暗黙知を「個々人の体験や特定状況に根ざす知識であり，信念・ものの見方・価値システムといった無形の要素を含む」としている。よって，形式知化される以前の連携組織内にある悩みや問題点も形式知化を推進するものの見方や価値システムを形成する大きな要素と考えられ，暗黙知と捉えることができよう。

農商工間の連携によって生まれる新商品の開発過程では，当初農業，食品・外食企業，消費者それぞれに相矛盾するミスマッチが内在しており，それらはそれぞれ別の分野から見れば形式知化されていない暗黙知の領域が多く存在するものと想定される。たとえば，消費者の国産農産物を原料とした加工品へのニーズが

図4-5 ナレッジマネジメントにおける4つの知識変換モード

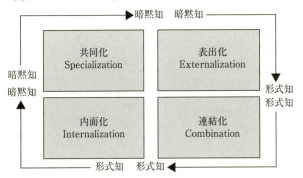

資料：野中他（1996）より。

　どの品目についてどの程度存在するのか，またどのような機会が与えられれば実際の消費行動に移るのかといった消費者ニーズは，野中も指摘しているように，食品・外食企業サイドにとってはまさに数量化されていない暗黙知と言えよう。また，農業サイドの加工用農産物の生産可能性についても，食品・外食企業側からみればいかなる条件が整えばその可能性が高まるのか，まったくマニュアル化されていない暗黙知の領域である。よって農商工連携の最初のステップとしてのマッチングにおいては，お互いの暗黙知の共有（共同化）がはかられる事が想定される。続いて，それらの暗黙知の共有を通して，新たな連携の可能性を探るプロセスでは暗黙知を形式知化するプロセス（表出化）が行われる。農業サイドからの原料供給のため，生産者や農法，契約条件の具体化をおこなうことは，まさに暗黙知の形式知化のプロセスであるし，開発した商品に対する消費者の特定，販売・宣伝方法の決定も同様である。このようにして形式知化が進み開発された商品はより多くの原料確保，販売拡大のために形式知（マニュアル）化された方法を他の農企業や消費者へも拡張し，形式知から形式知のプロセス（連結化）をたどることが想定される。しかし，このようなプロセスは1度で成功し，付加価値の高い，消費者に広く認知・購入される商品が生まれることは希である。あらたな問題，解決しなければならない課題が見つかり，作成されたマニュアルの変更・進化が求められる。それらのプロセスは形式知から新たな暗黙知が生まれる

（内面化）過程である。このように，新技術や新商品の開発過程では暗黙知と形式知が繰り返し変換され，より良い技術や商品が生まれ，消費者に受け入れられるものと想定される。よって，このようなナレッジマネジメントに基づく分析視点は，前述した農商工連携の進化を解明する場合の有効の手段となろう。

　さらに，野中らはこのような知識創造プロセスを進化させるものとして以下の要因を挙げている。それらは①意図，②自律性，③ゆらぎと創造的カオス，④冗長性，⑤最小有効多様性，である。①意図とは新商品開発を担う組織が明確な目的，意図を提示し組織メンバーの貢献的態度を育成するものである。②自律性とは組織メンバーに出来る限り自由な発想，行動を認め，組織内に思いがけない機会を取り込むとともに，自律性を認めることにより，個人の知識創造を動機づけさせるものである。③ゆらぎとは組織が，曖昧でノイズの含まれる環境に直面することにより，組織の新商品開発の目標，根本的思考，方向性等を明確化（ブレイクダウン）することを意味する。たとえば，農商工間のマッチングにより，お互い曖昧であった新商品開発のためのアイデアが，より明確な方向性をもってクリアなアイデアに進化するプロセスを意味する。同じく③創造的カオスとは，組織が危機感に直面し，その緊張が新商品開発という創造的活動を危機的課題として捉えることを意味する。④冗長性とは意図的に情報の無駄や重複を残し，組織間での暗黙知の共有を促進させることを意味する。農業，食品・外食企業，消費者各々がイメージする新商品のコンセプトの理解を促進させるためには，あえて各分野で日常用いられている情報を残存させておいた方がイメージの理解や解釈が早い。そして最後に⑤最小有効多様性とは，組織のメンバーが情報を柔軟に様々な形ですばやく組み合わせ，平等に情報を利用できる様にすることを意味する。ある分野（セクト）はその分野の専門的作業だけをおこなうのではなく広く情報を共有し，柔軟に他の分野と連携を組み，試行的実験が出来る様にすることを意味する。

　このような知識創造活動を促進する要因は野中によれば，基本的に一企業を対象にした組織内での促進要因である。が，しかしこれらが農商工間の組織間連携に置いても有効な促進要因として働くのは容易に想像できるものと思われる。

5．結語

　以上，農商工連携を捉える視点をナレッジマネジメントの視点から整理した。上述したように，農商工連携の事例は多種多様であり，その展開条件は個々の企業間の具体的な技術革新，商品開発のプロセスを整理する視点が必要であると思われる。九州地域においても鹿児島県鹿屋市のフェスティバロ社や福岡県岡垣町のグラノ24k等の事例は優れた農商工連携の事例であり，その発展にはナレッジマネジメントが欠かせない経営管理手法となっている[4]。

　しかし，農業分野と商工業分野の連携は企業的農業法人の発展や企業の農業参入ともリンクする形でより高度な連携が模索されている状況にあると言えよう。その展開過程はより複雑さを増している。今後，食農資源経済学会ではまさに現在，九州の現場で展開している，このようなより高度な農商工連携の実態を，本節で提示した分析視点を基により一層発展させる必要があるように思われる。それらは著者を含め学会に課せられた課題であるように思われる。

註
(1) 本節で提示している農商工連携をとらえる分析視点については，大泉（2007），後藤（2006）等の研究を基に，それらにナレッジマネジメント論を参考にして発展させたものと捉える事ができよう。
(2) しかし，これらの阻害要因はその生産される農産物，加工食品，外食食材毎に大きく異なり，それらの点を明らかにしていくことも，農商工連携を推進する上で非常に重要な基本的知見と言えよう。消費者および生産者（農協）の加工食品に対するニーズ及び原料供給の実態については堀田（2009a），（2009b）等参照されたし。
(3) ナレッジマネジメント，知識創造企業論の詳細についてはたとえば野中他（1996）を参照されたし。また，知識創造の促進要因，実行可能性（イネーブリング）についてはゲオルク・フォン・クロー他（2001）が詳しい。
(4) ナレッジマネジメントの視点から農商工連携をとらえた研究としては堀田（2012）等がある。九州を含む全国の具体的な実践事例をナレッジマネジメントの視点から再整理している。

第3節　価値共創を実現する食農連携プラットフォームの展開

1．はじめに

　食農連携を実現する上で，農業生産者，加工事業者，販売事業者，研究機関，行政の共創的連携が重要である。これらの食農連携を進める上で，経営学における「場」の理論や「プラットフォーム理論」が効果的であることが明らかとなってきた。そこで，自ら設立した「九州黒大豆プラットフォーム」を実証事例として取り上げ，食農連携におけるプラットフォームの展開について解説する。

2．価値共創とは何か？

　産官学連携や農商工連携，食農連携などの展開を進める上で，最も重要な考え方に価値共創が挙げられる。すなわち連携を進める上では，お互いのメリットを重視し，双方がWin-Winの関係になることが，成功への絶対条件であると考えられるからである。そこで，本節では価値共創の考え方について，既存理論の整理から検討を進める。

（1）共創の理論的な展開
1）価値共創

　共創とは，「共に創る」という考え方である。具体的に言うと「異なる背景を持つ人が「場」を共有して持続的な創造活動をすること」（上田 2004）とされている。クラスター理論の中で議論されている関係主体の連携による価値創造の概念と同義と考えてよく，異業種が連携し，新たな価値創造をしながら成長するための基本的な考え方として重要なキーワードであると考えている。また，基本的な意思決定問題に視点をおくと，異業種間の共創的意思決定の繰り返しにより食料クラスターが形成されると考えてもよいであろう（後藤 2007）。農商工連携にかかわる主体間が単に物流的な取引関係のみで連携している状況ではなく，適度

な競争関係も保ちつつ情報を共有し，新しい価値創造のために相互依存の関係が形成されている状態が望ましい。このことにより，有機的なネットワークが形成され，情報，技術，価値観，目的などの共有化が図られ，生産・創造活動が活発になると思われる。このような共創概念のもと，食に関する異業種が連携し新たな商品，新たなサービスといった価値を創造するクラスターとしてのプラットフォームが形成されるのである。それぞれの主体が同じ「場」で共通の戦略や目的・目標を持ち，それぞれの強みを活かした連携による価値創造がインタラクティブな関係では生じやすいと考えられる。

2）共創的連携のための8か条

共創の考え方を踏まえ，筆者はこれまでに食農連携において各主体がWIN-WINの関係で連携するポイントを8箇条として提起してきた（後藤 2011b）。すなわち，①経営・企業として自立していること。特に脆弱であるとされている個別農業経営の段階では，食品企業と対等な立場で交渉・連携することは難しいと考えられる。農業法人化のように，農業生産も企業経営として自立することが重要である。②自社の強みとなるコア・コンピタンスがあること。すなわち，農業サイドでは最高品質の農産物を生産することができる基礎技術を有している，食品企業サイドでは他社のまねができないような商品製造ができるといった強みを有していることが重要である。③相互理解が図られていること。異業種間でそれぞれ役割や立場が違うが，お互いの状況を積極的に知る努力をし，理解を促進することが重要である。④価値観や情報を共有していること。新商品開発や共同事業を進めるにあたっては，持っている情報や価値観の共有が重要となる。⑤目的や目標の共有が図られていること。目的や目標が定まれば，それぞれの主体が自社の強みを活かして何をすべきかが明確になる。⑥同じ「場」を共有していること。クラスターの一員として，参加主体が共有するつながりとしての「場」が重要であり，異なる主体間ではあるが，一体感を持って価値創造ができる。⑦相互に意思疎通ができる広いネットワークを有していること。固定的な連携，物質的な連携のみではなく，緩やかな個人的ネットワークを有し活用することで，新た

表4-3 共創的連携の条件と理論背景

共創的連携のための8箇条	主とした理論的背景
1）経営・企業として自立していること。	コア・コンピタンス
2）自社の強みとなるコアコンピタンスがあること。	コア・コンピタンス
3）相互理解が図られていること。	場，プラットフォーム，ソーシャルキャピタル
4）価値観や情報を共有していること。	場，プラットフォーム，voice型コンソーシアム
5）目的や目標の共有が図られていること。	共創，オープンイノベーション
6）同じ「場」を共有していること。	場，プラットフォーム
7）相互に意思疎通ができる広いネットワークを有していること。	ソーシャルキャピタル
8）あくまでも対等な関係であること。	ソーシャルキャピタル，プラットフォーム

注：著者作成。

な発想や，連携が生まれることもある。ネットワークに関してはこれから重要な経営資源になると考えられる。⑧あくまでも対等な関係であること。農業と食品産業の連携を考えるとき，常に農業生産側は弱者の立場になりがちである。このことは，従来型の原料出荷・販売という物質的な連携にしか過ぎず，新たな価値創造につながることはない。相互理解の中で共創的な価値創造を続けるためには，あくまでも対等な関係でなければならないと考えるからである。

このような8箇条を裏付ける理論的背景を整理したのが**表4-3**である。

（2）プラットフォーム形成に向けた関連理論

ここで，プラットフォーム形成に向けて重要となる関連理論を整理する。取り上げる理論は「コンソーシアム」，「場」，「プラットフォーム」である。以下それぞれについて解説する。

1）コンソーシアム

コンソーシアム（Consortium）とは，2つ以上の個人，企業，団体，政府から成る団体であり，共同事業などを行うことを目的に結成される団体のことをいう。このコンソーシアムを考える際に重要となるのが，コンソーシアムに参加している生産者や企業との間をどのように調整していけばいいかという点である。これらは，企業間マネジメントと呼ばれ，経営研究としても重要なテーマとなっている。コンソーシアムのようなケースでの企業間の関係には，原材料などの取

第4章　地域経済の活性化と農商工連携の展開条件

表4-4　Voice型連携とExit型連携の比較

	voice型	exit型
問題発生時	共同解決	関係解消
取引期間	長期的	短期的
取引形態	関係性重視・パートナー	契約重視・スポット取引
関係範囲	広範囲（たとえば，共同開発・デザインを含む）	限定的（たとえば，完成品売買取引のみ）
関係依存的投資	する	しない
共同学習	重要	重要ではない

資料：Helper（1991）を参考にして筆者作成。

引関係の継続性や参加企業の発展性の観点から，①短期的に個々の取引をビジネスライクに取り扱う取引関係と，②長期的な関係を志向し信頼関係を基盤とするパートナーとしての取引関係があり，これらは，Exit型（退出型）とVoice型（発言型）に分類されている（**表4-4**）。ポイントは企業間関係において問題が発生した場合にその取引をやめるか(Exit)，あるいは意見を言って継続するか(Voice)の違いである。

2）場

「場」とは経験，ものの見方，動機が異なる複数の個人間での暗黙知の共有が，組織的な知識創造を起こすための極めて重要なシステムとなる。相互信頼を築くため体験を共有し，身体的・精神的なリズムを一致させるのが「場」である（野中・竹内 1996）。知識創造に結びつく「よい場」の条件として，以下の様な整理がある。すなわち，①独自の意図，目的，方向性，使命等を持った自己組織化された場所，②参加者のコミットメントが存在する（場の目的にコミットし，場において生起するイベントに積極的に関与する），③内部からと外部からの2つの視点を同時にもたらす，④参加者が直接経験をすることができる，⑤物事の本質に関する対話が行われる，⑥境界が開かれている（参加者が自由に出入りし，共有された文脈が絶えず変化していく），⑦形式知を実践を通じて自己に体化することができる実践の場，⑧異種混合が行われる，⑨即興的な相互作用が行われる，である（遠山・野中 2000）。

3）プラットフォーム

プラットフォームとは先に示した「場」の概念に等しい（平野＆ハギウ 2010）。プラットフォーム戦略とは，多くの関係するグループを「場」に載せることによって外部ネットワーク効果を創造し，新しい事業のエコシステム（生態系）を構築する戦略である。プラットフォームは，イノベーションを創発するネットワークでつながった容れもの。そのプラットフォームは自由，信頼，信用，情報共有などの条件を有している（小見 2011）。

以上見てきたように，連携による価値創造を考える上で重要な理論の整理が進んでいる。

3．九州黒大豆プラットフォームの展開

以上の理論的な背景を踏まえ，新品種の普及を目的としたコンソーシアム活動及びプラットフォーム形成の事例について紹介する。

（1）コンソーシアム活動のきっかけ

地域活性化の手段としての新品種の活用を期待し，農研機構九州沖縄農業研究センターでは様々な新品種の開発と普及へ向けた活動を実施している。特に，食品企業などの実需者や消費者の動向を的確に把握し，より社会に求められる品種を生み出す品種開発研究者，新品種に最適な栽培方法を研究する技術開発研究者，食品機能性の分析や加工技術を専門とし，商品開発支援を行う食品科学研究者，経営研究やマーケティングリサーチを得意とする社会科学研究者がタッグを組んで普及を目指す取り組みが重要となってきている。そこで，九州沖縄農業研究センターが開発した黒大豆新品種「クロダマル」を事例に，具体的な展開について紹介する。

（2）「クロダマル」の誕生と特徴

「クロダマル」は暖地向けに育成された黒大豆で，2007年に登録された。地域の農業者から九州で育てやすい黒大豆を育成してほしいとの強い要望を受けて誕

生した黒大豆である。ちょうどその頃豆腐メーカーなどの実需者からも黒大豆の新品種がないか問い合わせを受けていた。生産者も実需者も待ちに待った新品種の誕生であった。「クロダマル」の特徴は，次の6点に集約できる。すなわち，①苦みが少なく甘みが強い，②煮豆加工での製品歩留まりが高い，③アントシアニンの含有量が高い，④九州の黒大豆としての明瞭な品種の確立，⑤黒大豆では珍しい暖地向けの品種，⑥表面にツヤがあり，外観品質良好，である（中澤他 2007）。特に機能性成分アントシアニンの含有量の高さから，健康志向商品の開発などへの期待が高まり，実需メーカーから注目される新品種である。この新品種に対し，マーケティングサイエンスの視点に立ち，ターゲットを明確にした普及活動の展開，リーフレットの制作やレシピ開発，WEBサイトの構築，PR動画の制作公開などを通して，広報し認知の向上に努めた。

（3）「クロダマル」の産地化の展開

　ここではこれらのプロモーションを受けて，筆者の関与により企業や行政が主体となって6次産業化に取り組んできた事例を紹介する。

1）株式会社千成堂の取り組み

　「クロダマル」産地を拡大するきっかけを作ってくれた企業が，熊本県に本社を置く豆菓子メーカー株式会社千成堂である。同社訪問のきっかけは，大豆のとりまとめを行う卸企業との取引関係先として同社の社長を紹介されたことである。そして，訪問時に農研機構や農研機構が開発した新品種を説明した。同社は北海道産黒大豆を使って黒大豆の商品を製造する中で，できれば地元産，九州産の黒大豆を使いたいとの意向から，九州向けの品種を探している最中であった。同社としては，研究機関としての農研機構のポテンシャルの高さと，品種としての完成度，さらに産地化へ向けた体制整備などに高い関心を示し，産地との直接取引を進めることで合意し新商品開発と産地育成を進めている。また同社社長の意向により生産者の生産意欲がわくような産地作りを進めており，生産者にとっても取り組みやすい環境を整備しているところである（高橋・後藤 2014）。

第Ⅰ部　食：そのあり方と農業の連携

2）株式会社丸美屋の取り組み

　大分県での展開に加えて，熊本県での展開について紹介する。熊本県では納豆の大手メーカーである株式会社丸美屋を中心に「クロダマル」の産地化・商品化が進められている。丸美屋が「クロダマル」に取り組むきっかけは，自社商品で展開している「黒豆納豆」の原料を地元産で展開したいと考えたことに端を発する。黒豆納豆は北海道産黒大豆を原料に製造しており，フードマイレージや地域貢献を考えると，九州産，熊本産の黒大豆原料に切り替えたいと強く思うようになった。そこで，2005年に九州沖縄農業研究センターより種子を取り寄せ，阿蘇地域での試験栽培に取り組んだ。その後，研究室にて試験栽培でできた黒大豆を原料に，豆腐，納豆の試験製造を行ったが，豆腐は発色が悪く，納豆は「クロダマル」が大粒過ぎて，いずれも不的確との判定が出たため，自社の主力商品の豆腐・納豆としての展開は難しいとの経営判断が下された。しかしながら，「クロダマル」のおいしさや大粒性という特徴，九州発という話題性を活かした商品開発を続けたいと考え，2007年には「甘納豆」，2008年には「黒大豆餡」の開発に成功した。2009年には菓子メーカーと共同で「黒大豆おこし」を開発，開発された新商品は2011年に全国商工会連合会の村おこし特産品コンテストで全国グランプリ（経済産業大臣賞）を受賞するなど，大きな成果を上げた（後藤 2013）。

3）福岡県筑前町の取り組み

　また，地域を挙げて「クロダマル」の産地化と6次産業化に挑戦している事例として，福岡県筑前町がある。同町は，2007年に九州沖縄農業研究センターが主催したシンポジウム「特色ある大豆を活用した産地振興と商品開発」で「クロダマル」を知り，町の特産品として活用できないか検討を始めた。同時に，九州沖縄農業研究センターからも研究員が現場に入っており，丁寧な説明と産地化の支援を行った。筑前町が「クロダマル」に注目した理由は，元々大豆の優良な産地であるため，大豆栽培に必要な作業機械，施設などの基盤整備がされていることと，大豆栽培の基本的な技術を有していることが大きな要因であった。また，ファーマーズマーケット建設計画の中で，特産の豆腐を製造したいとの想いがあ

り，様々な加工品の展開が考えられる「クロダマル」は同町の6次産業化にもってこいの品種であった。2007年の作付け開始次には約0.5ha，2009年にはファーマーズマーケットみなみの里をオープンさせ，同年本格生産を開始した。2010年には筑前町「クロダマル」生産組合が設立され，約11haの生産に取り組む。同時に，高品質な大豆の調整に欠かせない選粒機，きなこ加工に必要な焙煎機・製粉機などを次々に導入し，加工販売体制の強化に取り組んだ。現在の栽培面積は約18ha。「クロダマル」の加工品やメニューは約50種類に拡大し，町を挙げての6次産業化の成果が大きく花開いている（吉原・後藤 2013）。

4）九州全体での広がり

　特徴的な三つの取り組みを紹介したが，九州全体で見ても「クロダマル」の栽培は広がっている。たとえば，種子販売を手がける株式会社中原採種場は，えだまめとしての栽培と需要を見越して栽培試験を実施し，同社独自で枝豆栽培歴を発表しPRしている。この事例で強調できる大きな成果は，これまで全く産地がなかった九州に100ha以上の栽培面積を誇る黒大豆のブランド産地を形成したことである。高級品として代表される丹波篠山の黒大豆，安定的な収量を上げる北海道産の黒大豆など，多くの産地がある中，九州産を前面に出し，新しいブランドとして認知が広がったことは，各地域において九州一帯となった6次産業化が推進しやすくなったといえる。

（4）九州黒大豆プラットフォームの設立と新たな挑戦

　これまで九州に新しい黒大豆のブランド産地を創ることを目指し，新品種育成，成分分析，マーケティングリサーチ，農商工連携モデルの構築，6次産業化の支援などを行ってきた。これらの活動は，個別の企業や地域のみに対する活動ではなく，九州地域全体へ波及できる活動として実施してきたものである。今後さらにこの活動を広げるためには，黒大豆の生産者および加工流通企業，研究機関，行政の各者が連携を取り，九州沖縄地域に新たな黒大豆産地を形成すると共に，新たなブランド農産物として成長させ各者がWin-Winの関係になるような仕掛け

が必要である。そこで今後，九州の黒大豆ブランドをより強固なものにするため，黒大豆研究及び産業化支援のため「九州黒大豆プラットフォーム」を2013年3月27日に設立した。具体的には，①黒大豆の機能性成分分析の実施およびデータの提供，②品種や研究成果，新商品などの一体的なPR活動，③新品種や機能性関連研究の情報をいち早く提供・共有（ただし企業と農研機構の個別の研究開発については，秘密保持契約・共同研究契約等を結び知的財産権等を保護する），④新品種黒大豆の生産現場への普及，⑤新品種黒大豆を原料とした加工食品開発と販路開発，⑥生豆及び加工食品の消費促進，⑦新品種の育成や技術普及に関する研究，⑧会員相互間のネットワークの拡大，⑨その他の活動を行う。このプラットフォームの目的は「独立行政法人農業・食品産業技術総合研究機構で育成された新品種黒大豆にかかわる研究，生産，商品開発，流通，消費への普及，定着を促進すること」である。これにより，農研機構の育成する新しい黒大豆の迅速な普及，実需者，生産者ニーズに基づく育種，食品機能性研究成果を受けての商品化など，研究開発の効率化と成果の迅速な普及を同時に実現することが可能となる。

4．今後の展開

これまで九州発の黒大豆「クロダマル」の普及にあたり，社会科学研究者（マーケティングサイエンス）である筆者がどのように活動し，実際のブランド産地を形成したかを紹介した。これらの活動はあらゆる品種育成・研究開発・技術開発を進める上で，応用可能な考え方である。特に，開発された技術を的確に評価し，実需者ニーズへの対応，技術の産業化の可能性評価，経営・ビジネスモデルの構想などを経営・社会科学研究の立場から実施し，地域農業のビジョンへの適応，企業のビジネスモデルへの関与，農業経営モデルの提案等貢献すべき項目は多岐にわたる。

今回の「クロダマル」の成功は「九州で育つ黒大豆がほしい」という生産者の声，「黒大豆の豆腐や加工品を作ってみたい」という実需者の声，「新品種ができたのだけど普及させたい」という育成者の声を聞き，的確な事業構想の提案と6

次産業化や農商工連携によるビジネスモデルの構築ができたことが成功の大きな要因である（後藤 2014a）。

　価値創造を実現するプラットフォームは，共創的連携を視野にWin-Win思考に基づき形成されるものである。今後，様々な場面で6次産業化・農商工連携による価値創造が重要となるが，価値創造を実現する共創的なプラットフォームの形成により多くの成功事例が生まれることを願う。

引用文献

ゲオルク　フオン　クロー・一条和生・野中郁次郎（2001）『ナレッジイネーブリング　知識創造企業への五つの実践』東洋経済新報社

後藤一寿（2006）「異業種連携による食品産業クラスター形成と共創の考え方」『実践総合農学会　2006年度　第1回地方大会（熊本）報告要旨集』実践総合農学会，pp.71～76

後藤一寿（2007）「農業と食品加工の連携と共創を考える」『食農と環境』（4），pp.72～76

後藤一寿（2011a）「異業種連携を成功させるコンソーシアム形成のポイント―新品種活用型コンソーシアムを事例として―」『農業経営通信』No.247，pp.6～7

後藤一寿（2011b）「品種活用型の農商工連携の成果と課題～共創的連携のための8箇条～」『農村経済研究』第29巻第1号，pp.30～38

後藤一寿（2013）「黒大豆品種「クロダマル」を活用した6次産業化モデルの構築～マーケティングサイエンスからの挑戦～」『JATAFFジャーナル』1巻8号，pp.20～24

後藤一寿（2014a）「アクションリサーチによる新技術普及手法の革新」『JATAFFジャーナル』2巻4号，pp.9～14

後藤一寿（2014b）「新品種による食農連携を実現する方法」後藤一寿・坂井真編著『新品種で拓く地域農業の未来』農林統計出版，pp.1～8

橋本卓爾（2009）「地域産業複合体と農商工連携―和歌山県田辺・南部地域のウメ産業に学ぶ」『農業と経済』第75巻1号（2009年1・2号合併号）昭和堂，pp.12～20

Helper. s（1991）: How much has really changed between U.S. automakers and their suppliers?, Sloan Management Review, Summer, pp.15-28

平野敦士・カール　アンドレイ　ハギウ（2010）『プラットフォーム戦略』東洋経済新報社，p.220

細川孝（2009）「農商工連携をどう進めるのか　5-1　産業政策の視点から」『農業と経済』第75巻第1号，pp.41～47

堀田和彦（2008）「焼酎粕やおからと飼料稲を活用したTMR作り―薄農場の事例を中心

に―」『畜産コンサルタント』2008年11月号
堀田和彦（2009a）「加工食品とその原材料に関する消費者意識と購買行動―福岡市住民へのアンケート調査を基に―」『農村研究』第108号，pp.75～84
堀田和彦（2009b）「農協による加工原材料の生産販売の実態と今後の推進方向」『農村研究』第109号，pp.35～45
堀田和彦（2009c）「農商工連携の分析視覚―産業クラスター，ナレッジマネジメントの視点から」『農業と経済』第75巻1号（2009年1・2号合併号）昭和堂，pp.21～30
堀田和彦（2012）『農商工間の共創的連携とナレッジマネジメント』農林統計出版，p.174
石倉洋子・藤田昌久・前田昇・金井一頼・山崎朗（2003）『日本の産業クラスター戦略―地域における競争優位の確立―』有斐閣
金井萬造（2009）「農商工連携を進める上での実践的課題」『農業と経済』第75巻1号（2009年1・2号合併号）昭和堂，pp.5～11
村山賢（2014）「機能性食品素材の開発に取組む農商工連携の意義と展開条件―福岡県久留米市田主丸の柿での取組みを事例に―」佐賀大学農学部地域ビジネス開発学分野
中澤芳則他（2007）「九州沖縄農業研究センター報告」(48)，pp.11～29
野中郁次郎・竹内弘高（1996）『知識創造企業』東洋経済新報社
小見志郎（2011）『プラットフォーム・モデルの競争戦略』白桃書房，p.209
大泉一貫（2007）「地域経済の活性化と食品産業の振興課題」『フードシステム研究』第14巻第2号，pp.30～39
マイケル　E　ポーター・竹内弘高（2000）『日本の競争戦略』ダイヤモンド社
マイケル　E　ポーター（2000）『競争戦略Ⅱ』ダイヤモンド社
呂　生奇・白武義治（2005a）「伝統手延素麺製造業の展開条件―島原そうめん　長崎県南高来郡手延素麺製造業を事例に―」『農業経済論集』第55巻2号，pp.25～35
呂　生奇・白武義治（2005b）「地域経済に寄与する焼酎製造業の展開条件―鹿児島県芋焼酎産業を事例に―」『農業市場研究』第14巻2号（通巻62号），pp.33～44
呂　生奇・白武義治（2006）「鹿児島県焼酎産業の成長要因と持続的発展条件―内発的発展論の視点から―」『流通18』，pp.171～178
斎藤修（2005）『食品産業と農業の提携条件―フードシステム論の新方向―』農林統計協会
白武義治（1995）「農産物加工と地域流通―野菜漬物製造業を対象にして―」三国英実編著『今日の食品流通』大月書店，pp.177～206
白武義治（2001）「地域経済の担い手である中小規模食品製造業の存在構造」中嶋信・神田健策編『21世紀食料・農業市場の展望』筑波書房，pp.179～197
白武義治（2008）「地域経済における地場食品製造業と地域農業連携の意義」『食農資源経済論集』第59巻第1号，pp.38～41

白武義治（2010）「農商工連携の意義と展開条件」『食農資源経済論集』第61巻第1号，pp.1～6
高橋幹・後藤一寿（2014）「第9章:大豆クロダマル九州の田んぼに生まれた極大粒大豆」後藤一寿・坂井真編著『新品種で拓く地域農業の未来』農林統計出版，pp.129～141
寺岡啓（2010）「佐賀県小城市の農商工連携認定事業『冷凍おにぎりの商品開発と販路開拓』の今後の展開課題」佐賀大学農学部地域ビジネス開発学分野
遠山亮子・野中郁次郎（2000）「「よい場」と革新的リーダーシップ：組織的知識創造についての試論」『一橋ビジネスレビュー』Sum.-Aut
上田完次編（2004）『共創とは何か』培風館，p.211
吉原陽介・後藤一寿（2013）「農業・農村の現場から　黒大豆でまちおこし！筑前クロダマルのブランド化で健康都市宣言！」『農業』1580号，pp.51～56

第Ⅱ部

農：その構造と新たな展開

写真提供：小林恒夫氏

第5章　西南暖地における水田農業の構造と展望

本章のねらいと構成

　本章は基本的に1990年代以降の九州水田農業の構造変化を，その典型的な地域事例分析から浮き彫りにし，今後の展望を考えることを課題としている。その際，本学会の前身である九州農業経済学会の編集になる『国際化時代の九州農業』(1994年) が明示的・暗示的な前提になっているが，1990年代以降は基本的には農産物貿易の自由化・市場開放を意味していた「国際化」から，それに加えて資本やサービスの自由化，そしてモノ・サービス・資本の移動や各国国内農業政策に関わるルールまでもが地球規模で新自由主義的に「標準化」されるという意味での「グローバル化」段階への突入が明確になったと言えよう。WTO（世界貿易機関）の成立（1995年）はその大きなメルクマールである。

　そのことをふまえて，まず，上記『国際化時代の九州農業』において分析・論述された1990年代初頭までの九州水田農業の構造と動態について簡潔に整理する。これについては，第1節の冒頭で論述する。

　次に，「グローバル化」への進展という認識に立つと，水田農業へのインパクトとしては，当然WTOにおけるわが国譲許にもとづくミニマム・アクセス米の影響があげられる。しかしこの点は食料農産物輸入を包括的に扱う第Ⅰ部第1章に譲り，本章では同協定に合致させる形でなされた国内水田・米政策の変更について，その展開・内容を俯瞰的に捉え，その下での九州水田農業構造変化の概況を分析し，第1節の残り部分で論述する。

　そこでは，特に北九州水田農業の構造変化について，大きくは個別経営の大規模化と集落営農組織に代表される組織的対応という，2つの展開類型が見られることを示すが，第2節では前者について福岡県の個別大規模経営群の形成事例を，第3節では後者について佐賀県のいくつかの地域における営農集団・集落営農組織事例を対象に，それぞれ実証的に史的展開と到達点，および今後に向けての課

第5章　西南暖地における水田農業の構造と展望

題を探った。

第1節　1990年代までの九州水田農業および その後の政策展開と構造変化

1．1990年代初頭までの九州水田農業構造変化をめぐる研究的認識

　本学会の前身である九州農業経済学会が，1994年に総力を結集して刊行した『国際化時代の九州農業』の中で，陣内は1990年代初頭までの状況を踏まえて，北九州水田地帯の土地利用と農業構造について次のように総括していた。まず土地利用について「夏期には水稲作，冬期には乾田化して麦，菜種などの畑作物を栽培してきた」という「米麦2毛作型の土地利用」は，高度成長開始にともなう農業の国際化，つまり麦類，油糧種子類の大幅な輸入拡大によって「姿を消していった」。2毛作的な土地利用を引き継いで登場したのは「水稲作と野菜作や施設園芸の組み合わせ」等の「水田複合経営」であった。そしてこれら「複合型の少数の専業農家と大多数の安定兼業農家へのはっきりとした分断」という形での農業構造変化が進行してきた，と（陣内 1994：pp.28〜29）。

　土地利用型水田農業の「担い手」に関しては，経営効率的には「10〜20haが土地利用型水田作経営の技術的適正規模となり」，「稲作の他に麦作等を加味し」て「固定資本のコスト削減と地代の軽減」をすることが「大規模経営の内発的要求」になっているとされた（長ほか 1994：p.84）。

　しかし実態面では福岡県の事例から，大規模水田作経営は平均的に経営面積規模を拡大しつつも，麦作面積を大幅拡大した農家群よりも麦作を縮小して園芸部作目を導入または拡大した農家群が著しく高い農業所得を上げることから「屈折したあり方をとってきた」とされた。その要因は，耕地分散，転作増大・麦価引き下げ等による土地利用型農業の相対収益性低下，多様な高収益作目の選択可能性とされた（長ほか 1994：pp.88〜89）。

　また同じく北九州水田地帯を代表する佐賀平野部についても，上層農の展開形態として「借地拡大するとともに」「施設園芸を結びつけた夫婦専従型の複合経営」

をとるものが主流で，一部には6ha程度以上の米麦拡大型農家もあるが「規模拡大の方向は概して弱」く，その「最大の要因は米麦価格の低迷と米生産の先行きの不透明感」であり，加えて「転作の増加」「団地的集積の難しさ」「高い小作料」が指摘された（内海1994：pp.286〜289）。

このように土地利用型水田個別経営の展開が制約されている，しかしそこで中心的な担い手になっている「稲作＋施設園芸」等の水田複合経営は家族労働力制約から長期的には「限界に直面」せざるを得ず，土地利用型部門と集約作目部門との分化を余儀なくされるという認識から，それを媒介するものとして「農業生産組織」が位置づけられた。一方で集約作目部門を規模拡大するためには米麦部門を外部化せざるを得なくなりその受け皿としての「組織」が必要となる，他方で耕地分散の壁を克服するために土地利用型経営の成長も「組織」による土地利用調整を不可欠とするからであり，それら「組織」が「個別経営に対する補完システム」とそれ自体が「個別経営体または組織経営体」化する，2つの類型に展開するとの展望が与えられていた（長ほか1994：p.91およびp.94）。

2．1990年代以降の米・水田農業政策の展開

(1)「新政策」から「食管法廃止＝食糧法制定」「新たな米政策」へ

ガット・ウルグアイラウンド農業交渉の決着を先取りして農政改革の方向性を打ち出したのが，1992年「新しい食料・農業・農村政策の方向」（新政策）だった。それは農業構造政策の面では，翌1993年「農業経営基盤強化促進法」が「効率的かつ安定的な農業経営を育成し，これらの農業経営が農業生産の相当部分を担うような農業構造を確立する」ことを目的として，新政策のいう個別経営体をめざす認定農業者および組織経営体の一形態たる特定農業法人を制度化することで，具体化の一歩を踏み出した。

いっぽう米の価格・所得政策と需給政策の面では，1995年に食糧管理法を廃止して「主要食糧の需給および価格の安定に関する法律」（食糧法）がミニマム・アクセス米輸入に合わせて施行された。1995年食糧法は，第一に，政府米売買を一年毎の回転備蓄運営の範囲内に限定し，二重米価制も否定することで，政府に

よる過剰米処理と価格下支え機能の制度的放棄を企図した。第二に，一方で流通ルート規制を抜本的に緩和して自由米を「計画外流通米」として促進しながら，他方で「計画流通米」として自主流通米の販売に計画性・操作性をもたせて需給を安定化させようとした。要するに需給調整と価格安定化についての政府関与を最小化し，過剰供給と暴落の防止機能の大半を事前の生産調整と事後の農協調整保管に委ねようとするもので，原理的矛盾をはらんでいた（磯田 2005：pp.1〜2）。

その矛盾は生産調整目標達成にもかかわらず大幅な過剰が連年発生したことで，顕在化した。農協調整保管はほどなく破綻して政府がその財政負担をし，回転備蓄の必要をはるかに上回る政府買入と在庫持ち越しも余儀なくされた。それでも米価は下落し続けた。

こうした事態に対して打ち出された「新たな米政策」（1997年11月策定）は，第一に，政府米売買を回転備蓄に純化して，過剰米吸収・価格下支え機能を一切なくすことを宣言した（これと自主流通米助成廃止をもって，WTOに対して米について削減対象国内支持がなくなったと通報）。第二に，過剰と価格下落への対策はいよいよ事前の生産調整にのしかかることになったので，稲作経営安定対策（稲経）が一面では生産調整拡大・達成のメリット措置として，他面では政府による価格下支え放棄の代償措置として，導入された。

だが生産調整は面積ベースでは達成されたものの豊作と需要減で供給過剰となり，しかし上述のような事後対策欠如のため米価は再低落し，稲経も市場連動基準価格との差額一部補填という本質的制約があり，稲作農業，とくに専業的・大規模経営への打撃を深刻化させた。そこで再度，過剰米の政府買入吸収，過剰米・過剰在庫の援助や飼料用処理，稲経基準価格の固定化（1年だけ）等の弥縫策が講じられた（磯田 2005：p.3，磯田 2006：p.2）。

しかし次に登場した「米政策改革」（2002年大綱決定，2004〜2009年実施）は，これら弥縫策をことごとくネガティブなものとして退け，政府の米市場からの撤退と構造政策の強化を格段に推進する狙いと内容をもって登場した（磯田 2011：pp.15〜16）。その政策論理は，遅れている水田農業構造の再編を一挙に進めること，および米生産調整の財政負担を最小限にするという狙いを込めた「米づく

第5章 西南暖地における水田農業の構造と展望

りの本来あるべき姿」なる目標をかかげて（①「効率的かつ安定的な農業経営」が水田経営面積の約6割を占める，②それら農業者や農協が自らの判断で主体的に需給調整を実施する，③米ビジネスを発展させる流通体制と価格形成システム），(A) 生産調整を選択制に移行させることで米生産調整を弛緩させる，(B) そこから米過剰を，したがって米価下落を誘発する（価格支持のための政府買入は撤廃されるから下落は放置される），(C)「効率的かつ安定的な農業経営」に育つと認められる経営（都府県認定農業者個別経営4ha以上，5年以内に法人化する計画の集落営農20ha以上等の要件）だけに米価下落影響緩和策である担い手経営安定対策（2004～2006年），米・麦・大豆の経営単位での所得減少緩和策である品目横断的経営安定対策・水田経営所得安定対策（2007～2009年），および麦・大豆の内外価格差補填を行なうことで，(D) それ以外の経営を不採算化させて水田作農業から排除して水田をはき出させ，それをそれら選別的所得政策で排他的に農地集積力を賦与された対象経営に集積しよう，というものだった。(A) と (B) は新自由主義の「市場原理主義」を体現するが，(C) と (D) は著しく非市場的・介入的で，一種の「囲い込み」のような強力な選別型構造政策だった（磯田2013：p.60）。

（2）「米政策改革」の諸結果

そのような「米政策改革」の諸結果であるが，まず生産調整は弛緩して過剰作付面積が2003年産1,400ha（過剰率0.1％）から2007年産7万700ha（同4.5％）に増えた。そこから米価も（60kg当たり全銘柄平均）2004年産1万6,048円から2007年産1万4,164円，2009年産1万4,470円とほぼ「着実」に低落した。

その結果，米・麦・大豆などを生産する大規模土地利用型水田農業経営の収益性・農地集積力は高まるどころか，逆に低下した。すなわち農水省「農業経営統計調査報告・営農類型別統計」にいう「水田作経営（個別経営）」の，作付延べ面積規模15～20ha（平均経営耕地面積15.4ha，水稲作付面積9.0ha），同20ha以上（同30.3ha，17.4ha）の両階層ともに農業所得は2004年の823万円（家族労働1時間当たり2,912円）と1,404万円（同2,968円）から，2009年の753万円（同2,318円）

と1,262万円(同2,528円)に下がってしまった。たしかに小・零細規模層の農業所得は作付延べ面積1.0～2.0ha層までもが大きく低下したが、これら大規模階層の地代負担力もまた大きく低下したため(自家労賃を「毎月勤労統計調査年報」全国・調査産業計・従業員規模5人以上平均である2004年2,199円、2009年2,183円で評価したもので、2004年の15～20ha層が10a当たり23,599円、20ha以上層が24,161円だったのが、2009年にはそれぞれ12,921円と16,211円へ)、小・零細規模層の農業所得を上回ることはできず、逆に実勢小作料(2009年1万3,768円と1万3,244円)の支払いすら厳しくなってしまった(磯田 2013:p.62の表1)。

実際の階層変動でも、農業センサス(都府県)において経営耕地面積5ha以上販売農家の戸数増加率は1995～2000年21.8%、2000～2005年16.1%、2005～2010年14.5%と減速し、同15ha以上の戸数増加率も2000～2005年46.9%から2005～2010年39.4%へ、その経営耕地面積増加率も2000～2005年52.3%から2005～2010年43.2%へ減速した。

いっぽう品目横断的経営安定対策・水田経営所得安定対策が面積20haで5年以内に法人化する計画を持つ等の「集落営農組織」に支払い対象を限定した「効果」は、極めて顕著に現れた。すでに多くの指摘がなされているように(西川 2013、山口 2013など)、農業センサスの2005～2010年の変化において集落営農組織を大宗とする「組織経営体」が大幅に増加して集積農地も拡大し(2005～2010年の経営耕地面積増加率126%)、その下への既存農家の「併呑」による大幅な減少が各地で生じた。

しかしこれは上述のような強度の「選別」政策が、いわば市場外的誘引によってもたらしたと言ってもよい。というのは集落営農組織もまた「米政策改革」の下で収益性を悪化させたのであって、例えば前述統計でいう「任意組織の集落営農・水田作経営(全国)」の最大規模階層(水田作付延べ面積50ha以上)の2004年(経営耕地面積55ha)の農業所得1,676万円、同・構成員労働時間当たり4,031円から(次位階層30～50haはそれぞれ1,486万円と3,419円)、2009年には経営耕地面積が71haに拡大しているにもかかわらず農業所得1,617万円、構成員労働時間当たり1,543円(次位階層はそれぞれ509万円、841円)へと、著しく悪化して

いたからである（磯田 2011：p.8，磯田 2013：p.63）。

3．「米政策改革」以降の九州水田農業構造の動向─北九州を中心に─

2010年農業センサスの統計分析等をふまえて，2000年代後半の府県水田農業構造変化について，販売農家・農業就業者の減少と高齢化等の農業後退的現象の継続のいっぽうで，賃貸借による農地流動化の進展をつうじた大規模経営の形成とそこへの農地集積の加速という農業構造の前進的変動の側面が析出されている（安藤 2013a：pp.2～11）。その際，大規模経営への農地集積が進んでいる東北，北陸，東海，北九州とその他地域（南関東，中国，四国など）という地域差が拡大していることと同時に（安藤 2013a：pp.11～12），水田農地集積を担う主体として集落営農組織を大宗とする農家以外の農業事業体がこの時期躍進しつつ（西川 2013：pp28～56），それと個別農家経営という大きくは2類型に分けられる主体の，どちらが構造変化を主導したかに関する地域性が，2000年代前半に比べてもさらに鮮明化したことが明らかにされている（橋詰 2012：pp.28～56）。

とくに水田集積の主体に関する地域性について橋詰（2012）は，水田の借地増加において集落営農組織の寄与率が高い「組織対応型」と，大規模個別農家の寄与率が高い「個別農家対応型」，および両者が並進している「組織・個別農家分担型」の府県に分類することができ，かつ水田経営所得安定対策対応のために集落営農組織の簇生とそこへの農地「集積」が急進したことを背景として，「個別農家対応型」および「組織・個別農家分担型」から「組織対応型」へ移行した府県が2000年代前半から同後半にかけて顕著に増えたことを析出した。その中で北九州は，佐賀を筆頭に福岡，熊本，長崎の各県が2000年代後半に「組織対応型」へ移行したグループに位置づけられた（橋詰 2012：pp.50～54）。

いっぽう山口（2012）は，九州各県の2005～2010年の構造変化パターンの異同を検討し，佐賀県は大規模経営である組織経営体が急激に増加し，水田・稲作における担い手は組織経営体へ移行しているのに対し，福岡県は類似の動きがありつつも，個別経営体もなお重要な役割を担っているとしている（山口 2012：pp.262～276）。橋詰の類型化に引きつければ，福岡県はなお「組織・個別農家

第Ⅱ部　農：その構造と新たな展開

分担型」の性格を有しているということになる。

　そこでこの論点を簡潔に検討しよう。図5-1は橋詰（2012）と同じ指標による各府県の位置を図示したものである。これによると確かに2005〜2010年の変化において，北九州の中で福岡県は佐賀県についで「組織対応型」の様相を呈している。しかし図5-2で2010年の到達点を見ると，福岡県は都府県平均よりは販売目的の農家以外の農業事業体（以下，農業事業体）の水田面積シェアが高いものの，農業事業体のシェアが突出するに至った佐賀県とはもちろん，「集落営農先進地域」でもあった北陸の富山県，福井県と比べても低く，「組織・個別農家分担型」といってもよい位置にある。

　この違いは端的には動態的（2005〜2010年の変化方向）に見るか，静態的（2010年の到達点）に見るかの視角の差によってもたらされている。

　両者を総合すれば，北九州各県についても，佐賀県は最近の動態としても絶対的到達水準としても「組織型」であるが，福岡県は最近の動態としては「組織対応型」だが到達水準としてはなお「組織・個別農家分担型」の性格を有している。熊本県，大分県，長崎県も最近の動態では相対的に「組織対応型」だが，到達水準では担い手による集積水準自体が低いが，その中で熊本・大分両県は「組織・個別農家分担型」の様相を示している。

　以上をふまえて，以下の第2節では，県全体の到達水準としては「組織・個別農家分担型」を示す福岡県の中で，市町村レベルではどのような類型分布が見られるのかを検討した上で，「個別農家対応型」自治体における大規模農家経営群の形成過程と到達点を検証する。また第3節では，動態的・生態的いずれの視点からしても，全国的に突出した「組織対応型」を示した佐賀県について，水田農業組織化の歴史を「米政策改革」以前に立ち返ってふまえた上で，それ以降の「集落営農王国」とでも言うべき急激な組織化の進展の内実について検証する。

第5章　西南暖地における水田農業の構造と展望

図5-1　経営規模面積規模5ha以上販売農家（横軸）と農家以外の農業事業体
（販売目的，縦軸）の水田借入地増加寄与度の府県別分布（2005～2010年）

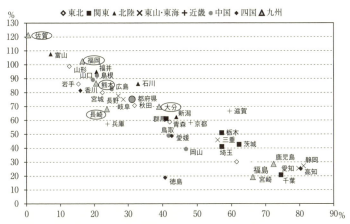

資料：農水省「農林業センサス」2005年，2010年。
注：「水田借入地寄与率」とは，販売農家と農家以外の農業事業体による借入田面積合計の
　　2005～2010年の増加に対する，それぞれの受け手の増加面積の比率である。

図5-2　府県別の経営耕地面積規模5ha以上販売農家（横軸）と
農家以外の農業事業体（販売目的，縦軸）の水田面積シェア（2010年）

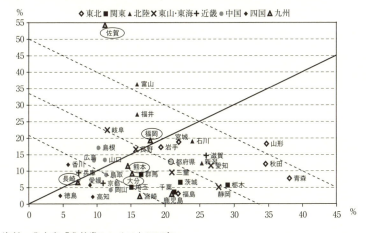

資料：農水省「農林業センサス」2010年。
注：1）右下がりの鎖線は，2類型の集積主体による水田合計面積シェアを示し，上から50%，
　　　33.7%（都府県平均），20%である。
　　2）右上がりの線は，2類型の集積主体のシェアが等しい45度線である。

147

第2節　個別大規模経営を軸とした水田農業構造再編の到達点と課題

1．北九州水田地帯における大規模農家経営形成の過程と背景

　第1節で，北九州諸県においても「組織対応型」だけでなく「個別農家対応型」が存在することを見た。実際に1975～2010年という長期の変化を農業センサスで見ると，経営耕地5ha以上や10ha以上の農家は，戸数増加率でも経営耕地面積増加率でも，ほとんどの時期において都府県平均を上回るペースで増えてきている。そのテコは，都府県平均を上回る水田借地の増加であった。

　その経済的背景を要約すると，第1節で参照した『国際化時代の九州農業』までの段階で土地利用型水田大規模経営の形成・成長にとって「制約条件」とされたもののうち，①米価低落は中・大規模層の地代負担力を低下させたが，それ以上に小・零細規模層の米作農業所得を急激に低下させたために，前者の相対的「農地集積力」を強める方向に作用した，②麦価自体は低下したものの転作奨励金・水田経営所得安定対策が「構造政策」的性格を急速に強めて小・零細規模層自体による麦作の可能性を喪失させ，中・大規模層による麦作用水田利用集積のポテンシャルを高めた，③小・零細水田作農家が「兼業滞留」から「離農・土地持ち非農家化」へという新たな歴史局面に入って農地需給が緩和し，地代も低下した結果，「借り足し」型から「借地」型への展開が可能になった，という形で大なり小なり薄らいできたといえる。こうして水田土地利用型農業において，「屈折」的状況から抜け出す個別経営群が出てきたのである（ここまでを統計的・政策的に裏付ける詳細については，磯田・近刊予定：第3章第2節5の1）（2））。

　以下，そのような水田大規模農家経営が群をなして形成・展開してきている，福岡県A市の事例を検討・分析する。具体的課題としては，第一に，A市農業の構造的特徴を農業センサスで簡単に位置づける。第二に，それら農家群の調査にもとづいて，個別の経営展開史とその中での農地集積をつうじた土地利用型大規

模経営化への経路・契機を，歴史具体的に解明する。第三に，それら水田大規模農家経営群の現状を主として収益規模の到達点と構成という側面から明らかにして，性格づける。最後に，これら経営群と地域水田農業が直面する課題について若干の考察を加える。

2．福岡県内市町村の農地集積類型とA市の位置

図5-3は，第1節で議論した水田集積の主体別都府県類型のうち静態視点からのものを，福岡県内市町村について示している。これから第一に，福岡県は県単位で見ると「組織・農家分担型」に区分されたが，ある程度（例えば県平均）以上に農地集積が進んでいる市町村を見ると，「組織型」と「個別農家型」のどちらかに分かれており，「組織・個別農家分担型」は少ない。第二に，その中で柳川市，筑後市，みやま市，久留米市，小郡市などが「組織型」の代表格である（動

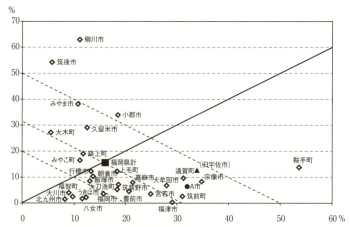

図5-3　福岡県市町村別の経営耕地面積5ha以上の販売農家（横軸）と農家以外の農業経営体（縦軸）の経営耕地面積に占めるシェア（2010年）

資料：農水省「農林業センサス」2010年。
注：1）右下がりの鎖線は，2類型の担い手による農地集積合計シェアを示し，上から50％，31.6％（福岡県平均），20％である。
　　2）右上がりの線は，2類型の集積主体による農地集積シェアが等しい45度線である。
　　3）2010年で水田経営耕地面積500ha未満の市町村は図示していない。

第Ⅱ部　農：その構造と新たな展開

態視点で見ても「田のある販売農家減少率」が大きく,「農家以外の農業経営体の水田借入地増加面積寄与率」が高い)。第三に,逆に鞍手町,宗像市,A市,遠賀町などが「個別農家型」の代表格である。このうち「個別農家型」としての特徴が際立っている鞍手町については安部(2005)が,また大分県ではあるが北九州有数の水田穀倉地帯である旧宇佐市については品川(2011：pp.170〜193)が,大規模農家経営成立における農地集積上の背景や特質等を明らかにしている。

さてA市であるが,同市は県北西部・玄界灘沿岸・福岡市近傍に位置し,労働市場面ではその通勤圏に,また出荷と入り込み客の両面で大消費地近郊という立地条件を有す。

1970年代後半以降の農家数,専業農家数,第2種兼業農家率,総農家1戸平均世帯員数などの動きをまとめると,労働市場からの影響は,相対的には(恒常的勤務)兼業深化・滞留よりも離農(土地持ち非農家化等)という形でより早く,より強く現れた。その対極で,農業内部には比較的数多くの「担い手」的専業的農家層が形成され,残ってきたといえる。それら専業的農家群の歴史的存在形態の推移を経営組織から見ると,農業内的エネルギーは,かつてミカンで発揮・蓄積され,その暴落・危機後は施設園芸に展開・吸収されてきている。その中で,普通作(「米＋麦(＋大豆)」型)専業的農家は戸数としては少数化し,米＋野菜,米＋露地野菜＋麦が土地利用型「担い手」の主要経営組織になっている。換言すると,次項に見るような今日の普通作の大規模農家経営群は,農地流動が本格化して大規模化が可能になるまでの間,ミカン,施設園芸,露地野菜,一部は畜産部門で蓄積し,時によっては経営危機を克服した上で,今日に至っているのである。

その形成過程を農業センサスの経営耕地面積規模別農家戸数で追跡しておくと,1985年に5ha以上が34戸となり「層」としての形成をみた。水田借地率は,2005年まで5年ごとに7〜8ポイントずつというハイピッチで上昇した。かかる借地流動化を基礎に,1995年には10ha以上農家経営が群として形成されはじめ(11戸),その増加はとくに1995〜2000年(29戸へ)および2005〜2010年(32戸から42戸へ)に顕著となり,2010年時点の構成比は福岡県平均の3.4倍(1.73％)に達した。

さらに2000年代には20ha以上経営が形成され始め，2010年で20～30haが11戸，30～50haが1戸となっている。

以下では水田普通作専門的な大規模経営層について，個別調査にもとづいて形成過程と到達点を明らかにしていく。

3．A市における水田大規模農家経営の形成過程

調査農家経営はA市の水田土地利用型専業農家を糾合したB研究会のうち，水田経営面積10ha以上から抽出した9戸であり，その概要は**表5-1**のようである。

農地保有上の特徴は，水田自作地比率が低く（1.9％～18.8％，平均10.3％），それをはるかに上回る借地によって大規模面積を実現している。そして最低5ha～最大15haの期間借地（例外的な状況にあるⅠ経営を除く）によって麦類作付用耕地をさらに拡大し，延べ作付面積総計では最低21ha～最大62haを実現していることである。

農業専従的労働力は，規模の大小にあまりかかわらず3名がベースとなっている。それを家族内（二世代）で確保するか（A，B，D経営），足りなければ常雇や通年パートで補っている（C，H経営）。ただし米麦大豆生産に特化している場合は（米は農協出荷，野菜生産しない），2名（E，F経営）あるいは1名（G経営）でまかなっている（あるいは労働力制約があるので，米麦大豆生産に特化している）。

そして土地利用上最大の特徴ともなっているのが作付面積総計に占める麦類比率の高さであり，Ⅰ経営を除けば，53％（D経営）から64％（A経営）である。これは経営にとっての麦作収入の決定的重要性をも意味しており，換言すれば麦作の「収益的部門化」が大規模経営への成長と存立の不可欠条件になってきたことを示している。

これらが今日の水田大規模経営になるまでには，経済的蓄積とある種の危機を含めた多様な経路をたどっており，総括的にみると次のような類型ないし段階が存在する。

第一に，土地利用型規模拡大の前史として，集約的複合部門での「農業専業エ

第Ⅱ部 農:その構造と新たな展開

表5-1 A市大規模水田農家・調査経営の概要

(面積単位:a)

			A	B	C	D	E	F	G	H	I
農地保有	水田	経営耕地 合計	2,618	2,694	1,802	1,848	2,116	1,455	1,480	1,384	1,319
		自作地	187	387	164	224	191	147	278	117	25
		通年借地	2,431	2,307	1,638	1,624	1,925	1,308	1,202	1,267	1,294
		裏作期間借地	1,547	500	1,100	583	650	500	600	700	0
		転作期間借地	0	0	0	300	0	0	0	0	0
	合計	経営耕地	4,165	3,194	2,902	3,031	3,406	1,955	2,080	2,020	1,319
		経営耕地+期間借地	2,668	2,696	1,802	1,848	2,760	1,505	1,540	1,504	1,449
		経営耕地+期間借地	4,215	3,196	2,902	2,731	3,410	2,005	2,140	2,204	1,449
延べ作付面積			6,242	5,563	4,595	4,371	4,332	3,488	3,440	2,999	2,072
家族構成就業	父			74 a	74 b	70 a 300	74 a 300	79 f	65 b 10	82 b	62 a
	母		52 a 300	45 a	72 b	68 a 300	66 e	77 b	65 b 60		62 a
	経営主夫		50 a 250		50 a 280	33 a 300	28 a 300	46 a 300	38 a 350	53 a 300	25 a 365
	経営主妻		27 a 300					46 a 300	40 e 10	54 a 300	
	後継者		27 b 150							26 a 300	
	後継者妻			40 a						27 d	
	その他				常雇1					パート1	
	雇用										
2011年作付面積	水田表作	合計	2,200	2,500	1,700	1,640	2,050	1,500	1,360	1,250	1,300
		主食用米	1,900	1,800	1,250	1,370	1,250	900	1,090	1,000	800
		転作 合計	300	700	450	270	800	600	270	250	500
		大豆									
		非主食用米	300	700	450	270	400	600	270	250	500
		飼料用米	300	600	450	270	400	600	0	0	500
		米粉用米	0	100	0	0	0	0	0	0	0
		麦類	200								
	水田裏作	合計	4,042	3,063	2,875	2,731	2,282	1,988	2,080	1,687	672
		麦類 小麦	3,962	3,063	2,875	2,731	2,282	1,988	2,080	1,687	672
		小麦	2,070	1,791	1,335	1,211	1,385	1,537	929	489	512
		大麦	1,892	1,272	1,540	1,520	897	451	1,151	1,198	160
	ブロッコリー		80								
その他野菜			0	0	ハウスイチゴ20	0	0	0	0	ハウスナス、露地野菜62	直売野菜100

資料:ヒアリング調査(2012年9月~2013年1月),A市「水田耕作係台帳」、およびA農協「平成23年産麦類生産実績」より。
注:1)「農地保有」の「合計」には畑も含む。
   2)「家族構成・就業」欄の表記は、「年齢,就業状況,年間農業従事日数」であり、就業状況は、a:農業のみで農業に年間250日以上従事,b:農業のみで農業に年間250日未満従事,c:兼業が主、d:恒常的勤務,e:家事・育児のみ,f:就業なし,である。

ネルギー」の蓄積・展開があった経営が多い。それにはミカン（C, D, E, G, H経営），「ミカン危機」後は施設園芸（ミカン含む）への転身（C, G, H経営）があり，その他に畜産（肉牛肥育のA経営，養豚のH経営）とブロッコリー（D経営）もあった。

　第二に，早い経営では1970年代に，多くの経営では1980年代に土地利用型経営への転換が起動されている。1960年代末～70年代初めの機械化体系装備で作業受託と裏作麦に着手したG経営，1970年半ばに集落内で農家の分化が始まって農地受け手になったB経営，ミカン廃止・現経営主就農で作業受託・麦作拡大へ転換起動したC経営，乾燥機独自装備で作業受託積極拡大へ踏み出したD経営，ミカン園を最終処分し水田規模拡大路線へ向かったE経営，現経営主就農が借地増大の契機となったF経営，ミカン廃止でハウスナスと水田借地拡大へ方向転換したH経営，地元集落の圃場整備を機に小規模農家から一挙的に農地集積へ向かったI経営，という具合である。

　そして第三に，作業受託，麦用期間借地を先行させつつ，1990年代，とくに90年代後半から通年借地集積が一気に加速している。

　第四に，圃場整備が農地集積の契機になっている。それには2つの段階・パターンがあって，1970年代から1980年代にかけての圃場整備進展の第1期では（現在のA市水田整備済み面積2,653haのうち40％が集中），圃場大型化に伴う小規模農家からの作業委託や農地供給が契機となっている（C, D, G, I経営）。そして1990年代後半の第2期（同前34％）では「集積で農家負担軽減」型事業要件の「担い手」に位置づけられることで，まとまった集積を実現している（C, E経営）。

　第五に，農地流動化の客観的条件が成熟してくる時期に，ファミリーサイクルからくる農地集積の主体的条件形成が相前後したというタイミングも影響している。すなわち現経営主ないし後継者が就農したB, C, D, E, F経営，父の離職帰農と現経営主就農が連続して一挙拡大したH経営という具合である。

　なおA市において水田大規模農家経営が層として成長し，後継者を確保し，また若手による新たな同類型経営を生み出している要因のうち，主体形成面ではB研究会での技術・経営・政策の学習，研鑽，相互支援活動とそこでA農協が事務

第Ⅱ部　農：その構造と新たな展開

局機能を果たしている点が重要だが，紙幅の関係上省略する（磯田・近刊予定：注11参照）。

4．A市における水田大規模農家経営の到達点と性格

　以上のような経営構造と形成史をもつ調査経営の経済的到達点を，農産物販売規模と戸別所得補償交付金受取額，それらの構成から確認し，その性格を検討しよう。

　まず農産物販売額は，戸別所得補償交付金データの得られないⅠ経営を除く8戸平均で2,174万円である（**表5-2**）。販売額の大小は，概ね延べ作付面積と同じ序列であり，最小のF経営1,357万円（3,488a）から最大のA経営3,245万円（6,242 a）となっている。

　なお主食用米の販売方法をみると，調査経営は大きく3つの類型に分けられ，農協外販売形態にも3つのタイプがあるが（詳細は磯田・近刊予定：第3章第2節5の4）（2）），要するに同じ水田大規模農家経営であっても，労働力保有状況と複合部門の有無，面積規模拡大への制約の強弱という客観的条件を背景とし，流通過程に多少とも進出してより高い受取単価を狙うか，生産に専念して農協出荷にゆだねるのかといった戦略を取っている。

　次に戸別所得補償交付金を加えた場合だが，期間借地ができなくなったⅠ経営を除くと，作付面積総計に占める主食用米比率が26～33％，麦類比率が53～67％であるから，農産物収入は麦類を中心とした戸別所得補償交付金によって大きく高まることになる。

　すなわち，延べ作付面積が2番目に小さく野菜のないG経営で2,600万円，35haのF経営で3,100万円，43～46haのC，D，E経営で3,200～3,700万円，56haのB経営で4,300万円，最大62haのA経営では5,600万円を実現している。農業統計上の「経営耕地面積規模」では14ha（H経営）から26ha（A経営）でこれだけの農業収入を実現しているのは，水田2毛作ならではである。

　農産物販売額と戸別所得補償交付金の構成をみると，8戸平均で農産物販売額総計2,174万円に対して，戸別所得補償交付金総計が1,594万円である。

第5章　西南暖地における水田農業の構造と展望

表5-2　A市大規模水田農家・調査経営の2011年産農産物販売額と戸別所得補償支付金額

(単位：千円、％)

			A	B	C	D	E	F	G	H	8戸平均	同構成比
米	主食用	販売額（酒造用米含む）	20,897		11,619	11,902	9,508	7,978	12,528	10,982	12,829	(87.2)
		米の所得補償支付金	2,861	2,504	1,770	1,730	1,821		1,790	1,324	1,886	(12.8)
		合計	23,758	19,722	13,389	13,631	11,329	9,266	14,318	12,307	14,715	39.1
	非主食用	米粉用販売額	519	n.a.	399	451	831			589	581	(15.0)
		飼料用米販売額		887				975			(0)	(0)
		水田活用の所得補償支付金	2,623	7,544	3,032	2,344	3,460	4,663		2,646	3,289	(85.0)
		合計	3,143	8,432	3,431	2,794	4,291	5,639		3,235	3,871	10.3
麦類		販売額	11,038	4,506	6,513	6,348	5,276	4,621	3,566	4,176	5,755	(36.1)
		畑作物の所得補償支付金	11,969	5,826	6,638	5,591	6,287	7,822	3,631	2,639	6,300	(39.5)
		水田活用の所得補償支付金	700								88	(0.5)
		二毛作助成	4,967	4,509	3,960	3,750	3,847	3,776	2,904	2,829	3,818	(23.9)
		戸別所得補償支付金合計	17,636	10,335	10,598	9,341	10,133	11,599	6,535	5,468	10,206	(63.9)
		合計	28,674	14,841	17,112	15,689	15,410	16,219	10,101	9,644	15,961	42.4
大豆		販売額					299		201		62	(10.0)
		畑作物の所得補償支付金					1,187		808		249	(39.9)
		水田活用の所得補償支付金					1,556		946		313	(50.1)
		合計					3,042		1,955		625	1.7
米麦大豆の販売と戸別所得補償支付金		販売額	32,454	22,611	18,532	18,700	15,914	13,574	16,295	15,747	19,228	(54.7)
		米の所得補償支付金	2,861	2,504	1,770	1,730	1,821	1,289	1,790	1,324	1,886	(5.4)
		畑作物の所得補償支付金	11,969	5,826	6,638	5,591	7,474	7,822	4,439	2,639	6,550	(18.6)
		水田活用の所得補償支付金	3,323	7,544	3,032	2,344	5,016	4,663	946	2,646	3,689	(10.5)
		二毛作助成	4,967	4,509	3,960	3,750	3,847	3,776	2,904	2,829	3,818	(10.9)
		戸別所得補償支付金合計	23,120	20,383	15,400	13,414	18,158	17,551	10,079	9,439	15,943	(45.3)
		米・麦・大豆収入合計	55,575	42,994	33,932	32,114	34,072	31,124	26,374	25,185	35,171	93.3
野菜類販売額総計					3,000					17,050	2,506	6.7
農産物販売額総計			32,454	22,611	21,532	18,700	15,914	13,574	16,295	32,797	21,735	57.7
戸別所得補償支付金総計			23,120	20,383	15,400	13,414	18,158	17,551	10,079	9,439	15,943	42.3
農産物収入総計			55,575	42,994	36,932	32,114	34,072	31,124	26,374	42,235	37,678	100.0

資料：ヒアリング調査（2012年9月〜2013年1月）、A農協「平成23年産米生産実績」「平成23年産麦類生産実績」「平成23年産CE米穀清算表」「平成23年産大豆数清算表」、および農林水産省九州農政局福岡地域センター「戸別所得補償申請面積」より作成。

注：1) 小麦の「畑作物の所得補償支付金」は品質区分1等A単価ランク（6,450円/60kg）を一律に適用した。
2) 大麦は7割がビール麦、3割が大粒大麦という販売比率を一律に適用した。
3) 大豆の「畑作物の所得補償支付金」は普通大豆2等単価（11,480円/60kg）を一律に適用した。
4) 米粉の「畑作物の所得補償支付金」は一律に1等Aランク単価（5,390円/50kg）を一律に適用した。なおビール麦には交付金がつかない。
5) 右端の構成比は表類各グループ内での構成比である。その他は農産物収入総計に対する構成比である。
6) G経営の大豆の場合、13,485円/60kg（A農協「平成23年産とりひきCE精算単価」）で現金換算した。
7) I 経営は、戸別所得補償申請面積のデータが得られなかったため、表出しなかった。

次にこうした福岡県北部平野・A市の水田2毛作大規模農家経営の特徴を，都府県全体の大規模水田作経営（農水省「営農類型別経営統計（個別経営）」にいう「水田作経営」の2011年データ）との比較で，ごく簡単に性格づけると以下のようである。

第一に，経営耕地面積では同程度の都府県大規模「水田作経営」と比べて，期間借地を含めた裏作麦によって延べ作付面積では1.5～2.8倍と圧倒している。

第二に，水稲粗収益はほぼ同じだが，麦類粗収益が調査経営において圧倒的に大きい。その結果，最大階層の農業粗収益（共済・助成補助等受取額を含む）が，都府県大規模「水田作経営」の1.4倍程度におよんでいる。そこでは裏作麦類に対する戸別所得補償交付金の大きさも強く影響している。

第三に，したがって農業粗収益に占める戸別所得補償交付金の比率は，都府県大規模「水田作経営」が26～30％であるのに対し，調査経営では40％前後に達している。また調査経営の農業所得に対する戸別所得補償依存率を都府県大規模「水田作経営」のそれ（15％）から簡単に試算すると，80％前後になる。水田2毛作で裏作麦類の生産規模が大きいがゆえに，戸別所得補償依存型稼得構造になっているのである。

5．A市水田大規模農家経営群と地域農業をめぐる課題―むすびにかえて―

最後に調査経営群およびA市の地域水田農業をめぐる課題の若干を指摘したい。

第一は，圃場団地化の問題である。調査経営の圃場位置は，地元および隣接集落で大半の農地を集積できているものと，そうでないものにかなり二極化している。安藤（2013b）らのいう「地方区」型と「全国区」型であるが，それを分かつ大きな要因は地元集落の規模と，地元集落（ないしそれを含む土地改良区）で「担い手集積」型圃場整備がなされた場合の「集積主体」の選択だった。

A農協は農地保有合理化法人として大区画圃場整備地区での大がかりな圃場団地化で顕著な成果を上げたが，その他の一般的な農地流動化や団地化には実質的に関与できてこなかった。合理化事業の農地利用集積円滑化事業への転換を経て農地中間管理事業がスタートしたが，A農協がB研究会の発足以来事務局を担当

してきたというユニークな関係性を活かしつつ大規模個別農家経営の圃場分散を緩和できるかは，課題として残されている．

　第二は，米・水田政策に機敏に対応しながら大規模米麦２毛作経営を確立したわけだが，その過程で米，麦ともに価格政策が廃棄されて一種の直接支払政策に移行したことで，経営存立の経済的基盤はそれら直接支払政策におかれるようになった．それ自体は（コーン・エタノール政策発動による人為的・強制的穀物価格高騰以前の）アメリカ穀作経営でも同様なのであって特段異常ではないが，経営にとっての最大のリスクが「政策変更」になっていることを意味する．政策の安定性・継続性がこれまで以上に望まれる所以である．

　第三に，B研究会34戸の水田経営面積はA市水田面積の16％を占めていた．意向調査（叙述略）で見られるように現在10〜15ha程度以上の会員経営が，今後５年ないし10年以内に30haクラス（延べ作付面積では60〜70ha）あるいは20haクラス（同50ha程度）へ規模拡大したとしても，そのシェアは20数％程度であろう．ということは少なくとも残り70％以上は，５〜10ha程度の露地野菜中心型複合経営と，集落営農型組織ないしその法人化経営が担う必要がある．しかしA市内で農地集積実績があり経営実体のある組織は法人が６で，集積面積合計は153haにとどまる．

　したがって福岡県内では個別大規模水田農家経営が群をなして形成・展開してきたという点で際立った特徴を示すA市にあっても，地域水田農業全体としての持続性からみれば，①既存の個別大規模経営の面積拡大，したがってそれを支えるための圃場団地化および法人化への支援，②野菜中心型経営や場合によっては兼業農家から水田土地利用型への転換（一種の参入）への支援とならんで，③集落営農組織およびその法人化経営の育成ということが，課題にならざるを得ない．その場合，当然ながら①や②と，③との農地競合調整および地域的棲み分けに，これまで以上の注力が必要になる．ここでも農地中間管理事業と地域の構造政策主体（ここでもA市に加えてA農協が重要）との連携が問われる．

第3節　北部九州における水田農業の組織的対応の現段階
―佐賀県の事例から―

1．課題

(1) 佐賀県における「集落営農王国」の形成

　2007年度開始の水田・畑作経営所得安定対策に際し，佐賀県は2006年に481あった集落営農組織を2010年に700に増加させる目標を立て，組織設立に向けた合意形成のための助成や機械・施設の導入への補助，農地の面的集積や効率的利用の取組への助成，近代化資金やスーパーL資金の利子補給等を中心とする事業に取り組み，2007年度に473の集落営農組織が上記対策へ加入するに至った[1]。そして，2009年には佐賀県の集落営農参加農業集落数割合は77％で全国1位（2位滋賀県54％），また集落営農参加農家数割合も68％で1位（2位滋賀県65％），さらに集落営農が集積した経営耕地面積と作業受託面積の割合も63％で1位（2位福岡県41％）となり，全国1位の割合で県内の集落・農家・経営耕地面積の大半を集落営農が取り込む形となった。なお，このような状況は最新の2013年においても基本的に変わりがない（表5-3）。しかも，佐賀県のこれらの全国1位と2位との間には大きな数値の差があることから，佐賀県における集落営農の形成は全国的に見ても突出した形をとっていることが分かる。こうして，2007年以降，佐賀県

表5-3　集落営農への集落・農家・経営面積の参加割合の上位都道府県名とその割合（2013年）
(単位：％)

	構成集落数の割合	構成農家数の割合	現況集積面積の割合
都府県平均	21.2	21.4	16.9
1位	佐賀 73.8	佐賀 92.7	佐賀 62.4
2位	滋賀 58.7	京都 82.2	福岡 38.5
3位	宮城 50.7	富山 76.8	富山 37.8
4位	福井 50.6	福井 57.5	福井 37.6
5位	香川 48.7	宮城 51.3	滋賀 35.1

資料：2010年農業センサス，平成25年集落営農実態調査報告書。
注：農家数は総農家数で，面積は農業経営体の経営耕地面積で除した。

において「集落営農王国」が形成されたと見られる（小林 2013：p.82）。

（2）諸説検討と本節の課題

2010年農業センサス結果から佐賀県を筆頭に北九州や東北等における集落営農に代表される農家以外の農業事業体の急増という新たな特徴が確認され，農業構造変動が予感されることが数多く指摘された[2]が，このことは上述の2007年以降の佐賀県における取組結果の反映に他ならない。また，そのことを受けて，佐賀県内の集落営農に関する実態調査研究も少なからず行われた。たとえば，山口（2012：pp.276～287，2013：pp.32～34）は構造変動の大きい武雄市とそれの小さい有田町の事例分析から，いずれも構成農家の個別性が強く集落営農自体は経営体としては未熟であるとしながらも，将来は組織自体の維持の必要性や逆に組織の中からの個別大規模経営の蘇生の可能性をもほのめかした。また，小野ほか（2012：pp.55～101）は佐賀市B地区の事例調査から，一方で構成員の自立性が高く「協業経営体であるとは言い難い」事例と他方で「協業経営体に非常に近い内容の組織」も存在していることを確認し，同時にそれらが中大規模個別農家と併存していることから，今後の一課題として集落営農と個別経営との住み分けの必要性も指摘した。さらに，佐賀市の数事例を訪問した堀口（2012：p.8）は集落営農の多様性を確認し，同行した谷口（2012：pp.13～19）は，これまでの日本の集落営農の発展過程を1970年代末までの家族経営補完，1970年代末～1990年代末の転作の組織化，2000年以降の転作・稲作両者の水田農業全体の組織化の3段階と捉え，佐賀県の現段階は第2段階に留まるが，今後は法人化を含めた経営体化が求められるとした。

以上の指摘[3]のように現在，佐賀県では2007年度からの水田・畑作経営所得安定対策の開始以降多くの集落営農が新たに組織されたが，大半のものは依然機械共同利用を中心とする水田作農家の補完組織として存在し，構成農家を包摂ないし代替する新たな経営体としての内実を持つ組織の形成は微弱に留まると見られる。そのことは佐賀県庁が2010～2011年に実施した県内480の集落営農組織実態調査の結果[4]からも推し測られる。また，そのことは2014年現在，佐賀県内

に存在する609の集落営農のうち法人化したものが7組織[5]に留まることからも窺い知ることができる。もちろん，法人化が即経営体形成とは言いきれない（安藤 2008：p.74）が，それが組織の発展・進化・維持の一方策であることは疑いないと判断されるからである。

ところで，以上のような佐賀県内の集落営農組織も決して固定化し現状に留まることを意味しない。では，どのような方向性を持っているのかが問われる。少ないながらも今後とも法人組織は徐々に増加し，同時に合併や組織再編も進むものと考えられる。しかし，残念ながら今真正面からこれらの課題に応えられる事例研究の準備を持ち合わせていない。そこで本節では，1つは集落営農と個別大規模経営の形成・展開が活発な都市近郊・平坦水田地帯のT市における集落営農も含めた担い手づくりの現局面を追い，また他方で，2007年以降のいわゆる集落営農の形成は微弱であるが果樹・施設園芸が盛んな中山間地域において果樹・施設園芸農家群の形成・維持を支えてきた40年来の広域的な水田作営農組織の現状と課題を見ていくこととする。それは，後者の考察も集落営農組織の発展・進化を考える際の参考になると考えるからである。こうして，本節はいわば佐賀県水田作農業の地域的・組織的展開の現局面と今後の課題の一端を確認する作業であると理解されたい。

2．佐賀県における水田作農業の組織的展開

(1) 都市近郊平坦部における水田農業の担い手組織の地域的・組織的創出
　　─佐賀県T市KI地区の事例─

1）T市KI地区の農業の特徴

　T市は佐賀県東部にあり，九州北部において高速自動車道路網とJR新幹線網が縦横に交差する交通の要衝に位置し，そのことを主要因にいまだ都市化・人口増加が続き，2012年で7万人を超え2014年6月現在7万2千人弱の地方中核都市に成長した。その経緯の詳細は拙著（小林 2005：pp.152〜153）に譲るが，行論の限りで諸特徴を示せば，①工業・商業化と人口増加に伴い一定規模の団地的な農地転用が引き続いていること，②その中でKI地区は排水良好な50〜60a区

画の水田がまとまって存在する優良農業地区であること（**図5-4参照**），③古くからの行政や農協による担い手育成・支援策の結果，ＫＩ地区営農組合という１つの米・麦・大豆の共同乾燥調製施設の利用組織とその傘下にＫＩ地区機械利用組合という広域的な水田作作業受託組織が展開し，それらと重なり合って後述の２経営体（MYセンターのみ独立経営体）や数戸の中規模稲作農家（認定農業者）が存在していること等である。

２）HA農業機械利用組合（集落営農）の展開

　本組合は1961年制定の農業基本法を契機とした1962年開始の農業構造改善事業を利用して1963年に導入された２台のトラクターの持ち回り共同利用組織としてHA集落の農家の一部の18戸によってスタートし，その後1969年実施の県営圃場整備事業を契機に改めて集落内の農家33戸の参加によってライスセンターと中型機械化体系を装備した共同経営体として再編され今日に至っている長期継続組織である。本組合の内容的な特徴は，都市近郊に位置し構成員が全て兼業農家であること，オペレーターは定年帰農者数名が担っていること（2001年で７名，2014年で中心メンバー５名），米・麦・大豆作のプール計算＝共同経営体であること等である。

　さて，これまでの本組合の長い歴史の中で特筆すべき出来事は上記のいまだ産業集積と人口増加を示すT市における切れ間のない激しい農地転用の続行の中で2004〜05年に本集落を含む周辺地域の水田約55haが流通団地に転用されたことである。その結果，2004年までの組合員32名が2006年には13名に，水田が同年間に16.4haから9.8haに減少し，また非組合員（委託者）も2004年の24名が2005年には13名に，委（受）託水田も同年間に6.6haから3.1haに減少した。まさに本組合始まって以来の危機の到来であった。しかし，残った構成農家が若干の代替地取得を行い，また隣接集落の農家（委託者）からの借地を微増させながら，この危機に対抗しつつ，なんとか組織を維持・再生させて2013年には創立50周年を迎える事ができた。そして同年，組合員21名，水田10.4ha，非組合員（委託者）26名でその水田が8.7ha，計19.1haにおいて稲12.5ha，大豆6.1haを，また2014年春には

麦19haを収穫した。近未来の目標は，技術面では直播栽培の導入や畦抜きによる水田圃場の拡幅であり，経営面では法人化の検討だと本組合長は語る。

3）株式会社MYセンターの展開

　T市における激しい農地の転用とスプロール化，さらには農地価格高騰と農家の激減を目前に，1971年に当時のTK農協長の「危機意識」（花田 1972：p.63）のもとに提唱され結成されたのが本センターの前身である「TK農協経営受託組織」であった。本受託組織の特徴は，農協直営事業であったこと，T市南東部の3集落の70余の農家の50haほどの水田を受託する借地経営であったこと，オペレーターは農協職員4～5名が当たったこと等であった。

　なお，本組織は発足当時から近未来に農協とは別組織として独立・発展する計画であったが，それはようやく2007年に株式会社形態として実現した。こうして今日，企業形態は変わったが，経営内容は現在も発足当時と基本的に変わりない。すなわち2014年は，ほとんど上記の3集落の89戸からの55haの借地で，麦54haを収穫し，稲35haと大豆19haを作付けした。オペレーターは64歳の代表と38歳と34歳と28歳の4名である。経営収支は順調だが米単収は依然，県や市平均より若干低く，技術的問題を残している。その一要因は図5-4に見るように圃場分散であると思われる。

4）株式会社KSファームの創設

　さて，上記のHA組合は定年帰農者によるオペレーターという脆弱性をかかえ他方MYセンターも現在の機械施設・労働力規模と借地分散状況の下では利用面積拡大に限界があるため，ますます進行する本地域の農家の兼業深化と離農増加の結果，今後は今以上に出てくるだろう地区内の借地をこれら2経営体がこれ以上受け入れることは困難な状況にある。事実，すでに本地区の優良農地を求めて他地区からの入作が増加しつつあり，共同乾燥調製施設の利用率も低下傾向にある。

　このような地元の農家による地元の優良農地の利用がままならぬ状況に対して

第5章　西南暖地における水田農業の構造と展望

今般は農協（旧TK農協，新さが農協）の本地区の支所長が「危機意識」をつのらせ，関係者への働きかけの結果，KI地区内9集落（生産組合）を束ねる地区生産組合長会議での議論を通じて，農家アンケートの実施等を行いつつ，最終的に新たな受託組織設立準備委員会での検討を経て，2013年4月に設立されたのが株式会社KSファームである。

本ファームは，事務所と機械格納庫をID集落内に置き，メンバーは2014年現在37歳の代表と39歳と28歳の3名のみだが，農繁期には若干のパートを雇用している。早速T市の「人・農地プラン」に担い手の一員として登録され，また行政・普及センター・農協の支援も受け，初年度の2013年でも8.9haの借地が集まり，米4.6ha，大豆1.8ha，キャベツ2.5haを，また2014年春には麦7haとタマネギ2.5haを収穫した。そして2014年には借地がさらに7ha増え，米7ha，キャベツ6ha，大豆2.2haを作付けした。2014年秋にはタマネギを3.5haに増やす計画である。目下の販売の中心は米だが，メンバーの所得向上のため，今後はキャベツに力点を置く方針だと語る。

野菜（キャベツとタマネギ）以外は作付けは自前で行うが，防除や収穫は上記のKI地区機械利用組合に，また乾燥調製はKI地区の共同乾燥調製施設に作業委託し，努めて地域や農協との共存を図っている。また，2014

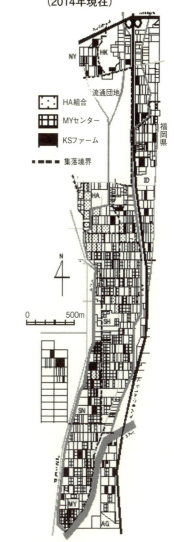

図5-4　3経営体の農地利用状況
　　　　（2014年現在）

HA組合
MYセンター
KSファーム
集落境界

資料：渡辺民子氏作成。

年春には春採り新タマネギを地元住民に直売し，将来は小中学生の農作業体験の受け入れ等もやりたい意向である。

5）小括―担い手の維持・強化を目指す地域的課題―

図5-4に本地区における上記3経営体による農地利用の現状を示した。2012年策定の「T市人・農地プラン」にはKI地区の担い手としてKI地区営農組合とその傘下のKI地区機械利用組合，ならびに上記の3経営体と認定農業者7名が掲載されている。本地区には市内他地区のみならず福岡県の農家による入作も少なからず存在し，農地利用は錯綜しているが，これら3経営体と認定農業者および市内他地区からの大規模農家経営[6]が既に本地区の農地のかなりの割合を利用している。中でもこれら3経営体の占めるシェアは40％弱に達する。この割合は決して低くない。

したがって今後とも，こうして関係者による長年の努力の積み重ねの結果，形成されたこのようなモデル的とも言える担い手のあり方を発展・強化させていく必要がある。そのための大前提は，激しい都市化の中で農業がマイナーとなったとは言え，新たに創設される農地中間管理機構とも連携しつつ，市の行政や農協が優良な農地と優秀な担い手をいかに位置付け，重要視し，とりわけ優良農地の連坦的な広がりをスプロール的な転用から守り維持させていくことができるかに掛かっている。

（2）中山間地域の果樹・施設園芸産地を支える水田作営農組織の持続的展開条件
1）課題

従来から稲作の比重の高かった佐賀県の農業も1970年代以降，中山間地域を中心に全国でも有数の果樹・野菜の施設園芸や肉用牛の産地が形成され，今日では多様な作物・部門構成となっている（小林 2013：pp.9～37）。そこで本節後半では，そのような中で山麓部の果樹・施設園芸産地の形成・維持を支える広域的な水田作営農集団の役割と展開・維持の条件を探ることを課題とする。

2）HT地区農業機械組合

　佐賀県北西部沿岸の中山間地域に位置するK市HT町は江戸期からの古いみかん栽培地であった（宮島 1958：pp.1～104）が，戦後高度経済成長期におけるみかん産地の本格的な形成とその後の再編を支えてきたのがHT地区機械利用組合（以下，HT組合）であった。すなわち，1960年代の「みかんブーム期」のみかん園の拡大に伴い，同時に栽培する零細稲作の省力・効率化が求められていた状況を背景に，1966年開始の水田基盤整備事業と1970年代の中型機械の実用化を契機に，農業構造改善事業を利用して1972年に町内一円の広域的な稲作機械作業受託組織として結成されたのがHT組合であった（今村 1983：pp.14～17，小林 1990：pp.105～108）。そして，本組合が今日まで実に40年余の長きに渡って，当初は100ha余の，現在では70ha余の町内一円の基盤整備田の一元的な稲作作業受託によって効率的・低コスト稲作生産を実現し，併せて構成農家の零細稲作作業の外部化によってみかんの栽培面積のさらなる拡大を成し遂げ，また1970年代以降の「みかん危機」（磯辺 1975：pp.11～19）に対して栽培地を露地から施設主体に切り替え，日本一のハウスみかん産地を形成する梃子となった点に注目したい。

　さて最近，組織再編が行われた。すなわち，これまで長年，本組合の特徴の1つは構成農家の多くが労働集約的な施設園芸農家であり年中多忙なため，オペレーター1人当たりの出役日数を少なくして負担を軽減するように40名を超える「多人数オペレーター制」を採用してきたことであったが，今日，兼業深化による若手オペレーターの確保難や機械の維持・保全を理由に2012年からその仕組みを4名（40代2名，50代60代各1名）の専属的なオペレーター制に切り替えた。2013年度のオペレーター賃金総額は670万円で，うち4名分が536万円（80％）であったが，4名の出役時間数はほぼ類似していたため1名当たり平均は134万円になる。これを仮に田植えと稲刈りの時給1,300円で割ると1,030時間，1日8時間で換算すると約128日に相当する。これらは『農業経営基盤強化法』（1993年）に基づくK市の「基本構想」（2011年策定）における1名当たり「主たる従事者」の目標年間労働時間2,000時間（250日）の約半分，目標年間農業所得440万円の

約3分の1の水準である。残りの所得をどこから得るか。組合自体がオペレーターの「主たる従事者」（=「効率的かつ安定的経営」）化を目指すか，組合の外で施設部門や自家農業の他部門から得る方向を目指すか。あるいは別の独自のあり方を選択するかの模索が目下なされている。

3）HD地区営農組合

　上記のHT組合から南西方向に山1つ越え，地形も農業形態もHT地区と類似のみかん産地のK市HD地区では，上記HT組合の発足・活動を目の当たりにして，1975年の県営圃場整備事業の完工を待って，同年，農業構造改善事業を利用して2ha規模のイチゴ団地の造成と併せて4集落の165戸よりなるHD地区営農組合という主に基盤整備田70haを対象とする稲作作業受託組織を結成した[7]。そして，翌年設置のライスセンターの傘下に入ることにより，HD組合は耕起から乾燥調製までの稲作全作業を担う広域的な営農集団として今日に至るまでの原型ができあがった。

　ところで，なぜHD組合が4集落単位の組織となったかは，物理的に水田が4集落で一塊にまとまっていること，社会経済的にも4集落で1農協支所，1小学校区，1区長というように一まとまりになっていたからである（以上，小林1990：pp.58～60）。

　こうして，HD組合は広域的な稲作作業受託組織という組織形態や活動内容のみならず施設みかんが主体だという構成農家の経営内容も上記HT組合と類似している。微妙な違いはHD組合の構成員には野菜主体の農家がHT組合より比較的多い点である。いずれにしても，近隣におけるこれら類似の2組織の形成・展開を同じ山麓（中山間）地域における果樹・施設園芸産地の広域的形成という地域農業の共通性として把握したい（小林 2013：pp.9～37）。

　さて，HD組合の今日的変化の1つは地区内の大規模肉用牛繁殖経営が徐々にWCS稲の栽培を拡大した（2014年で2ha）ことにより，耕起・代掻き・田植え作業はHD組合に委託するが収穫は自前で行うことから，今後ともWCS稲を拡大していくならばHD組合の収穫作業受託面積が減少していくことになるという点

第5章　西南暖地における水田農業の構造と展望

である。この点は将来HD組合の収入減につながる。

　そしてもう1点は，上述のように隣接のHT組合のオペレーター編成が多人数制から特定少人数の専属制に変更された点にかんがみ，これまで長年，HT組合を見習いながら多人数オペレーター方式を採用してきたHD組合も，今後どうするかの検討を開始した点である。

4）MH農業生産組合

　佐賀県北西部の山麓・山間地域の一角に位置するⅠ市北部のMH地区もかつては6集落からなるみかん産地であったが，1970年前後からの「みかん危機」を背景に，1971年に農協主導で山麓・山間部のみかん園をナシ・ブドウ園に転換し，併せて平坦水田部を基盤整備したことを契機に，同年に6集落の153戸が集い56haの水田を対象とする広域的な共同経営体を設立した。これがMH農業生産組合である。本組合も上記2組合と同様，中山間地域の果樹・施設園芸産地を支える広域的な水田作営農集団であるが，上記2組合との決定的な違いは水田作共同経営体であるという点である（小林 2005：p.130）。

　ところで，本組合の構成農家数と対象水田面積は発足当初の153人・56haから2013年の116人・35haへと減少したが，組織形態や経営内容に基本的な変化はない。ただし，近年の政策変更に対応して2012年水田作から米のみでなく転作大豆6.1haの作付けを開始し，また2014年産から麦作6haと備蓄米（転作）の作付けを開始した。

5）小括

　本節後半では山麓・山間地域での長年の果樹・施設園芸の産地形成に寄り添ってきた水田作部門の広域的な地域営農システムに注目し，現状で可能な近未来像に接近してみた。結論は，総論としては中山間地域農業論と重ね合わせて果樹・施設園芸産地を支える広域的な水田作営農組織という類似の形態と活動内容を持つ組織の形成という統一的な把握ができたが，近未来像を模索する各論においては各組織における詳細な検証による独自の方向性が考えられるというものであった。

第Ⅱ部 農：その構造と新たな展開

3．まとめ─集落営農と地域営農システムの近未来像─

　以上から総括できる事柄を抽出すると，第１点は，集落営農が広く形成されている地域でも同時に個別家族型大規模経営も並存しており，今後は両者がともに展開・発展する方向を競争・共存の中で探っていくことが重要であるという点である。そしてその際，2014年から稼動した農地中間管理機構も，このような方向に掉さすものとして位置付けられていく必要がある。同様に，施設の更新・設置には行政が，その運営支援には農協支所の役割が大きく，彼ら地域の関係者が多様な担い手を見守り支援する広域的な地域営農システムの構築とその維持・発展が改めて重要と思われる。

　第２点は，担い手の活躍する舞台である地域農業の多様性にかんがみ，それぞれの集落営農や営農集団の近未来の組織形態や経営内容のあり方も，補完組織か経営体化か，あるいは法人化かといった一律的な方向性ではなく，それぞれの地域農業が置かれた地理的・社会経済的条件下で急がずに関係者がじっくり検討を重ねて最適解を選択していくべきだということである。

註
（１）『平成19年度佐賀県農業の動き（佐賀県農業白書）』佐賀県，2008年，pp.71〜73。
（２）以下の３つの2010年農業センサス分析書を中心とする業績，なかでもそのことをいち早く，かつ克明に分析した橋詰登氏の業績が注目される。安藤光義編著『農業構造変動の地域分析』農山漁村文化協会，2012年，農林水産政策研究所編『集落営農展開下の農業構造』農林水産政策研究所，2013年，および安藤光義編著『日本農業の構造変動』農林統計協会，2013年。
（３）これら以外に，佐賀県の集落営農に関しては品川（2009：pp.135〜146）や辻（2010：pp.21〜28）の事例分析や論点提示も有効である。
（４）その概要は，①県平均像が経営面積50ha，米31ha，大豆13ha，麦33ha。②機械共同利用組織の割合が74％で突出。③導入割合最大の機械はコンバインで39％。④最大割合の共同作業は米・麦・大豆とも収穫で40％台。⑤オペレーター体制の組織割合は26％水準。オペレーターの年齢構成の最大は60代以上で39％。⑥目的で最も多いのは共同利用によるコスト低減の86％で断トツ。⑦今後も「必要」が52％だが「どちらかと言えば必要ない」と「現状では判断がつかない」が計45％あり，それらの理由の１位は「機械利用組合で十分である」の44％だが２位の「自分の都合で作業

したい」の38％と３位の「役員をするのが負担である」の35％および４位の「経営面積などの要件がないなら集落営農は必要ない」の33％も低くない。⑧法人化には「特に取り組んでいない」の43％が最大割合であった等である。

(5) えりさくら（佐賀市），南川副営農組合（佐賀市），嘉瀬の浦ファーム（鹿島市），貝瀬営農組合（同市），ファーム北志田（嬉野市），行合野（唐津市），小鹿ファーム（神埼市）の７法人である。

(6) 2014年現在，ＫＩ地区内の主に担い手の少ない集落において市内他地区から経営面積が35ha，25ha，15ha規模の３農家が少なからずの面積を借地して入作を行っている（小林による大規模農家面接調査結果より）。

(7)『HD地区営農組合設立総会提出議案』HD営農組合発起人会，1975年，p.23の組織図より。

引用文献

安部淳（2005）「平成６年度農業構造改善基礎調査報告書—福岡県鞍手郡鞍手町—」九州農政局

安藤光義（2008）「水田農業構造再編と集落営農」『農業経済研究』第80巻第２号，pp.67〜77

安藤光義（2013a）「2010年センサスの概要とポイント」安藤光義編著『日本農業の構造変動—2010年農業センサス分析—』農林統計協会，pp.1〜30

安藤光義（2013b）「日本型農場制農業を現場の視点から考える」安藤光義編著・山浦陽一・大仲克俊著『大規模経営の成立条件』農山漁村文化協会，pp.17〜34

長憲次・平川一郎・岩本純明・布木岸男・戸島信一（1994）「農業労働力と担い手問題」九州農業経済学会『国際化時代の九州農業』九州大学出版会，pp.77〜97

花田仁伍（1972）『鳥栖市における農業構造の変貌・展開』九州土地問題研究会資料第５号。

橋詰登（2011）「農地の所有・利用構造の変化と地域性」原田純孝編著『地域農業の再生と農地制度』農山漁村文化協会，pp.68〜105

橋詰登（2012）「集落営農展開下の農業構造と担い手形成の地域性」安藤光義編著『農業構造変動の地域分析』農山漁村文化協会，pp.28〜56

橋詰登（2013）「集落営農展開下での農地利用の変化と地域性」農林水産政策研究所『集落営農展開下の農業構造—2010年農業センサス分析—』構造分析プロジェクト研究資料第３号【統計分析】pp.110〜131

堀口健治（2012）「集団栽培から集落営農へ—佐賀平野での農業展開—」『農村と都市をむすぶ』2012年12月号，pp.4〜11

今村奈良臣（1983）「若いオペレーター群と複合経営」朝日新聞社編『新しい農村'83』朝日新聞社，pp.9〜37

磯辺俊彦（1975）「「兼業問題」とは何か」磯辺俊彦編著『みかん危機の経済分析』現代

書館，pp.11 〜 19
磯田宏（2005）「価格・所得政策からみた米政策改革」『農業問題研究』第58号，pp.1 〜 10
磯田宏（2006）「新たな施策の評価と水田農業への影響」『農業経済論集』第57巻第1号，pp.1 〜 13
磯田宏（2011a）「政策論理からの検証」磯田宏・品川優『政権交代と水田農業―米政策改革から戸別所得補償政策へ―』筑波書房，pp.11 〜 143
磯田宏（2011b）「政策推転とその下での米需給・価格および水田農業構造」『農業市場研究』第20巻第3号，pp.3 〜 23
磯田宏（2013）「TPP参加は日本農業の構造強化に資するか」『農業と経済』2013年10月号，pp.59 〜 70
磯田宏，近刊予定「大規模営農の形成―九州水田農業―」堀口健治・梅本雅編『大規模営農の形成』（戦後日本の食料・農業・農村第13巻），農林統計協会
陣内義人（1994）「日本農業における九州農業」九州農業経済学会『国際化時代の九州農業』九州大学出版会，pp.17 〜 31
小林恒夫（1990）『営農集団と地域農業』「日本の農業」第176集，農政調査委員会
小林恒夫（2005）『営農集団の展開と構造』九州大学出版会
小林恒夫（2013）『地域農業構造変動論』昭和堂
宮島昭次郎（1958）『浜玉蜜柑発達史』佐賀県農業試験場・浜崎玉島町
西川邦夫（2013）「組織経営体の展開と地域農業の構造変動」安藤光義編著『日本農業の構造変動―2010年農業センサス分析―』農林統計協会，pp.101 〜 140
小野智昭・杉戸克裕・高岸陽一郎・橋詰登・江川章（2012）「佐賀県佐賀市B地区」農林水産政策研究所『水田地帯における地域農業の担い手と構造変動―富山県及び佐賀県を事例として―』構造分析プロジェクト【実態分析】研究資料第Ⅰ号，pp.55 〜 95
品川優（2009）「佐賀県における集落営農の動向」農林水産政策研究所『水田・畑作経営所得安定対策下における集落営農組織等の動向と今後の課題』プロジェクト研究［経営安定プロ］研究資料第2号，pp.135 〜 146
品川優（2011）「農村現場からの検証」磯田宏・品川優『政権交代と水田農業―米政策改革から戸別所得補償政策へ―』筑波書房，pp.145 〜 231
谷口信和（2012）「佐賀県における集落営農組織の現段階と今後の課題」『農村と都市をむすぶ』2012年12月号，pp.12 〜 19
辻聡宏（2010）「佐賀県における集落営農の地域動向と展開方向」九州沖縄農研農業経営研究資料第12号，pp.21 〜 28
内海修一（1994）「水田集落の構造分化と担い手の存在形態」九州農業経済学会『国際化時代の九州農業』九州大学出版会，pp.289 〜 298
山口和宏（2012）「九州地域の構造変化と担い手経営の実態」安藤光義編著『農業構造

変動の地域分析』農山漁村文化協会，pp.261 〜 287
山口和宏（2013）「北九州地域の構造変化と集落営農組織の実態」『農業問題研究』第44巻第 2 号，pp.27 〜 34

第6章　九州における畑作農業の変貌と課題
―露地野菜と緑茶を中心に―

本章のねらいと構成

　九州の畑作農業を論じた研究（梶井編 1971，工藤編 1980）においては，古くから南九州地域とりわけ鹿児島県に焦点を当てている。農地に占める畑地面積のシェアが相対的に高いという地目構成[1]はともかく，当初より「保水性の弱いシラス土壌」，「市場遠隔性」，「台風の襲来」（梶井編 1971：pp.41〜42）といった，種々の不利さを与件にして展開する，畑作農業の土地利用やマーケット対応に大きな特徴があったからである。さつまいもとさとうきびは，その不利さを克服できる防災作物としての位置付けに加え，高温障害などにより夏場の品目選択に制約を受ける南九州地域の風土に適した品目として古くから重宝され，当該品目の作付面積シェアが全国でも際立って高いことは最も大きい特徴として広く認識されている。なお，前者のほとんどはでん粉原料用もしくは焼酎原料用，後者は精製糖の原料として供される工芸作物である。こうした工芸作物の比重の高い土地利用は，市場遠隔性を逆手にとり，容積を消費しない加工原料用の出荷を通じた輸送コストの低減を図った知恵の所産であるという評価も南九州畑作地帯を特徴づけるものであった。こうした理由から産地における風土や立地条件に由来する品目選択の制約に，でん粉原料用のさつまいもやさとうきびへの助成金制度が加わり，南九州の畑作地帯では，これら二つ品目が有する地位は依然として高い[2]。

　しかしながら，畑地の品目構成については，かつてのさつまいものほか，自家用もしくは飼料用として供されていた穀物が多様な野菜と緑茶へと急速に変わってきたことは確かである。野菜に関しては，1970年代を通して食料の需要拡大期や経済の高度成長期を迎える中で，都市化や労働力流出が進むにつれ，次第に衰退する消費地近郊産地に代わって九州の遠隔地までが野菜産地として包摂された。このような外部要因に加え，畑地における野菜への品目転換はもちろん，水田利

用再編対策の活用により水田にまで広がった野菜の生産基盤の拡大とともに，輸送インフラや農協系統共販体制の整備という産地自らの戦略的取り組みも野菜産地としての地位を確立するにあたって大きく貢献した（李 2013：pp.2～3）。緑茶については，1985年以後には過剰時代を迎え，旧産地が軒並み生産基盤を縮小する中で，昭和40年代からスタートした平地茶園の造成と乗用型摘採機をセットにした生産性の高い茶園管理システムの開発・普及が，その後の茶園面積や緑茶生産の拡大に勢いをつけたといってよい（工藤編 1980：pp.202～208）。

このように，南九州畑作地帯の農業構造とその特徴を整理するにあたっては，さつまいも，さとうきびとともに，それに代わって成長してきた野菜と緑茶といった多様な経営部門を，関連産業の動向を絡めて総合的に把握し，その変化と実態をトレースすることが欠かせない。とはいえ，さつまいもやさとうきびに関わりをもつ論議は，本書のほかの章において取り扱われているために，本章においては，重複を避け野菜と緑茶に対象を絞っていることを予め述べておきたい。

本章が野菜と緑茶を取り上げる視点は共通している。すなわち，従来の関連研究は，当該地域が有する風土，社会経済的条件に適した品目選択，技術体系に加え，プロダクトアウトをベースとした産地マーケティングを論じてきたことに対して，ここでは野菜や緑茶を取り巻くマーケット環境の変化に触発された野菜経営の新たな動向や緑茶産地が抱える問題に注目しているということである。とりわけ，九州の畑作農業の変化を捉え，今後を展望するに当たって，南九州畑作地帯に増えつつある，業務加工向け野菜の加工・販売事業に取り組む大規模農業法人経営の展開構造とともに，緑茶需要の低迷に伴う価格低下への対応を迫られている緑茶産地の課題へのアプローチが持つ意義は大きい。

註
（1）「耕地面積統計（2013）」によれば，鹿児島県の畑地面積は82,900haであり，これが全農地面積（12万2,000ha）に占める割合すなわち畑地率は約68％である。
（2）「作物統計（2011）」によれば，当該年度の鹿児島県のさつまいも収穫量は34万7,500トンであり，これが全国に占める割合は40.2％である。同数値をさとうきびについて確認すると，各々64万7,700トン，44.1％である。一方，「耕地面積統計（2013）」

からは，畑地におけるかんしょ（15.8％）と工芸作物（25.2％）の作付面積シェアは約40％に及んでいる。ちなみに，工芸作物には，緑茶，たばこなどが含まれているものの，その多くは加工原料用さつまいもとさとうきびである。

第1節　大規模法人経営による露地野菜経営の変革

　福田（2011：p.185）は，近年，野菜部門ではフードシステムの変化に如何に対応するかが，最も大きな課題であるとした上で，1990年代以降の九州畑作地帯では，その対応に促され，契約取引を基本とする業務・加工向け野菜の供給を事業とする大規模雇用型経営の展開が目立っていることを示した。南九州畑作地帯にみる新しい動きは，すでに久保田ら（2009：pp.64〜106）にも捉えられ，多くの農業生産法人が，地域農家との連携の下で，大手小売企業もしくは食品加工メーカーと直接取引を行っている実態を明らかにした。南九州畑作地帯の特徴を説明するにあたって，もはや業務・加工向け野菜の生産・販売を事業とする大規模農業法人の出現背景や当該経営の展開構造に対する理解が欠かせないという意味が込められている。そこで，本節においては，それら研究の延長において，加工・業務用野菜の需要に対応し，野菜の加工・販売に取り組んでいる，大規模農業法人の出現背景やこれら法人経営の展開構造を，ビジネスモデルとサプライチェーン（以下にSCとする）という語をキーワードにして改めて整理してみた[1]。

1．野菜経営を取り巻く環境変化―ビジネスモデルの広がりとその選択

　ビジネスモデルとは，「それによって収入の獲得ができ，かつ経営の再生産を可能とする事業を行う方法であって，事業に関わる価値連鎖内で自分の事業を特定して収益を得る方法を規定するもの（森田 2004：p.3）」と定義づけられ，「儲けのしくみ」とも言われる。

　近年，小売主導型流通システムの強まり，消費者の食の安全・安心への関心の高まり，調理の簡便化・食の外部化の進展などに伴い，野菜のビジネスモデルの選択肢が広がっている（李 2014：pp.150〜151）。複数の店舗をチェーンとして展開する大手小売企業は，自社の打ち出す製品政策，価格政策に基づいて，一定の安全性・品質・規格を揃えた商品の大量一括仕入れを好み，次第に市場経由の仕入れから，産地からの直接購入へとシフトした。また，残留農薬問題，冷凍餃

子事件，BSE，O-157といった一連のフードスキャンダルは，食料需要における国産指向を強め，野菜の輸入に歯止めをかけている。そうした中で，これまで輸入品に依存して原料野菜を確保してきた多くの食品加工メーカーや外食企業が，加工・業務用野菜の調達をめぐり，国内に仕入先を探し求めるようになった。このような野菜マーケットの環境変化により，農業法人には，スーパーマーケットや量販店への直接販売という選択肢のほか，加工・業務用野菜の出荷も1つのビジネスモデルとして加わった。さらに，食の外部化や調理の簡便化は，生鮮野菜については調理の一部を済ましたカット野菜のパック製品の需要拡大をもたらした。

ところで，欧米においては野菜の加工製品を1次から5次に区分する場合がある（Rábadeほか2006）。1次製品は生鮮のまま，2次製品は缶詰・瓶詰製品，3次製品は冷凍野菜，4次製品は野菜の洗浄，皮むき，カット，ミックスの工程を加えたパッケージ製品，5次製品は，加熱・調理済みの野菜製品である。ちなみに，近年は，1次野菜製品にも小分け・包装という加工が求められるほか，家庭内における調理の簡便化のニーズにより4次野菜製品の需要が大幅に拡大している傾向にある。さらに，これまで国内供給のほとんどを輸入に依存していた冷凍野菜（3次）は，その安全性が疑われる中で，国内産地にそのビジネスチャンスが広がるようになった。こうした中で，業務加工向けの野菜の加工・販売事業の導入に，今後の活路を模索している農業法人が増えつつあるということである。

そこで，冷凍野菜（3次）とカット野菜のパック製品（4次）を例[2]にあげ，各々のビジネスモデルが採用するサプライチェーン・マネジメント（以下にSCMとする）の特徴について整理した。今後，地域農業の再編をもたらしかねない，業務加工向け野菜の加工・販売事業の持続的な成長のために，一定の示唆が得られることを期待したからである。

2. 野菜の新しいビジネスモデルにみるSCM

（1）加工野菜のSC対応をめぐる争点

野菜に一定の加工を加え，スーパーや量販店，食品メーカー，外食企業へ直接販売するビジネスモデルにおいては，圃場から売場までをつなげたSCの構築が

不可欠である。消費者への安全・安心の保証のためには，生産・流通に関するすべての情報を記録，整理，伝達，モニタリングすることが欠かせないほか，一定の品質や安全性を有する野菜（定品）を，日々の発注情報に応じて，欠品を起こさずに，決まった時間（定時）に決まった数量（定量）を供給することが基本的な取引条件となっているからである（久保田ほか2009：p.67）。

青果物のSCにおいては，複数の産地に存在する多数の生産者，多様な品質，腐敗性，容積を消費する荷姿，供給の不安定性を特徴とするために，ほかの品目に比べて効率的な在庫管理のためのリードタイムが極めて短く，共通の品質管理を用いる定品質の製品の大量・一括仕入を特徴とする。そこで，大手チェーン型小売企業は，出荷ロットの大きい，少数の大規模取引先もしくは仕入元を選好するほか，製品の規格や小分け包装および集配センターの仕分け効率に配慮し，品質管理や受発注に関わる共通のシステムを整備した上で，生産から加工（選別・出荷調製）―売場への陳列を垂直に結ぶインテグレーションを進めている（Bijman 2012：p.9）。ちなみに，欧米においてプライベートスタンダードと呼ばれる，グローバルGAP（Good Agricultural Practice），BRC（British Retail Consortium）などは，このSC構築に必要な共通の安全性および品質管理を小売サイドの主導により標準化したものである（Trienekensほか2008）。さらに，大手小売企業は，このプライベートスタンダードをクリアした製品に自らのブランドを付し，小売側のマージンすなわち値入り率を予め確保した価格で販売する，いわゆるプライベートブランド（Private Brand，以下にPBとする）化を積極的に進めていることも，日本のみならず世界的な趨勢である（Hensonほか2005）。

（2）事例にみるSCMの実態
1）冷凍野菜の生産・販売―四位農園
組織の概要

「四位農園」は，現在（2013），従業員140人を擁し，約12億円の売上を達成している大規模農業法人である（**表6-1**）。自社農園の実面積が約200ha，うち所有地が約100haである。品目別の作付面積を見ると，ほうれんそうの2回転による

第Ⅱ部　農：その構造と新たな展開

表 6-1　事例の概要

社名	四位農園	夢かのや
会社形態	株式会社	株式会社
設立年次	1995	2010
農業生産法人	○	△（出資参画）
資本金	5,000万円	350万円
出資者	代表ほか個人	農業生産法人 青果販売会社 大手カット野菜メーカー
売上げ（2012）	約12億円	約5億5,000万円（2013年見込）
従業員数（2013）	約140名	約120名
事業部門	生鮮野菜の栽培 生鮮野菜の小分け・包装販売 冷凍野菜製品製造・販売 茶栽培および荒茶加工販売	カット野菜パック製品の製造販売 生鮮野菜の販売
主な品目	ほうれんそう，ごぼう，大根，小松菜，ケールなど葉物野菜	サラダパック 刻み小ねぎ ベビーリーフ 生鮮ねぎ
主な最終製品	3次（冷凍野菜）	4次（生鮮野菜パック製品）
取引先 （　）※売上げシェア	スーパー等小売企業（20%） 食品メーカーなど（25%） 外食チェーン（25%） 学校・企業給食（20%） 商社・食品問屋（10%）	大手量販店およびチェーン型小売企業（70%） 系列青果会社（30%）
スタンダード	グローバルGAP ISO 国内小売企業のプライベート認証 ICTを活用したトレーサビリティシステム	大手小売企業のプライベート認証
原料仕入れ	自社農園における播種前固定価格面積契約 一部，周辺地域の農家との契約仕入れ	出資メンバー生産者および系列生産者との播種前固定価格面積契約 一部，系列卸会社を通した市場仕入れ
納品価格	年間を通して固定・安定	年間を通して固定・安定
PB対応	○	○
リードタイム	1週間～数ヶ月	$D_0 \sim D_1$
受注数量	比較的安定	激しく変動

延べ面積が約200ha，ごぼうが50ha，だいこん・えだまめが40ha，こまつな，ケールなどの葉物野菜の3回転による延べ面積が約150haである。なお，これとは別に32haの茶園を設け，荒茶の生産・販売にも取り組んでいる。

「四位農園」の事業部門には，冷凍ほうれんそうの製造を中心に，野菜加工製品，荒茶の出荷，加工原料用野菜の出荷が加わっている。そのため，トンネルフリーザーを有する冷凍施設，荒茶工場，野菜の選別・小分け・包装施設など，多くの施設や設備を導入している。なお，冷凍ほうれんそうの販売が拡大するにつれ，本社のある小林市から離れた高原町に第2の冷凍施設を拡張したほか，その原料

の確保をめぐって，宮崎自然農園（都城市）を設立（2013年，約82ha）し，グループ会社として迎え入れた。さらに，近年は，生葉の荒茶加工に使用する技術を活かし，健康機能性をモチーフにしたヨモギなどの乾燥野菜の加工販売も手掛けている。

ビジネスモデルの選択

1970年代に後継者として就農した代表は，借地の集積による経営規模の拡大が困難であった時代背景の下で，農業生産よりも農産物のマーケット動向に目を向けた。市場からの引き合いに応じ，ごぼう，さといもなどを地域の新規作物として導入して，独自の販売を図ったものの，卸売市場という限られた流通経路しか選べないことに失望し，早くから加工業務用野菜のマーケットにビジネスチャンスを求めた。とりわけ，加工原料用の野菜は，食品メーカーへの安定供給のために，国内のオフ・シーズンには，商社による積極的な輸入が行われていることを知り，自らが加工向けのごぼう，さといもなどの土物類の生産を拡大しつつ，開発輸入の先駆け的な存在となった。しかしながら，度重なるフードスキャンダルが，輸入野菜に対する消費者のアレルギー反応を引き起こす中で，次第に開発輸入というビジネスは魅力を失った。

ところが，加工原料用野菜については，かつて輸入に依存していた一部の製品において，国内生産による代替が急がれる中で，新しいビジネスチャンスが生まれた。その典型が，2002年に基準値以上の残留農薬（コロルピリホス）が検出され，それ以降急速に輸入量が減少した冷凍ほうれんそうである（李 2014：p.159）。

こうした経緯を踏まえ，「四位農園」は，2002年以降，ごぼう，さといもなど露地野菜を生鮮のまま加工業務用として出荷する従来のビジネスモデルから，冷凍ほうれんそうの原料の生産からパッケージ製品の製造・販売へとビジネスモデルを大きくシフトさせてきた。

販売額および販売チャネル

現在の事業部門別の売上シェアを見ると，ほうれんそう（約5億円），さといも（2億円弱），えだまめ，こまつな（約3億円）といった冷凍野菜が売上のほとんどを占めている。生鮮野菜については，ごぼうが2億円弱，さといもが1億

円強で推移しているほか，一部カット野菜および乾燥野菜が合わせて2千万円程度である。このほかに，荒茶の売上が約1億円である。

「四位農園」が有する取引先の総数は，小売企業，中食，外食企業など，60～70社ほどである。カテゴリ別の売上シェアは，スーパーなどの小売企業が約20％，食品メーカーが約25％，外食産業が25％，食品卸（問屋）が約10％，学校や企業の給食が約20％となっている。

サプライチェーン・マネジメント

「四位農園」の品質管理は，気候，大地を生かした適地適作・適期適作を基本に，循環型農業（完熟堆肥を用いたこだわりの土づくり）を駆使し，品質および安全性の高い製品を作り上げることである。取引先が求めるスタンダードにも積極的に対応するなかで，こうした品質管理は，グローバルGAP（2009年）やISO（International Organization for Standardization，2008年）の取得を可能とした。さらに，早くからICT（Information and Communication Technology）を活用したトレーサビリティシステム（2000年）を導入し，生産履歴の記録によるリスクマネジメントはもちろん，品質コントロール（QC）にも役立っている。

ところが，年間延べ300ha強の圃場で統一した品質管理を施した上で，取引先の求めるスタンダードを維持することは容易なことではない。とりわけ，契約を介した周辺農家との連携においては，数量・安全性・品質に関する契約不履行がもたらすダメージは計り知れない。そのため「四位農園」では，可能な限り自社生産による納品カバー率を高めようとしているほか，周辺農家からの契約仕入の場合においても，栽培技術や栽培管理に関する営農指導やモニタリングを行っている。

冷凍野菜においては，後に見るカット野菜のパック製品に比べて相対的に定時・定量への柔軟な対応ができる。冷凍野菜のパッケージ商品は，生鮮より在庫の保持期間が長いため，納品タイミングに合わせた在庫管理が可能であり，数カ月から1週間程度と比較的長いリードタイムがある。さらに，日々の受注量が一定かつ安定的に推移しているために，数量調整が比較的容易であることも柔軟な対応を可能にしている。

とはいえ、露地野菜の場合は、生育管理の善し悪しに加えて、気象異変（高温、低温、乾燥など）による障害が品質や収量を左右するため、播種前の契約栽培が80％以上とはいえ、収穫量が見込み数量と一致しないという問題に悩まされる。さらに、生育中もしくは収穫後に受注数量が決まるスポット取引や、新規需要を予測した見込み需要への対応は、その情報の不確実性からマーケットの動向を読み取る経営者の能力（感覚、センス）に依存せざるをえない。

2）カット野菜パック製品の製造・販売―夢かのや
組織の概要

「夢かのや」は、カット野菜のパック製品を製造・販売する企業である。同社のビジネスモデルは、野菜の4次加工に該当するものであり、これには、冷凍野菜とはまったく異なるSCの構築が求められる。

「夢かのや」は、10名の正社員に加え、カット野菜の加工現場には100名前後の作業員を雇用し、約5億5,000万円を売り上げている加工野菜メーカーである（**表6-1**）。同社は、カット野菜のほか惣菜、ドレッシング、冷凍食品およびレトルト食品・ケーキ・菓子類などの製造が可能な設備を備えているものの、現在は、刻み小ねぎ、カット野菜をミックスしたサラダパック、ベビーリーフなど、スーパーの売場にすぐ陳列できるコンシューマーパックの製造・販売が主たる事業となっている。

売上に占める製品別のシェアをみると、サラダパックが約50％、刻みねぎが約15％、ベビーリーフが約5％、残りを生鮮ねぎの出荷が各々占めている。ちなみに、製品カテゴリは三つと少ないものの、各々の容器、重量、素材の組合せ、表示事項、ドレッシングの種類などが製品や取引先ごとに異なるために、包装形態で数えた製品数は100通り以上である。

「夢かのや」の特徴は、一つに産地立地型の加工野菜メーカーであること、二つに出資者の構成や地域の生産者との間に強いネットワークが構築されていることが挙げられる。一般に、加工野菜メーカーは鮮度保持や短いリードタイムへの対応のために、消費地近接型の立地を選択するなかで、「夢かのや」は、産地側

に加工場を設置している。その背景には、農林水産省の「国産原材料サプライチェーン構築事業（2010）」を受け入れるにあたり、鹿屋市周辺の農業法人を含む生産者が「大隅地区サプライチェーン協議会」を結成して取り組んだという経緯がある。

「夢かのや」の出資者は、野菜の生産者、農業生産法人、大手カット野菜メーカーによって構成されている。これをネットワーキングと表現した背景には、産地内における加工原料用野菜の確保、数量調整において生ずる過剰や不足への対応、当該産地のオフ・シーズンに備えた仕入れ体制の整備、販売先の確保をめぐる営業力の確保、代金決済における帳合先の確保といったカット野菜製品の加工・販売事業につきまとう種々のリスク管理に、各々の出資者が独自の役割を有しているからである。ちなみに、品質や安全性の保証と安定的な数量確保のためには、出資者以外の契約生産者が必要であるために、県内外に5つの農業法人、25戸の農家、延べ約190haからなる契約生産者グループを組織している。

「夢かのや」のビジネスモデル（4次製品の加工・販売）

「夢かのや」が採用しているビジネスモデルは、小売店舗の売場が求める受注情報に合わせて、確実な原料野菜の生産―仕入れを可能とし、衛生管理を徹底した加工場において仕様書どおりの容器・素材の組合せ・パック詰めを行い、最終製品を九州および関西地域の大手小売店舗にタイムリーに納品することである。

カット野菜のパック製品の加工工程は、製品により若干異なるが、①原料野菜の搬入、②在庫としての貯蔵、③トリミング（異物管理、品質チェック）、④洗浄、⑤前処理済み原料のコンテナ詰め、⑥製品仕様に合わせたカット、⑦殺菌・洗浄・すすぎ（水流し）、⑧脱水、⑨ブレンド（品目の組合せ）、⑩ボイル、盛りつけ、⑪ピッキング（納品先別・製品別の仕分け）、⑫出庫という、多段階のプロセスになる。とりわけ、盛りつけや水流し、ピッキング作業は、ライン上に多人数を配置し、手作業により行っているために、人件費の高いコスト構造を余儀なくされている。なお、衛生管理は最終製品に近づくにつれ、汚染区→半汚染区→清潔区と区分したキメの細かいチェックやモニタリングを行っている。

「夢かのや」の取引先は、大手チェーン型小売企業のほか、九州地域に展開す

る地方中堅スーパーマーケットの数社に集中しており，最終的に陳列される店舗数でいえば数十店舗となる。なお，大手小売企業に取引先が集中しているために，出荷製品の多くは大手小売企業のPBとなっている。

サプライチェーン・マネジメント

「夢かのや」においては，原料野菜の品質・安全性の確保という課題もさることながら，加工場内の衛生管理とりわけ異物の除去，アレルギー源をもつ原料の取扱いに細心の注意を払わなければならない。製品の安全性保証のためには，加工場内の工程管理を認証するスタンダードの整備が必要となるが，今のところ，大手小売企業へのPB対応のための指定工場の認証を取得しているだけである。なお，この大手小売企業のPBは，原料野菜の栽培方法にも統一した品質管理（減農薬・減化学肥料）を求めているため，仕入れ元となる生産者の圃場の認証の取得をもクリアしている。すなわち，販売先のPBが求める一定の品質を有する原料野菜が計画通りに集荷できるように，宮崎県を含む大隅半島全域の契約生産者に認証を取得させ，営農指導や作況のモニタリングを伴った定品の確保に取り組んでいる。今後は，グローバルGAP，ISO，HACCP（Hazard Analysis and Critical Control Point）の認証取得を予定しており，それに向けた圃場および加工場の環境を整えつつある。

「夢かのや」が供給するカット野菜パック製品は，シーズンを問わずに，毎日，売場に陳列され，値ごろ感のある小売価格を，年間を通してコンスタントに維持することが求められている。この取引条件を満たすために，原料野菜については，納品価格を下回る仕入価格の設定や年間を通じて計画的・安定的な数量の確保が前提となる。「夢かのや」は，産地内もしくは周辺産地の生産者との播種前の固定価格契約によって，品目の組み合わせ，納品数量，マージンなどを確保しているものの，一部とりわけキャベツについては，大手青果会社を媒介とした他産地からの仕入れによって対応していることが大きな特徴である。

サラダパック製品の原料野菜の約70％を占めるキャベツについては，オフ・シーズンである夏場の調達が産地内では困難なため，他産地のものを仕入れることを余儀なくされる。そこで，オフ・シーズンのキャベツの仕入れは，大手青果会社

第Ⅱ部 農：その構造と新たな展開

を取引パートナーとして迎え入れ、当該企業の産地開発や集荷能力をテコ入れして行っている。関西地域を本拠に年間売上350億円を誇る当該青果会社は、品質や価格条件に見合ったキャベツを、夏場のオフ・シーズンを中心に、「夢かのや」の加工ラインに供給している。そのほか、ねぎについては、不特定多数の生産者からの購入が抱える品質・数量面のリスクを緩和すべく、北海道をはじめとする他産地の生産者グループを連携生産者として確保しつつあることも定品―定量の確保のための戦略として特記すべきであろう。ちなみに、刻みねぎのパック製品やベビーリーフに使用する、葉ねぎ、ほうれんそう、ルッコラ、ミズナ、サニーレタスなどの多様な素材は、ほぼ契約生産者により産地内調達が完結している[3]。

一方、「夢かのや」が小売企業との間に構築しているSCにおいて、リードタイムは1日を基本としている。前日の遅い時間に受注した情報が、加工ラインに流れ、翌日早朝からの作業により、毎日（日量）7,000パックを基本に、週末には1万パック、年末年始には2万パックの製品を製造している。とりわけ、取引先ごとにPOSシステムを用いて日別に伝わる受注量の起伏は激しく、**図6-1**を見る限り、日々数千パックの変動を余儀なくされる。作業員は、日々大きく変化する100通り以上の製品仕様書を黙視し、ミスの許されない盛りつけやパック詰め、ピッキングといった細かい作業を行っている。このように、鮮度保持期間が比較

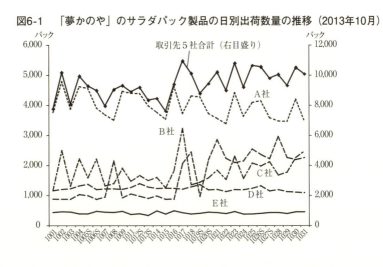

図6-1 「夢かのや」のサラダパック製品の日別出荷数量の推移（2013年10月）

的短い原料野菜を，貯蔵在庫をもって受注数量や短いリードタイムに合わせるほか，ケアレスミスを起こさずに定量・定時の納品作業を管理するということは至難の技である。

3．南九州畑作農業への示唆と今後の展望

（1）事例にみる示唆

　本節では，南九州畑作地帯とりわけ宮崎県小林市・都城から南に広がる大隅半島において，一定の加工プロセスを加えた野菜を小売企業，食品加工メーカー，外食企業との直販事業により供給している大規模農業法人が増えつつあるという実態に注目した。以下に，九州畑作地帯に広がりつつある，野菜加工ビジネスモデルを成長に導くにあたって，事例が示唆する点を整理した。

　1点目は，加工野菜の直販事業においては，消費者に安全・安心を保証すべく，トレーサビリティシステムの整備をはじめ，品質や安全性に関するスタンダード（GAP，ISO，HACCPなど）を積極的に取得することが重要であるということである。2点目は，大手の取引先の求める大規模出荷ロットに応じ，定品・定量の納品条件を満たし得る原料野菜の安定的な確保のためには，個々の法人では完結せず，農業法人を含む周辺地域の生産者や関連企業との連携もしくはネットワーキングが必要であるということである。3点目は，大規模農業生産法人のSCMを効率的に遂行するために，圃場から販売までをつないだ「見える化」への取り組みが求められるということである。とりわけ，ICTを活用した「見える化（藤井 2014：p.200）」が実現できれば，トレーサビリティシステムの構築はともかく，投入物や労働コストの正確な計算による原価把握，従業員への適格な作業指示や指示通りの作業遂行，圃場における生育情報，収穫予想，受発注情報，在庫情報のマッチングが一元的に管理できるメリットがある。4点目は，「天候の影響による欠品もしくは過剰の発生」，「納品ミスによるクレーム」，「仕入原価を下回る納品価格による販売損」，「代金決済の遅れによる資金の凍結」，「取引先の経営不振による貸し倒れ」，「見込み需要の読み間違いにより失われる売上」，「マーケットトレンドの変化もしくは取引先の戦略変化によるサンクスコスト（埋没費用）

の回収不能」などの種々のリスクを意識したリスク管理が必要であるということである。ちなみに、これらリスクの発生頻度や発生による被害などが、ビジネスモデルによって大きく異なることを認識する必要がある。5点目は、消費者ニーズや取引先の売上貢献に配慮した、取引先への新しい製品開発・提案を最もプライオリティの高いマーケティング戦略として位置付ける必要があるということである。

(2) 今後の課題と展望

現在、国内における野菜作付面積は消費地近郊野菜産地を中心にいずれの産地においても減少し続けている。今後においても、農家の高齢化による生産者の減少が予想される中で、農家をベースとした野菜の供給基盤は一層脆弱化していくことが考えられる。

こうした中で、国内に比較的需要が大きい主要野菜の生産水準は年々低下し、国産による供給が逼迫している状況にある。とりわけ、国内生産水準が著しく低下している品目（例えば、ほうれんそう、ばれいしょ、トマト、きゅうり、だいこん、さといもなど）は、南九州畑作地帯に展開する大規模農業法人が主力とする野菜である（李 2014：p.165）。これらの野菜は、これまで輸入への依存により国内供給が満たされていた品目であるが、今になっては、輸入野菜の安全性を懸念する消費者の多くが国産野菜を求めるマーケット環境の変化を迎え、国内の供給不足の問題を抱えている品目であるといって差し支えない。したがって、農家の高齢化に伴い、借地の集積により経営規模の拡大に成功した大規模法人経営が当該野菜の生産拡大を実現し、業務・加工向け野菜および加工野菜の需要に的確に対応すれば、大きなビジネスチャンスを見つける可能性は高いといえる。

一方、このようなビジネスチャンスの拡大は、畑作地帯の大規模法人にとって好ましい環境ではあるものの、業務・加工向け野菜や加工野菜の生産・販売事業に求められる、SC構築に付きまとう種々のリスク、取引先からの低価格への圧力、SCMにおける工程管理や労務管理の難しさ等々を考慮すれば、当該ビジネスモデルを成功に導くことは容易ではない。そういう意味では、野菜経営がとり得る

第6章　九州における畑作農業の変貌と課題

各々のビジネスモデルに適した効率かつ安定的なSC構築をベースとした，地域の農家・関連企業・団体を広く巻き込んだネットワーキングやICTを活用した法人経営のマネジメントシステム，標準化を止揚し差別化・個性化・取引先への製品提案を意識した多彩な品種および製品開発，業務加工向け野菜の直販事業に付きまとうリスクの把握とその対応，生産者と取引先双方にとって付加価値を高めるバリューチェーン構築，フードチェーンにおいて生産サイドがカバーすべきポジショニング，従来の家族経営と異なる企業経営に求められる人材像やその育成・管理のノウハウ，大規模法人経営間もしくはビジネスモデル間の経営資源（農地，労働力など）調達をめぐる競争と協調メカニズムの解明[4]等々，これまでの研究成果の蓄積が乏しい新しい研究領域への積極的なチャレンジが求められている。

註
(1) 李（2014）は，（株）東京商工リサーチが提供する九州地域の農業法人データを分析し，近年の農業法人数の増加は露地野菜経営が牽引しているほか，その半数以上が農協系統共販や卸売市場への出荷を介せずに，自ら販売事業に取り組んでいることを明らかにした上で，業務加工向け野菜の生産・販売というビジネスモデルが選択できるようになった背景とともに，これらのビジネスモデルの有するサプライチェーンの特徴を整理している。なお，本節の一部とりわけ事例については，その研究成果をそのまま転載している。
(2) 本節には，冷凍やカットという野菜加工プロセスを必要とするビジネスモデルのみを取り扱っているものの，生鮮野菜の小分け・包装による直販事業も業務加工向け野菜のビジネスモデルとして多くの農業法人や農協系統販売にも広く採用されている。それに関連する研究成果としては，李（2013）および坂上（2013）を参照されたい。
(3) 計画書に示されている契約面積の内訳は，葉ねぎが124ha，ほうれんそうが140ha，スナックえんどうが4 ha，小松菜が3 ha，白ネギが13ha，レタスが5 ha，大根が5 ha，ブロッコリーが3 ha，ベビーリーフが13ha，きゅうりが2 haである。
(4) この点について，李（李・坂井 2013：p.164）は，農地の追加的確保または利用調整は，集落を調整機構とする水田地帯と違って，異なるビジネスモデルを採用する各々の大規模法人経営が，契約農家との間に自ら構築するネットワークで完結する傾向が強いと指摘している。畑作地帯における大規模法人経営の展開をめぐっては，水田地帯と異なる，ビジネスモデルの相違を考慮した独自の地域資源の利用調整が必要であると考える理由である。

第2節　緑茶経営の動向と特徴

1．緑茶経営をめぐる諸環境

（1）緑茶の需給動向

わが国の緑茶栽培面積は，1980年頃の6万1000ha程度をピークに年々減少し，2012年には4万3200haにまで縮小している。また，これに伴って，緑茶栽培農家数も著しい減少を続けてきた。この間の緑茶の需給動向を**図6-2**によって確認してみると，次の事実が指摘できる。

まず，需要面については，1975年前後に11万2000トンに上った国内の荒茶消費量（国内仕向量）はそれ以降減少に転じ，その傾向は1990年まで続いた。その後，年次変動を伴いながらもいったん増加傾向となり，2004年に11万7000トンのピークを迎えるに至った。しかし，その後ふたたび消費量は減少しはじめ，その傾向

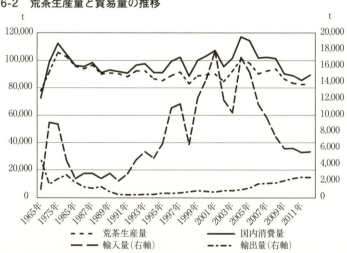

図6-2　荒茶生産量と貿易量の推移

資料：平成25年度版茶関係資料，公益社団法人日本茶業中央会，2013年6月，p. 48より筆者が作成。

第6章　九州における畑作農業の変貌と課題

は現在も続いている。一方の供給面については，国内の荒茶生産量をみると，1980～83年頃の10万2000トン余りのピーク時から，2003年からの5年間ほどを除いて，ほぼ一貫して減少してきた。

　このような状況を反映して，1987年頃から国内の荒茶消費量と生産量の間のかい離は次第に大きくなり，それは2005年頃まで拡大した。この需給のかい離を補完したのは海外からの輸入量の増加であったが，これも2004年の需要をピークに大きく減少に転じている。他方で，1990年代の初頭から国産茶の輸出はわずかながらも堅調に伸びつつある。今後，国産茶に対する海外市場のいっそうの拡大に期待が寄せられている状況がある。

(2) 製品茶市場の動向

　1990年以降の荒茶消費量の増加は，PETボトル茶など緑茶ドリンクの製造量及び消費量の増大と関係がある。平成以降，緑茶ドリンクの製造量は急増し，それによる原料茶需要の増加が荒茶需要全体を押し上げてきた。しかし，2005年以降は，緑茶ドリンクの製造量はやや減少傾向を示すようになっている。それまで急速に成長した緑茶ドリンク市場も成熟期を迎えており，このことが近年の荒茶需要減少の原因のひとつであるとみられる。最近の緑茶の機能性などを強調した多様な新商品の登場は，緑茶ドリンク需要の回復・拡大を期した新たな市場対応の表れであると理解できる。

　このように，緑茶ドリンクの市場拡大がリーフ茶需要の縮小に拍車をかけたことはしばしば指摘されている（小林 2013：p.197）。リーフ茶と緑茶ドリンクの消費金額の推移をみると，1998年以降，近年までリーフ茶と緑茶ドリンク（茶飲料）への支出合計にほぼ変化がなかった中で，リーフ茶への支出額は大幅に減少し，緑茶ドリンクへの支出が増加している。特に2007年以降は，後者の支出金額が前者を上回るようになった。このようなリーフ茶への支出金額の減少は，主として購入量の減少によるものである。それに加えて，最近年では，次第に，購入単価の低下もリーフ茶への支出金額減少に影響を与える要因になりつつある。

　リーフ茶と緑茶ドリンクの購入層の属性を知るために，収入階層別と世帯主の

年齢別の購入金額をみてみると，ほぼすべての収入階層で緑茶ドリンクへの支出がリーフ茶へのそれを上回っている。また緑茶ドリンクへの支出金額と収入階層の間にはかなりはっきりした正の相関が認められる。そのなかで相対的にリーフ茶への支出金額が多いのは収入300〜350万円の中心的な階層と収入1000万円以上の高収入階層である。その一方で，350万円から850万円の間の収入階層では階層が上がるほどリーフ茶への支出金額が低下しているのは，なかなか興味深い事実である。

世帯主の年齢別には，39歳未満の若年世帯では消費支出のほとんどは緑茶ドリンク向けとなっている。また50歳代以上になると，リーフ茶への支出金額が次第に多くなってくるが，60歳代であってもリーフ茶と緑茶ドリンクの支出金額はほぼ等しく，リーフ茶への支出が上回るのは70歳代以上の世帯に限られる。

これらのことから，ほぼ収入や年齢にかかわらず，現在では緑茶ドリンクが緑茶の消費形態のほぼ中心的な位置を占めていることがわかる。そのため，リーフ茶の消費向上には難しさは伴うもののいっそう工夫を凝らしたマーケティング戦略が求められるとともに，当面は緑茶ドリンクの需要回復に向けた取り組みの意義が改めて強調される必要があろう。

（3）緑茶生産と荒茶価格の動向

図6-3は全国の荒茶生産量の推移を茶種別に表示したものである。これから，荒茶の総生産量は1975年頃の10万5000トン前後をピークに漸減してきたことがわかる。そして1995年に8万400トンで底を打った後，2004年にいったん10万トン超まで回復したが，その後は再び減少に転じ，2012年の荒茶生産量は8万5900トンとなっている。これを茶期・茶種別にみてみると，一番茶と二番茶は同期間にわずかの年次変動はあるものの一貫して減少基調にあった。これに対して，生産量を伸ばしたのが秋冬春番茶である。つまり，高級茶生産が減少する一方で，緑茶ドリンク向けなど加工原料用茶の増産が続いてきた。

こうした荒茶生産量の変化は，ひとつには単位面積当たり収量の伸びの違いによってもたらされてきた。すなわち，1970年頃以降，一番茶，二番茶の単収はわ

第6章 九州における畑作農業の変貌と課題

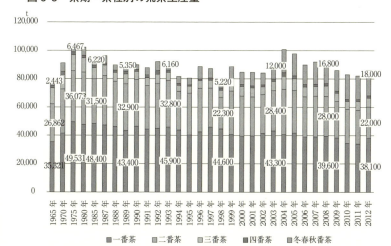

図6-3 茶期・茶種別の荒茶生産量

資料：平成25年度版茶関係資料，公益社団法人日本茶業中央会，2013年6月，p.9より筆者が作成。
注：1）1994年〜1999年の（ ）内は主産14府県（埼玉，静岡，岐阜，愛知，三重，滋賀，京都，奈良，福岡，佐賀，長崎，熊本，宮崎，鹿児島），2000年は13府県（岐阜を除く），2001年は12府県（滋賀を除く）の計である。
　　2）2005年以降は主産調査。5年毎に全国調査となる。16府県（茨木，埼玉，岐阜，静岡，愛知，三重，滋賀，京都，奈良，高知，福岡，佐賀，長崎，熊本，宮崎，鹿児島）。

ずかに上昇したに過ぎないのに対して，秋冬春番茶では2倍以上にまで伸びてきている。

平成以降における茶期別，茶種別生産者価格の全国平均値をみると，普通煎茶の生産者価格は，茶期にかかわらず低下傾向を示しており，特に一番茶の価格は800円近くも落ち込んでいる。また，二番茶と三番茶も一番茶ほどではないものの，それぞれ500円以上と100円以上低下しており，全国的に茶栽培経営の収益性を大きく悪化させてきたことが伺える。その一方で，番茶に関しては，生産者価格はそもそも300〜400円程度と低いが，煎茶と比べると最近10年は比較的安定的に推移してきたとみられる。

（4）産地の動向

以上のとおり，茶栽培経営が直面している価格条件は一般に悪化している。そ

こで，そのような状況下における茶産地の動向に関して茶栽培農家数と茶園面積の推移をみてみると，1999年時点で全国の茶栽培農家数の66％を占めた16の主産県すべてで栽培農家数は一貫して減少しており，とりわけ熊本，宮崎，鹿児島といった南九州で栽培農家数が激減した。

また，各主産県の茶栽培面積の推移をみると，従来どおり静岡県の栽培面積が飛び抜けて大きいが，1980年以降になると，その静岡県も含めて，関東・東海・中部・近畿・四国の主産県で栽培面積が大きく減少したのに対して，九州の各県では比較的栽培面積を維持している。なかでも，唯一，鹿児島が栽培面積を拡大していることは注目される。

これらのことから，九州の各産地では産地構造を顕著に改善しながら諸環境の変化に対応して，次第にその地位を高めていることが想像される。そこで，次項で九州各主産県の動向と特徴をやや詳しく検討する。

2．九州における緑茶経営の動向と特徴

（1） 全般的状況

表6-2は，近年における九州各県の茶栽培面積と荒茶生産量を示している。また，同表には比較のため，全国と静岡，三重，京都の動向も示した。これによると，九州では佐賀，熊本，宮崎，長崎の順に栽培面積の減少が大きく，主産県ではないものの大分の栽培面積の増加が確認できる。九州全体としては，2008年から2012年の5年間で100haの減少が起こったが，栽培面積の対全国比は33.0％から34.4％へと1.4ポイント上昇している。また，荒茶生産量をみると，県別には減少量の多い方から宮崎，佐賀，熊本，長崎の順となっており，九州全体では456トンの減少である。ただし，総生産量の対全国比は38.2％から41.3％へ3.1ポイント上昇しており，全国における九州の茶産地としての相対的地位は上昇していることがわかる。

さらに，茶期別・茶種別の茶生産実績をみると，これには各主産県の特徴がよく表れている。まず，福岡は玉露，かぶせ茶の生産量の多さに象徴されるとおり高級茶産地としての地位を確立している。佐賀と長崎は，主流の煎茶でなく，独

第6章 九州における畑作農業の変貌と課題

表6-2 九州の茶産地における近年の茶栽培面積と荒茶生産量

主産県	茶栽培面積（ha）					荒茶生産量（トン）				
	2008年	2009年	2010年	2011年	2012年	2008年	2009年	2010年	2011年	2012年
全国	47,681	47,180	46,767	45,134	45,403	94,719	84,563	83,478	82,076	86,447
静岡	19,700	19,200	19,000	17,500	18,500	40,100	35,000	33,400	33,500	33,400
三重	3,260	3,250	3,210	3,210	3,170	7,490	6,600	6,370	7,345	7,900
京都	1,599	1,620	1,640	1,639	1,641	2,704	2,679	2,716	2,621	3,164
福岡	1,590	1,600	1,580	1,580	1,580	2,312	2,310	2,376	2,140	2,423
佐賀	1,030	1,020	1,010	992	966	1,776	1,630	1,565	1,556	1,592
長崎	780	775	750	749	753	913	856	880	888	860
熊本	1,630	1,620	1,610	1,600	1,580	1,668	1,480	1,346	1,420	1,490
大分	388	406	424	426	444	303	349	351	300	380
宮崎	1,650	1,630	1,630	1,620	1,620	3,215	2,749	2,917	2,616	2,986
鹿児島	8,660	8,690	8,690	8,670	8,680	26,000	23,400	24,600	23,800	26,000
九州計	15,728	15,741	15,694	15,637	15,623	36,187	32,774	34,035	32,720	35,731
対全国比	33.0%	33.4%	33.6%	34.6%	34.4%	38.2%	38.8%	40.8%	39.9%	41.3%

資料：平成25年度版茶関係資料，公益社団法人日本茶業中央会，2013年6月，p.17をもとに筆者が作成。
注：大分県は主産県には含まれない。

特の蒸製玉緑茶の産地として成立している。また，鹿児島は，静岡に次いで全国第2の大規模産地であるが，南九州の温暖な気候を生かして，他のどの産地よりも早い4月上旬の早出し一番茶から8月下旬の四番茶の終了まで継続して摘採を行い，10月以降も相当量の秋冬番茶を加えた長期収穫・出荷の産地体制が整っている（鹿児島県茶業会議所：p.4）。

以上に指摘したような産地間の異なる様相が，産地成立の歴史性のほか，立地の自然条件や資本装備の程度に影響を受けていることはいうまでもない。

そこで，まず，茶園の傾斜度別分布状況をみると，九州の各産地では，佐賀，福岡，長崎の北九州で全国と比較しても傾斜地に立地する茶園の割合が高い。特に佐賀では，茶園の40％以上が傾斜10度以上の急傾斜に分布している。一方，鹿児島，宮崎，熊本など南九州では，傾斜5度以内の平坦地から緩斜面に分布する茶園の割合が高いうえ，全体の80％以上が傾斜10度以下の茶園である。特に鹿児島は，100％の茶園が傾斜5度以下に分布しており，茶園の立地条件はとりわけ良好である。

こうした茶園の傾斜度別分布の違いは，大型機械の導入など機械化の進展に大きく関係する。**表6-3**に示すとおり，九州の主産県における乗用摘採機の普及度

表6-3 九州の茶産地における資本装備の整備状況（2012年）

主産県	乗用型摘採機 台数(台)	乗用型摘採機 面積カバー率	乗用型防除機 台数(台)	乗用型防除機 面積カバー率	乗用型中刈機 台数(台)	乗用型中刈機 面積カバー率	乗用型施肥機 台数(台)	乗用型施肥機 面積カバー率	常霜茶園面積（ha）	うち要対策面積	既対策面積率
全国	6,183	57.6%	2,191	13.6%	1,131	9.2%	286	4.9%	33,409	32,118	81.7%
静岡	2,948	…	204	…	373	…	155	…	10,336	10,336	89.0%
三重	296	33.8%	120	23.1%	21	4.1%	19	3.5%	3,000	2,974	65.7%
京都	73	13.0%	1	0.5%					1,533	1,533	94.1%
福岡	212	54.8%	95	34.7%	46	23.1%	24	9.0%	1,409	1,294	89.7%
佐賀	140	21.4%	17	2.4%	12	3.3%	0	0.0%	808	806	75.6%
長崎	111	48.8%	32	36.8%	22	29.1%	11	13.6%	483	508	78.5%
熊本	126	37.3%	77	24.9%	41	21.0%	12	7.0%	1,084	984	62.1%
大分	37	42.8%	13	20.3%	9	22.5%	5	22.5%	163	133	45.1%
宮崎	238	65.9%	205	61.1%	65	51.8%	43	33.9%	1,218	1,218	86.3%
鹿児島	1,382	91.0%	1,349	…	482	…			8,680	7,876	88.1%

資料：平成25年度版茶関係資料，公益社団法人日本茶業中央会，2013年6月，p.21及びp.22より筆者が作成。
注：1) 大分県は主産地に含まれない。
　　2) 摘採と防除と中刈のユニットがそれぞれ兼用できる複合機は重複カウントされている。
　　3) 「面積カバー率」は，茶栽培面積に対する作業機械の導入面積の割合。
　　4) 「既対策面積率」は，凍霜害防止要対策面積のうちすでに対策が施された面積の割合。

（面積カバー率）は，鹿児島と宮崎を除く各県で全国平均を大きく下回っている。一方，乗用型防除機，乗用型中刈機は，佐賀を除くすべての県で全国平均を上回って普及している。鹿児島の面積カバー率は明らかでないが，導入台数ではそれぞれ全国の62％と43％を占めていることから，ほとんどの茶園で利用されていると考えられる。また，乗用施肥機も導入実績のない佐賀を除くと九州では全国平均より普及が進んでいる。さらに，茶の品質や土地生産性に影響を及ぼす茶園の凍霜害対策の進展状況についてみてみると，福岡，鹿児島，宮崎で約90％が完了している一方で，熊本，佐賀，長崎，大分で全国平均よりも低い対策率となっている。

九州各主産県の特徴については，荒茶の生産者価格の動向にも注目してみよう。図6-4には一番茶から三番茶の普通煎茶と秋冬春番茶の県別価格を示している。これらからは，どの茶期・茶種においても福岡の価格が，全国平均を上回り突出して高く，高い市場評価を得ていることがわかる。鹿児島の価格は，二番茶で全国平均をやや上回っているが一番茶と三番茶はほぼ全国平均並みである。一方，生産量の多い番茶は，近年，全国平均よりもやや低めに推移している。その他の宮崎，熊本，佐賀では，価格面で全般的に苦戦している状況が伺われる。

第6章　九州における畑作農業の変貌と課題

図6-4　九州主産県の茶期別荒茶（普通煎茶）と秋冬春番茶価格の推移

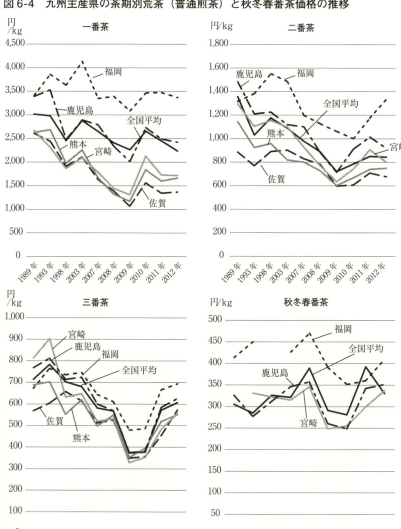

資料：平成25年度版茶関係資料，公益社団法人日本茶業中央会，2013年6月，p.42及びpp. 44-45より筆者が作成。
注：全国茶生産団体連合会調査。平均は各県の価格の加重平均。ただし，茶期時点別の報告にもとづくため，最終値と若干の相違がある場合がある。

（2）九州主産県の産地マーケティングの課題

　以上の分析結果にもとづいて，その特徴によって九州主産県をグループ化すると，次のようにまとめられよう。第1は，北九州の小規模産地で，伝統本玉露など労働集約的な高級茶生産も維持しつつ，資本集約度を高めて高品質な緑茶生産の拡大を図るという2つの展開方向を同時追及している福岡である。第2は，同じく北九州の小規模産地で，特色ある玉緑茶を生産の主力とするが，比較的高標高と急傾斜という不利な立地条件のため収穫期の遅れによる低価格と労働集約的な生産を余儀なくされ，やや停滞状況にあるとみられる佐賀と長崎である。第3は，南九州の温暖な気候と平坦な土地条件の有利性を生かした収穫期間の長期化と機械化による労働生産性の改善を通じて，低コスト生産による収益性向上を進めている鹿児島である。最後に，第4は，同じ南九州で資本装備の充実を図りつつも価格面で課題を抱える宮崎と熊本の例である。

　そこで次に，これらのうち福岡，佐賀・長崎，鹿児島を対象にして，既存研究によって指摘されてきた知見にもとづいて，主に今日における各産地のマーケティングの課題について整理して言及しておきたい。

　まず，福岡の八女茶産地の現状と今後のマーケティング課題について検討した李・辻（2012）は，次のように指摘している。すなわち，現在，JA全農ふくれん八女茶取引センターで取引される煎茶の統一ブランド「福岡の八女茶」の市場における高評価も少なからず特に星野地区で少量生産されている最上級の伝統本玉露の名声によってもたらされているという側面がある。しかし，星野地区の伝統本玉露はその極めて労働集約的な生産による低収益性，高齢化，「八女茶」ブランドへの量的統合が進展し「星野茶」ブランドが後退する状況のもとで栽培従事者の生産意欲の減退が危惧され，存続の危機といっても過言ではない。こうした現状に直面して，今後の産地マーケティングについては，産地の伝統と生産者の誇りを守るという観点から，JAや県も一体となって産地全体を上げて，再度，福岡の最上級ブランドとなる「星野茶」の復権を図ることが課題になるということである。

　次に，佐賀及び長崎における西九州茶流通センターの「嬉野茶」ブランドにつ

いて検討した李・辻（2007）は，次のように今後の産地マーケティング課題を指摘している。すなわち，今日の荒茶価格の低迷を契機として，生産者の間には現状の「嬉野茶」のマーケティング活動に対する不満がくすぶり始めている。そこで，産地内の複数の有力生産組合の中にはそれぞれ独自の小売販売戦略を活発にしようとする動きも強まりつつある。こうした動きは，生産者自身が現状を変えようとする積極的な姿勢の表れとして評価できる反面，将来的に「嬉野茶」産地としての一体性に影響を及ぼす可能性も否定できない。確固とした産地全体のマーケティング戦略のなかで，こうした自発的かつ積極的な個別マーケティング対応を適切に位置づける試みと体制の強化が課題である。

　最後に，鹿児島の産地マーケティングの課題について，県内最大の荒茶生産量を誇る南九州市を対象にして検討した李（2012：pp.43～45）によると，その核心は，遠隔・後発産地であるがゆえに知名度の低い荒茶加工産地として位置づいてきたことからの脱却であり，それには最終製品を生産する仕上げ茶加工ビジネスを地域に根付かせ，その製品に「知覧茶」の冠をつけた地域ブランドによる売り手優位の産地マーケティング戦略の構築が必要であるとされている。このため，仕上げ技術の確立，魅力ある製品の開発，仕上げ加工部門の導入後はそれが頂点に立って生産段階と荒茶加工段階を管理する仕組みづくりが課題となることが指摘されている。

3．おわりに

　本節では，既存の統計にもとづいて近年の茶農業を取り巻く諸環境を分析し，その下での国内茶主産県の構造変化の実相を明らかにした。そして，九州の茶主産県に焦点をあて最近の動向とその特徴に関する検討を行い，今後の展開に向けた産地マーケティングのあり方について整理した。

　その結果，緑茶需要の低迷と価格の低下という厳しい市場環境のなかで，九州の主産県はそれぞれに健闘し，九州全体として国内の茶生産における相対的地位を高めている状況が明らかになった。また，それとともに，各主産県は，今後の展開に向けて産地マーケティングの再構築を図ることを中心として，それぞれに

新たな産地戦略確立の挑戦に迫られていることを指摘した。

　このたびの食料・農業・農村基本計画（2015年3月31日閣議決定）では，2025年度の茶の生産数量をほぼ2008年当時の水準に保つことを目標にしている。しかし，現実には，以前の基本計画の間も減少傾向に歯止めがかかってこなかった。このような困難な状況の中ではあるが，改めて各主産県の茶業の活性化に向けた努力に期待したい。

引用文献

Bijman, Jos（2012），*Support for Farmers' Cooperatives; Sector Report Fruit and Vegetables*, Wageningen: Wageningen UR, pp.1-57

藤井学（2014）「ICTと再生可能エネルギーによる農業高度化」『アグリプレナーが拓く農業新時代—未来につながる農業経営と農業ビジネスの新しい地平』（九州経済白書2014年版）公益財団法人九州経済調査会，pp.189〜214

福田晋（2011）「我が国農業構造の到達点と展望—水稲・畜産・野菜の比較検討を通して」『農業経済研究』第83巻第3号，pp.175〜188

Henson, Spencer and Reardon, Thomas（2005），Private agri-food standards: Implications for food policy and the agri-food system, *Food Policy*, Vol.30, pp.241-253

鹿児島県（2014）『平成26年度茶業振興対策資料』

梶井功編（1971）『限界地農業の展開』御茶の水書房

小林恒夫（2013）『地域農業構造論』昭和堂

公益社団法人日本茶業中央会（2013）『平成25年版茶関係資料』

公益社団法人鹿児島県茶業会議所「Green Tea of Kagoshima—安全・安心でクリーンなかごしま茶」

久保田哲史・金岡正樹・後藤一寿（2009）「需要構造変動下の南九州畑作農業の変容と模索」矢口芳生・福田晋編『西日本複合地帯の共生農業システム（中四国・九州）』農林統計協会，pp.64〜106

工藤壽郎（1980）『南九州農業の新展開』農業信用保険協会

九州農業経済学会編（1994）『国際化時代の九州農業』九州大学出版会

李哉泫（2012）『南九州市茶業振興計画書—実態調査報告および基本的な考え方—』南九州市，pp.1〜56

李哉泫（2013）「南九州地域における野菜産地づくりと産地マーケティング展開に見る特徴—鹿児島県の農協系統販売戦略を中心に」『食農資源経済学論集』第64巻第1号 pp.1〜13

李哉泫（2014）「サプライチェーン構築を進める農業法人経営」『アグリプレナーが拓く

農業新時代―未来につながる農業経営と農業ビジネスの新しい地平』(九州経済白書2014年版),公益財団法人九州経済調査会,pp.141 〜 167
李哉泫・坂井教郎(2013)「南九州畑作地帯における人・農地プランの意義と課題」『動き題した人・農地プラン―政策と地域からみた実態と課題』(日本農業年報59),農林統計協会,pp.157 〜 172
李錦東・辻一成(2007)「小規模茶産地の活性化戦略―うれしの茶産地を事例に―」『食農資源経済論集(旧農業経済論集)』第58巻第1号,pp.89 〜 101
李錦東・辻一成(2012)「高級茶産地の活性化戦略―福岡県八女茶玉露産地星野村を事例に―」『食農経済論集』第63巻第2号,pp.65 〜 74
森田道也『サプライチェーンの原理と経営』新世社,2004,p.3
Rábade, Luis Arturo and Alfaro José Antonio (2006), Buyer-supplier relationship's influence on traceability implementation in vegetable industry, *Journal of Purchasing & Supply Management*, Vol.12, pp.39-50
坂上隆(2013)「野菜契約栽培・耕畜連携ビジネスモデルによる畑作経営の持続的成長戦略」『食農資源経済学論集』第64巻第1号,pp.29 〜 38
Trienekens, Jacques and Zuuriber, Peter (2008), Quality and Safety standards in the food industry, developments and challenges, *International Journal of Production Economics*, Vol.113, pp.107-122

第7章　資源循環型畜産の展開条件

本章のねらいと構成

　我が国の畜産経営においては，一般に飼料基盤の拡大を伴わない形での規模拡大，すなわち「集約加工的」畜産としての性格が強まると同時に，飼養者の高齢化が進行し，特に肉用牛繁殖経営では労働多投的性格を呈している。また，飼料価格の高騰は畜産経営にとって大きな圧迫要因となっている。従って，畜産経営においては以前にも増して，家畜ふん尿の適正な処理・利用と国内資源を活用した飼料の生産・供給による低コスト化・省力化が必要である。このような背景を踏まえれば，持続性のある畜産経営の構築にとって，堆肥や未利用資源を活用した「資源循環型畜産」が不可欠であることはいうまでもない。

　ここで，資源循環型畜産の分析視点を改めて整理すると以下の通りとなろう。すなわち，第1に，家畜ふん尿の処理や堆肥の供給・販売をめぐって，畜産農家を取り巻く主体がいかに地域で連携し得るか，第2に，その連携の軸となる「耕畜連携」を進めるため，どのようにして具体的なネットワークを構築するか，第3に，「資源循環」を地域全体の枠組みで捉えた場合，その経済性をどのように考えるかである。

　そこで本章では，以上の3つの点について各々考察を行い，資源循環型畜産の展開条件にアプローチする。

　まず，第1節において，家畜排せつ物による環境問題が課題となっている岡山県の大規模畜産地帯を事例とし，耕種農家への堆肥販売を基軸とした環境保全型畜産経営の展開条件と畜産農家を取り巻く地域連携の取り組みについて考察する。

　次いで，第2節において，中山間地域耕畜連携システム展開の阻害要因を整理した上で，中国地域で実績を重ねている事例をもとに，耕畜連携システムの展開条件を，成立プロセスと役割分担に着目して考察する。

　さらに，第3節では，堆肥センターを中心として家畜ふん尿の処理・利用に取

り組んでいる茨城県の事例をモデルに，地域内の資源循環が成立するための条件について考察するとともに，併せて未利用資源の活用に際しての課題を整理する。

第1節　大規模畜産地帯における資源循環型システムの展開と地域連携

1．はじめに

　我が国の畜産経営はその発展とともに，家畜排せつ物に由来する環境問題への対応が課題とされている。2013年の家畜排せつ物発生量は約8,295万トンであり，畜種別に見ると乳用牛と肉用牛で約60％を占める（農林水産省 2014a：p.1）。環境保全型農業の推進や資源循環型社会の構築に向けた取り組みを背景に，畜産環境問題への対策が求められている。

　農林水産省（2014b）より畜産をめぐる近年の動向を見ると，飼養戸数は減少傾向であるのに対し，一戸当たりの飼養頭数及び飼養羽数は増加傾向にあり，どの畜種も規模拡大が進んでいる。乳用牛に関して見れば，飼養戸数は2005年から毎年，年率4％程度で減少しており，飼養頭数も減少傾向で推移している。一方，一戸当たりの経産牛飼養頭数は毎年増加傾向で推移している。同様に，肉用牛においても飼養戸数，飼養頭数は減少傾向で推移しているのに対し，一戸当たりの飼養頭数は肥育牛を中心に増加傾向である。この様な規模拡大に伴って経営内の家畜排せつ物発生量も増加し，その管理と適切な利用が必要となる。経営内の農地面積の動向を見ると，近年の飼料価格の高騰により，国産飼料増産の取り組みが推進されており，酪農経営における一戸当たりの飼料作物作付面積は全国的に増加傾向にある（農林水産省 2014c：p.3）。しかし，肉用牛肥育経営や酪農経営でも特に大規模な経営においては家畜排せつ物を経営内の農地ですべて適切に利用するのが困難な事例も見られる。

　家畜排せつ物の管理や利用に関しては，1999年に制定された家畜排せつ物法によって家畜ふん尿の管理の適正化が進められ，ほぼ全ての畜産農家が法にもとづく管理基準に適合し，家畜排せつ物発生量の約90％が堆肥化・液肥化処理等されている（農林水産省 2014a：p.1）。堆肥の利用手段として経営内の自給飼料生産

に利用することがあげられるが，大規模な経営においては生産した大量の堆肥を経営内の農地へ散布し，これによって水質汚染などの環境問題が発生している事例がある。大量の堆肥を環境に負荷を与えず還元するには十分な農地が必要であり，この様な堆肥化処理後の利用過程に起因する環境問題は，特に複数の大規模な畜産農家が密集する大規模畜産地帯では未だ深刻な問題となっている。さらに，畜産業からの排水については水質汚濁防止法にもとづく排水基準を配慮することが定められており[1]，特に閉鎖的水域の場合は富栄養化が深刻な問題となる。

このような環境問題の改善には，家畜排せつ物の有効利用が求められる。「家畜排せつ物の利用の促進を図るための基本方針」においても，耕畜連携の強化による堆肥の利用促進，流通の円滑化，ニーズに即した堆肥づくり，家畜排せつ物のエネルギーとしての利用等の推進などが示されている（農林水産省 2014a：p.3）。特に近年では家畜排せつ物のバイオマスエネルギーとしての利活用も注目されているが，施設整備費が高額といった課題もある。一方，家畜ふん尿の堆肥化技術は普及しており，環境問題を改善するより現実的な手段の一つとして，耕種農家等への堆肥販売を促進することがあげられる。また，本課題の解決には畜産農家を主体とした取り組みの推進と同時に，畜産農家を取り巻く地域の連携も重要と考えられる。

そこで本節では，家畜排せつ物による環境問題が課題となっている大規模畜産地帯の岡山県笠岡湾干拓地を事例とし，耕種農家への堆肥販売を基軸とした環境保全型畜産経営の展開条件と対象地域における資源循環型システムの構築に向けた地域連携の取り組みについて考察を行う。家畜排せつ物を活用した地域循環システムに関する近年の研究としては，清水ら（2012），大久保ら（2010），梅津（2007）などバイオガスシステムに着目したものが多く見られる。本節では家畜排せつ物の堆肥としての利用を対象とし，畜産農家だけでなく自治体，地域の組織や住民も加えた地域連携の取り組みについて着目する。なお，対象地域はその閉鎖的地域特性から，水質汚染も深刻な問題となっている事例であることから取り上げた[2]。

2. 対象地域の概要

　岡山県笠岡湾干拓地は全農地面積が約860ha, 岡山県有数の畜産地帯である（図7-1）。その内訳は2013年現在，耕種区域が約130ha，園芸区域が約170ha，畜産区域が約180ha，粗飼料生産区域が約380haとなっている。畜産区域で2013年現在，肉用牛経営5戸により約4,000頭，酪農経営10戸により約2,500頭，合計約6,500頭の牛が飼育されている。農家1戸当たりの平均飼養頭数は肉用牛経営で約800頭/戸，酪農経営で約250頭/戸である。2012年の堆肥生産量は全体で約23,000トン/年と推定される。その主な利用状況は自給飼料生産への利用が約42％，戻し堆肥としての利用が約18％と，約60％が畜産経営内で利用され，経営外への販売は少ない。そして，自給飼料生産への利用時には施肥基準以上の堆肥が大量に散布され，堆肥に含まれる肥料養分が干拓地内水路，笠岡湾へ流出することによって水質汚染などの環境問題が発生し，近年，対象地域の深刻な課題となってきた。前田ら（2011）が行った調査,分析からは，対象地域内の排水路において畜産区域の窒素，リン濃度が最も高いことが明らかとなっている。また，高濃度の窒素は牛ふん堆肥由来であることが示唆されている。

　一方，耕種区域や園芸区域では麦類，豆類，野菜，果樹，花卉など多種多様な品目が生産されている。粗飼料生産区域では牧草生産やトウモロコシ生産などに加えて，景観作物として菜の花やヒマワリなどを広大な面積に作付け，花が満開に咲く時期にはイベントを行っている。2011年には景観作物の付近に道の駅がオープンした。2013年度

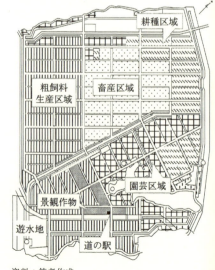

図7-1　対象地域の概要

資料：筆者作成。

の入場者数は年間約70万人と多くの人が訪れており，畜産農家も牛肉等を販売するなど地産地消の拠点として活気付いている。

3．堆肥販売を基軸とした環境保全型畜産経営の展開条件

対象地域において発生する家畜ふん尿堆肥を畜産経営内の農地へすべて利用しようとした場合，農地面積に対して堆肥の量が多いため環境負荷が起こる可能性が高い。また，これまで大量の堆肥を連年施用してきたことより肥料養分が土壌に蓄積している。そのため，環境改善には畜産農家の農地への堆肥散布を中止し，畜産経営外へ販売する必要がある。その販売量は竹内（2010：p.27）の試算によると約12,000トン/年である[3]。

大量の堆肥を近郊の耕種農家へ販売するとなれば，販売先のニーズに対応した販売が必要となる。竹内（2010：pp.39～48）が対象地域周辺の耕種農家へ行った堆肥需要調査では，堆肥12,000トン/年をすべて販売するには輸送，散布，袋詰め等のサービスを行う必要があり，これらの販売サービスに対する耕種農家のニーズは作目別に異なることが明らかになっている。この様な販売サービスに対応するには，堆肥散布機，袋詰め機械等の機械装備や販売作業へ新たに労働力を投入する必要があるが，対象地域の様に堆肥センター等の堆肥供給組織が近郊にない場合は農家自身が対応しなければならない。しかし，畜産農家の労働力や経営状況を加味すると，個々の農家で対応するのは容易ではない。この対策として，対象地域の様な畜産地帯では複数の畜産農家が協力して堆肥販売に対応することが有効である。個々の農家が協力することによって，販売に必要となる機械装備の共同利用，堆肥販売への労働負担の軽減，販売する堆肥量の確保などのメリットがある（竹内 2013：p.43）。

竹内（2013）の試算によると対象地域の畜産農家が協力した場合，堆肥の需要が集中する11月から1月は月に20日程度の販売作業が必要となるが，それ以外の月は数日程度の作業で販売できるため，日中の労働力（10時～15時の5時間程度）を活用して飼養牛管理には影響のない範囲で販売に対応できる[4]。これによって輸送や散布販売，袋詰め販売，自給飼料の農繁期の販売などを一戸の農家では

第Ⅱ部　農：その構造と新たな展開

対応できない場合も農家間協力によって対応が可能であり，さらには堆肥販売に労働力を投入できない農家の堆肥も販売できる。その結果，対象地域の環境負荷防止のために販売しなければならない堆肥約12,000トン/年をすべて販売することが可能となり，単独で堆肥販売を行う場合と比較して各農家の販売収入も増加する。このことから，本事例の様な大規模畜産地帯では農家間協力による堆肥販売を中心とした環境保全型経営を推進することが方策の一手段として重要と考えられる。

　この様な環境保全型経営を進めるには，環境汚染が堆肥利用に起因していることを畜産農家自身が理解し，環境への意識を高める必要がある。現地では自治体を中心に畜産農家を含めた委員会を立ち上げ，干拓地の水質保全問題に取り組んできた。しかし，はじめは家畜ふん尿堆肥に起因する環境問題に理解を示す畜産農家は少なかった。また，経営を取り巻く状況が厳しく，労働力に余力もないことから，環境のために堆肥販売を行うことに同意する農家も少なかった。さらに，経営状況や経営方針も異なる大規模畜産経営が協力して堆肥販売を行う合意を形成するのは非常に難しい課題である。しかし，自治体の地道な取り組みなどから農家の意識にも少しずつ変化が見られる様になってきた。2009年に現地の畜産農家10戸に行った調査からは，5戸が堆肥の販売意向を示した（竹内 2010：pp.73～89）。そして2011年に同じ農家へ行った調査からは7戸が販売意向を示し，このうち6戸は農家間で協力して販売を行いたいと回答した。また，調査したすべての農家が「環境に配慮した経営を推進すべき」との理解を示していた。この様に，現地の農家においても環境への意識が高まってきている。

4．資源循環型システムの構築に向けた地域連携

　大規模畜産地帯における資源循環型システムの構築に向けては，畜産農家を主体とした環境保全への取り組みを進めると同時に，畜産農家を取り巻く地域の連携も重要である。以下では，笠岡湾干拓地を中心とした地域の取り組みについて説明しよう。

　笠岡市では2008年に「笠岡市笠岡湾干拓地域バイオマスタウン構想」を策定し

その取り組みを進めている。その一つがバイオディーゼル燃料（以下，BDF）である。地域の飲食店や学校，家庭の廃油を市内の障害者支援施設が回収，BDFへと変換し，当該施設の車や市の公用車，干拓地の畜産農家や野菜を生産する農業法人のトラック，トラクターなどに利用している。2008年度に1,573ℓだった精製量は2013年度に8,975ℓまで取り組みが拡大している。さらに，2013年度は粗飼料生産区域の景観作物であるヒマワリを収穫，搾油し，ヒマワリ油を精製して家庭に配布する取り組みを行った。配布された油は天ぷら油にブレンドするなどして使用した後，廃油として回収しBDF化され，干拓地の農業機械等に利用することによって地域で循環することになる。そして，堆肥の利用普及に関する取り組みでは，干拓地の畜産農家の堆肥販売を前述の障害者支援施設が担っており，当該施設で注文，袋詰め，配達を行い，干拓地外での広域的な堆肥の利活用を進めている[5]。

また，笠岡市では2008年度から安価で環境浄化効果のある微生物の培養液，えひめAI-2を用いた環境浄化に取り組んでいる。えひめAI-2は愛媛県産業技術研究所が開発した培養液である。納豆，乳酸，酵母菌等の自然微生物が環境浄化に効果的であることを利用して開発され，その作製方法は一般公開されている。笠岡市では環境対策としてこれに着目し，取り組みを進め，干拓地の畜産農家だけでなく地域の住民組織も作製，活用している。2008年度に7,220ℓだった作製量は，2012年度は44,520ℓへと取り組みが拡大している。畜産農家においても2014年現在，11戸で活用されており，牛舎への散布や堆肥に混ぜて使用するなど臭気対策，環境浄化対策に努めている。さらに笠岡市では水質浄化啓発用パンフレットを作成し，干拓地の環境保全のために住民，農家，事業者への情報提供，取り組みの周知を行っている。パンフレットでは干拓地における水質の現状や笠岡市が取り組んでいる水質浄化対策について記載するとともに，事業者，農家，家庭の各関係主体で取り組める事項を説明し水質浄化に向けた取り組みを推進している。

5．おわりに

本節では家畜排せつ物による環境問題が課題となっている大規模畜産地帯の岡

第Ⅱ部　農：その構造と新たな展開

図7-2　対象地域における資源循環型システムのイメージ

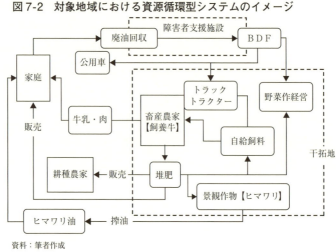

資料：筆者作成

山県笠岡湾干拓地を事例とし，大規模畜産地帯における資源循環型システムの展開と地域連携の取り組みについて考察した。事例から大規模な畜産農家が密集する地域においては，家畜排せつ物の発生量も多く，個々の経営内で戻し堆肥や農地への還元等に利用したとしても，環境に負荷を与えない利用量には限界がある。そのため，耕種農家への販売など経営外での堆肥の利用が必要となる。その場合，販売促進には輸送や散布，袋詰め等の作業が必要となってくるため，個々の農家での対応ではなく農家間で協力することで販売への対応と作業負担の軽減が可能となる。また，畜産農家だけではなく畜産農家を取り巻く地域と連携した取り組みも重要である。本事例では地域の組織と連携し販売作業を担ってもらうことで堆肥の利活用を進めていた。また，地域の廃油を活用したバイオディーゼル燃料の推進，自然微生物を活用した環境浄化の取り組みを地域住民と共に地域全体で推進していた。

　以上の取り組みにもとづいて対象地域の資源循環型システムを整理すると図7-2の様になる。今後はこの取り組みを地域でさらに広げ，かつ継続的に推進していくことが期待される。つまり，このシステムのそれぞれの取り組みに参画する畜産農家や畜産以外の農業経営，地域組織，地域住民を増やしていくことが重

要である．また，ヒマワリ油の精製など短期の実証実験レベルでの取り組みについては，取り組みを継続的に行うことが求められる．

註
(1) 牛の場合，総面積200m^{2}以上の牛房を有する事業場が対象となる．
(2) 本節の内容は2014年3月に自治体関係者へ行ったヒアリング調査にもとづいている．
(3) 竹内（2010）の試算は2009年時点であることに留意されたい．
(4) なお，分析は対象地域の畜産農家5戸が協力した場合を想定している．販売条件等の詳細は竹内（2013）を参照されたい．
(5) 現在は1戸の畜産農家がこの取り組みを行っており，今後，他の畜産農家への取り組みの拡大が期待される．

付記
　本稿は科学研究費助成事業（若手研究（B），課題番号24780214）による研究成果の一部である．

第2節　中山間地域耕畜連携システムの展開条件

1．はじめに

　わが国では，循環型社会の構築が喫緊の課題となっており，農業においても，そのための政策的な支援が順次進められてきた。その一方で，畜産農家の労働力不足とふん尿過剰問題，耕種農家の労働力不足などに伴う地力低下と耕作放棄の増加が深刻化しており，循環型社会を推進していくうえでのハードルとして位置づけられてきた。これらの有力な対応策として，飼料生産の増進，省力化技術の導入および集落営農組織化に加え，地域資源循環を基軸とした耕種農家と畜産農家の連携（以下，耕畜連携）が求められている。

　国土面積の73％を占める中山間地域では（2010年農林業センサス），畜産農家の側のみならず，耕種農家の側からも耕畜連携に対するニーズが急速に高まりつつある。その主な要因として，耕種農家側から次の2点が指摘できよう。第1に，地力の維持・増進をはかるための堆肥施用は，平坦地域よりもさらに厳しい作業条件下（圃場分散や急坂など）にあり，耕種農家単独では取り組みづらい。第2に，過疎・高齢化と不利な生産条件から，地力低下にとどまらず，農林地の荒廃が急速に進みつつあり，その有力な解決手段のひとつとして，里地放牧（千田2005：pp.2～7）に注目が集まっている。

　このように，中山間地域における耕畜連携システム（以下，中山間地域耕畜連携システム）は，耕種農家と畜産農家のニーズとシーズが合致する取り組みとして注目されている。先行研究では，中山間地域耕畜連携システムが潜在的パレート改善を達成することが計量分析によって明らかにされ（藤本・恒川 2007），耕畜双方への農業経営面でのメリットも指摘されており（千田 2005，四方 2006，井上 2012），中山間地域耕畜連携システムには社会的な重要性と経営経済的な合理性が存在するといえる。しかし，中山間地域耕畜連携システムは，実施主体である耕種農家と畜産農家に加え，助成金やハード面の条件が整えば一義的に成立

第 7 章　資源循環型畜産の展開条件

するというものではない (大呂 2005)。つまり，さまざまな属性の主体によるネットワーク形成の難しさや，共同作業などの役割分担に代表される耕畜双方の利害調整の難しさに加え，堆肥供給であれば堆肥施用のメリットを耕種農家が認知することの難しさ，里地放牧であれば地権者や地域住民の同意を得ることの難しさなど，さまざまなハードルが存在している。このため，中山間地域耕畜連携システムの技術上の適地であっても，実際の取り組みとして普及しづらいのが現状である。今後，中山間地域耕畜連携システムを面的な取り組みとして展望するためには，まず，先行している中山間地域耕畜連携システムの成立プロセスと成立後の展開について耕畜双方の視点から議論を深めていく作業が不可欠であると考える。中山間地域耕畜連携システムに関しては，①システム全体の費用と便益に関する研究（藤本・恒川 2007，藤本 2008），②地域営農モデルの策定に関する研究（恒川・堀江 2009），③里地放牧が肉用牛繁殖経営や地域の農地資源管理に及ぼす効果に関する研究（千田 2005），④共同作業の内容と費用構造に関する研究（井上・藤栄 2007，井上 2012），⑤飼料用稲の生産と利用をめぐる耕畜双方の働きかけに関する研究（大呂 2005）などがみられる。しかし，中山間地域耕畜連携システムの展開条件を，成立プロセスと役割分担に着目して分析した研究は管見の限りみられない。

　そこで，本節では，中国中山間地域で実績を重ねている異なるタイプの事例をもとに，中山間地域耕畜連携システムの展開条件を，成立プロセスと役割分担に着目して検討する。中山間地域耕畜連携システムにおける地域資源循環の形態は，①堆肥と飼料の循環利用，②里地放牧に大別される。よって，本節の検討対象は，①耕種農家グループ（集落営農組織）と酪農家グループとが主体的に連携して共同作業を実施し，堆肥と稲藁の循環利用を実現している事例と，②耕種農家グループ（休耕田利用組合）と肉用牛繁殖農家とが主体的に連携して里地放牧を実現している事例とする。

2. 中山間地域耕畜連携システム展開の阻害要因

　本小節では，先行研究の知見や筆者による聞き取り調査結果をふまえ，中山間

第Ⅱ部　農：その構造と新たな展開

地域耕畜連携システム展開の阻害要因を，成立プロセスと役割分担の別に整理する。

　成立プロセスでは，次の2点の阻害要因が考えられる。第1は，耕畜間のネットワーク形成の難しさである。システムの成立以前に耕畜双方が経営面で連携する機会がない場合，耕畜双方の主体的なネットワーク形成に至らないケースが多い。成立プロセスにおいて行政やJAが参加の呼びかけや仲介などの中心的な役割を担う場合，農家はシステム参加に伴うリスクを負担することなく受け身の行動をとりやすくなり，助成単価などの条件が少し変化しただけでシステムから簡単に退出する行動をとり（大呂 2005），システムの継続が不確実となる。第2は，参加農家ならびに周辺住民へのメリットの認知や不安の払拭である。堆肥供給であれば費用に見合った堆肥料金での施用メリットの認知が必要であり，里地放牧であれば家畜の脱柵や環境への影響などに対する不安を払拭する必要がある。

　役割分担では，次の2点の阻害要因が考えられる。第1は，耕畜ともに出役に制約がある点である。畜産農家であれば，朝夕の搾乳や給餌などの畜舎作業のため，年間を通して1日の出役可能時間帯に制約がある。耕種農家であれば，オペレータなどの担い手として想定される青壮年世代の多くは平日農外で働いているため，出役可能日が土・日・祝日に限定されることが考えられる。第2は，畜産農家に負担が偏る傾向にある点である。たとえば，島根県農業技術センターは，島根県内で耕畜連携によって里地放牧を行う10事例に対して2011年に実施したアンケート調査（集落畜産推進に係る現況調査）の結果から，70～80％の事例が給餌，見回り，草刈りなどを畜産農家が担当している実態を明らかにしている。この背景として，畜産農家は大型機械や家畜に対する専門知識と技術を有していることと，耕種農家の多くは兼業農家か高齢専業農家のため，提供できる労働力に限りがあることなどが考えられる。

第7章 資源循環型畜産の展開条件

3．調査事例の成立プロセスと役割分担

(1) 堆肥と稲藁の循環利用を実現している事例

1) 成立プロセス

T堆肥センター利用組合は、広島県S市T地区に位置し、5集落営農組織、酪農家グループ（酪農協業組合）、堆肥センターでスタートした。堆肥センターの堆肥の8割は5集落営農組織の稲作と転作飼料作物の水田に施用され、残りの2割は域外に販売される。堆肥散布水田の稲藁は全量収集・ラッピングされ、酪農家グループならびに域外の畜産農家や肥育センターに販売される（図7-3）。

広島県S市T地区は、農業の集団的取り組みが盛んな地域であり、1989年までに、地区内の9集落それぞれに集落営農組織が設立され、農業機械の共同利用やブロック・ローテーションなどを実施してきた。地区内の8戸（当時）の酪農家は、1977年に酪農協業組合を設立して飼料生産・収穫・調製の共同作業・共同利用を行い、近隣の2集落営農組織との提携によって、5～6haの転作田に飼料作物を作付け、堆肥を施用していた。ただし、酪農家近隣の集落は粘土質（細粒強グライ土）の圃場が多くを占め、酪農家が所有するホイール型牽引式マニュアスプレッダの乗り入れが難しく、堆肥を散布できる圃場が限られていた。そのため、

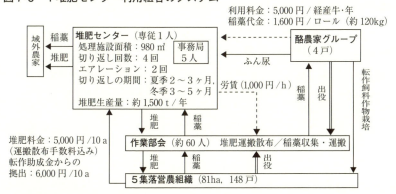

図7-3　T堆肥センター利用組合のシステム

資料：聞き取り調査結果より作成。
注：数値は2002年時点。

図7-4 耕畜連携とブロック・ローテーションによる作付順序
（集落営農組織単位）

	1年目	2年目	3年目
圃場団地1	転作トウモロコシ	耐倒伏性が高い水稲品種	コシヒカリ
圃場団地2	コシヒカリ	転作トウモロコシ	耐倒伏性が高い水稲品種
圃場団地3	耐倒伏性が高い水稲品種	コシヒカリ	転作トウモロコシ

資料：T堆肥センター利用組合資料より筆者作成。
注：転作率30％台のケース。

酪農家が所有する飼料畑への堆肥散布に依存する形をとったが，各酪農家の飼料畑は経産牛1頭当たり15 a前後しかなかったため，堆肥が滞りがちであった。その一方で，酪農家グループとのつながりがなかった他の集落営農組織では，水田地力の低下に加え，30％を超える水田転作率での転作作物の選定にも苦慮していた。このような状況を危惧したT地区の農村リーダーZ氏（耕種農家）は，集落営農組織と酪農家グループの代表や関係機関に働きかけ，T地区全体の耕種農家と酪農家が一致協力して組織営農体制を確立することを目的として，1994年に，地区内の9集落営農組織と酪農家グループでネットワーク組織を設立した。そして，ネットワーク組織での協議をさらに重ね，堆肥センターの用地取得や技術導入などで地元JA支店や県の協力を受け，組織設立から3年後の1997年に，5集落営農組織，酪農家グループ，T堆肥センター（1997年建設，専従者1人）からなるT堆肥センター利用組合が設立された。

T堆肥センター利用組合の設立により，堆肥センターに加えてクローラ型マニュアスプレッダ，キャリアブリッジ，ロールベーラ，ラッピングマシンなどを導入し，5集落での堆肥と稲藁の循環利用を実現している。また，酪農家グループによる5集落の転作田への飼料作物栽培がブロック・ローテーションのもとに実現し（**図7-4**），集落営農組織の土地利用率向上と転作助成金（団地加算）取得にも寄与している。コメ販売価格に上乗せがないなか，堆肥料金5,000円/10 a（運搬散布手数料込み）は耕種農家にとって安価ではないが，耐倒伏性が高い水稲品種では，地力向上による30〜60kg/10 aの増収により，堆肥施用前と比較

表7-1 堆肥運搬散布サービスの平均費用の推移

	1年目	2年目	3年目	4年目	5年目	6年目	7年目
平均費用（千円）	3.8 (100)	3.7 (96.0)	3.5 (91.2)	3.2 (84.9)	3.2 (84.3)	3.2 (85.4)	3.1 (82.2)
うち労働費（千円）	1.6 (100)	1.5 (93.5)	1.3 (82.7)	1.1 (70.8)	1.1 (69.5)	1.1 (70.5)	1.0 (64.9)

資料：聞き取り調査結果と作業日誌データ（1998〜2004年，167日）をもとに筆者推計。
注：1）推計には井上・藤栄2007（pp.18〜19）の方法を用いた。出役労賃は1,000円/h，10a当たり堆肥散布量は2.6m³，年間散布面積は70haに固定している。
　　2）カッコ内の数値は1年目（1998年）を100とした割合。

して3.2〜9.9千円/10aの収支改善が実現している（聞き取り調査結果）。また，筆者の推計によると，堆肥運搬散布サービスの平均費用は，作業部会の経験蓄積によって経年的な費用低減がみられ，特に労働費の低減が顕著となっている（表7-1）。

2）役割分担

　T堆肥センター利用組合の共同作業は堆肥運搬散布組作業と稲藁収集・運搬組作業からなり，5集落営農組織のオペレータと酪農家からなる作業部会が担当している。作業部会員の年齢構成は40〜60代で，農業就業形態は，他産業従事が主から農業専業まで幅がある。堆肥運搬散布組作業は，積み込み作業に堆肥センター専従1人，運搬作業に耕種農家から2〜3人，積み替え作業に酪農家から1人，散布作業に耕種農家から1人が出役する。耕種農家は，所属する集落営農組織の作業に出役するように調整している。稲藁収集組作業は，レーキ作業，ロール作業，ラッピング作業に各2人が出役している。稲藁運搬組作業は，積み込み場所と積み降ろし場所各1人，運搬作業5〜7人が出役する。利用組合の事務局は，各集落営農組織から選出される5人が担当している。

　組作業の特徴として，次の2点が指摘できる。第1は，各作業日に，酪農家1人が必ず輪番で出役するように調整している点である。酪農家は，各作業日の打ち合わせ時に，圃場図をもとにその日の作業の流れを作業員に説明し，作業現場でも，作業全体の監督的な役割を担っている。また，作業終了時に全員が事務所に集まるなど，耕畜間のコミュニケーションの機会を意識的に設けている。第2

は，平日農外就業している集落営農組織のオペレータに配慮し，土・日・祝日を中心に作業日程を組み，作業時間も，酪農家の搾乳・給餌作業に支障が出ない時間帯（9:00～17:30）に原則固定している点である。

（2）里地放牧を実現している事例
1）成立プロセス

　島根県M市Y町H地区の耕種農家とM市K町の肉用牛繁殖農家との連携による里地放牧は，H地区内の休耕田と林地710 a（8牧区），母牛16頭で行われている。放牧地での日常的な管理作業は組合長を中心とするH休耕田利用組合が担い，放牧馴致や牛の運搬（自動車で片道30分強）など，専門的な作業のみ，肉用牛繁殖農家が担当している（**図7-5**）。

　Y町H地区は，M市の市街地から自動車で15分程度の距離ながら，過疎・高齢化が進行する中山間地域の農村であり，休耕田の荒廃とイノシシの被害が年々深刻化していた。定年退職後にH地区に戻って農地を守ることとなったA氏を中心に，2003年に設立されたH集落営農組織を母体として里地放牧による農林地管理が検討され，2004年に試験放牧が実施された。しかし，知識不足から，放牧に馴れていない牛を放牧馴致せずに導入したため，脱柵によって試験放牧を1回で中

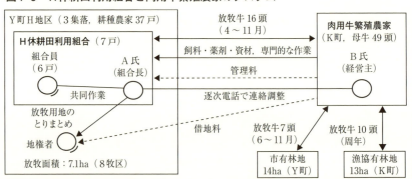

図7-5　H休耕田利用組合と肉用牛繁殖農家のシステム

資料：聞き取り調査結果より作成。
注：1）数値は2013年時点。
　　2）放牧牛は分娩2週間前に牛舎へ戻される（B氏が判断）。

止することとなった。一方，M市K町の肉用牛繁殖農家のB氏は，地元JA支店長や県職員の協力を受け，2001年からK町内の漁協有林地（魚つき林）で林間放牧の実績を重ね，2013年にはK町内13haのほかに，Y町内の市有林地14haの林間放牧を実施している。

M市内のY町H地区とK町でそれぞれ別個に活動を続けてきたA氏とB氏は，2007年にM市農業委員会への出席を契機に知り合い，H地区の農地の保全を目指すA氏がB氏に里地放牧を打診し，早期に合意した。A氏がとりまとめた休耕田の地権者の一部からは，B氏の放牧実績の説明を受けても反対意見が残ったため，まずは3年契約として地権者5戸の放牧地（134a）を確保し，2007年にH集落営農組織と同じ構成員でH休耕田利用組合（設立時10戸，組合長A氏）を設立して母牛2頭の里地放牧が開始された。放牧1年目から，長年にわたり耕作が放棄されて全体を見渡すことすらできなかった放牧地が牛の「舌刈り」によって地面が見えるようになったうえ，B氏からH休耕田利用組合への綿密な技術指導や2001年から経験を重ねたB氏による放牧馴致によって脱柵などの問題も発生しなかったため，A氏のとりまとめにより，2年目（2008年）には349a・8頭，4年目（2010年）以降は710a・18頭にまでH地区の里地放牧が拡大している（2013年は16頭）。里地放牧の継続により，休耕田と林地の荒廃が解消されたことに加えて，それまで大きな被害を及ぼしてきたイノシシが牛の放牧によって出没しなくなり，里地放牧以前は不可能だった野菜栽培を再開する住民も現れている。また，休耕田を放牧地として提供する際は利用権を設定し，地権者の借地料取得（3,000円/10a）も実現している。

2）役割分担

本事例の役割分担の特徴は，A氏とB氏による逐次の連絡調整のもと，現地での日常的な管理作業を，A氏を中心とするH休耕田利用組合が担っている点である。2007年の放牧初期は，B氏からH休耕田利用組合へ技術指導が行われたが，順次，A氏を中心とするH休耕田利用組合の独自判断で管理作業が実施されている。

A氏は，B氏との逐次の連絡調整のもと，日常的な管理作業にあたる補助飼料の給餌と牧柵の点検（3日に1回）のほか，牛の牧区間移動（近距離）と病害虫防除（アブ）を担当し，H休耕田利用組合の組合員共同では，牛の見回りと牧柵付近の草刈りを担当している。このように，日常的な管理作業をA氏が担当しているが，それを可能にしている技術的要因として，次の3点が挙げられる。①放牧地がA氏宅の近隣（半径1km圏内）に立地している。②A氏の農作業の通作と合わせてこれらの作業を実施している。③いずれの放牧地とも用水や湧き水が豊富なため，里地放牧の作業時間増加の要因である給水作業が不要である。

B氏は，牛の運搬のほか，放牧馴致，病害虫防除（ダニ），牛の牧区間移動（遠距離）など，専門的な作業のみを担当し，日常的にH地区に通う必要がないため，H地区での里地放牧を契機に，放牧牛の健康状態と繁殖成績を維持したまま，8カ月・16頭分の飼養管理費用の節減を実現している。

4．考察

本小節では，中山間地域耕畜連携システムの成立を阻害する要因をもとに，ふたつの事例の成立プロセスと役割分担を通して，中山間地域耕畜連携システムの展開条件について検討したい。

第1に，耕畜間のネットワーク形成については，いずれの事例とも耕種農家側のリーダーが重要な役割を担っている。T堆肥センター利用組合では，T地区の農村リーダーZ氏の働きかけによってネットワーク組織が設立され，その後もZ氏を核とする合意形成により，耕畜双方と地元JA支店・県と農家双方の働きかけがそれぞれ機能し，T堆肥センター利用組合の設立に至っている。また，H休耕田利用組合では，H地区の農村リーダーA氏が地区内の耕種農家を一手にとりまとめる結節点としての役割を担うことで，地区外の畜産農家（B氏）とのネットワーク形成を容易にしている。

第2に，耕種農家のメリット認知と不安の払拭については，いずれの事例とも耕畜連携の初期から，耕畜双方の綿密な意思疎通を継続することにより，助成金や借地料の取得以外にも，堆肥散布メリット（堆肥施用による収支改善）と里地

放牧メリット(農林地の荒廃解消,獣害の減少)を耕種農家に実感してもらうことに成功している。H休耕田利用組合では,B氏からの綿密な技術指導や2001年から経験を重ねたB氏による放牧馴致により,脱柵などの問題を1回も発生させておらず,H地区住民の不安を払拭している。

第3に,耕畜双方の出役の難しさについては,いずれの事例とも継続的に出役しやすい仕組みが施されている。T堆肥センター利用組合では,作業部会員の人数確保を背景に,青壮年世代の耕種農家が出役しやすいように土・日・祝日を中心に作業日程を組み,酪農家の搾乳・給餌作業に重ならないように作業時間帯も固定している。H休耕田利用組合では,A氏の日常的な農作業の通作に里地放牧の管理作業を組み込むことで,重要な役割を担うA氏の出役を容易にしている。

第4に,畜産農家への作業負担の偏りについては,いずれの事例とも,耕種農家が作業を負担できる仕組みを整備することで回避している。T堆肥センター利用組合では,耕畜共同による組作業を1年目から実施し,H休耕田利用組合では,放牧地に近い耕種農家の側が共同で日常の管理作業を担当することで,畜産農家の作業負担の軽減を実現している。

以上のとおり,本節で対象としたふたつの事例は,耕畜連携の形態も,戸数・面積規模も大きく異なるが,耕畜間のネットワーク形成,耕種農家のメリット認知と不安の払拭,耕畜双方に無理のない出役の仕組み,畜産農家の作業負担の軽減において,共通の取り組みがみられた。また,システム構築初期段階における地元JA支店や県の協力,転作飼料作物栽培や農地復帰による耕種農家の助成金・借地料取得,経験の蓄積による省力化の追求も共通点として指摘できる。つまり,中山間地域耕畜連携システムを展開するためには,耕畜双方の主体的かつ継続的な働きかけと行動力を基礎に,以上の条件をできるだけ多く具備することが重要であると考える。

付記
本節はJSPS科研費(23780230,25450340)の助成を受けている。

第3節 地域資源循環システム成立と未利用資源活用の課題

1．はじめに

　家畜排泄物等を利用した地域循環システムについては，その必要性が指摘されて久しい。その中心となるのは堆肥センター等の堆肥化施設であり，畜産農家のふん尿処理コストのみならず，耕種農家への堆肥供給等の目的で設立の支援が行われている。そして，堆肥輸送モデルや堆肥需要等について研究が行われている[1]。

　一方で，堆肥センターの赤字経営が指摘されているなか，持続的な地域連携のためには，当然ながら地域全体における処理コスト等，経済的メリットの有無が重要となる。どのような処理・利用方策を選択するのが地域システムにとって適切となるかであるが，その際，地域の環境負荷軽減が達成されていることが前提となる。

　そこで，本項では，堆肥センターを中心として家畜ふん尿の処理・利用に取り組んでいる茨城県の事例をモデルに，地域内の資源循環が成立するための条件について検討する。次に，実際には堆肥センターの赤字経営が多い実態を踏まえ，経営収支改善のための方策について整理する。さらに，「資源循環」に際しては未利用資源活用の視点も重要となることから，飼料用サトウキビ利用をめぐる畜産サイドの課題について整理する。

2．地域資源循環システムと堆肥センターの収支改善

(1) 地域循環モデルによる試算

　地域内の資源循環利用モデルに際し，検討の事例としたのは茨城県D町である。D町を対象としたのは，堆肥センターを利用して家畜排泄物の共同処理と排泄物の地域内処理に取り組んでいるのが理由である（図7-6）。

　検討に際しては，線形計画法を用いて地域モデルを作成した。モデルでは，酪

農家における過剰散布の解消（飼料畑への投入上限量400kgN/年/ha）を必須条件に置いた上で，地域全体の「酪農家所得の合計＋堆肥センターの経営収支」を最大化するにはどのような対応策を選択するべきかを問題とした[2]。

当モデルでは，家畜飼養，家畜排泄物の処理・利用，生乳や堆肥等の販売，耕種農家での堆肥投入等のプロセスから成る。そして，対象地域における乳牛頭数や1頭当たり飼養費，ふん尿処理費，自給飼料費，堆肥センター運営費，利用料金，諸販売価格（生乳や堆肥等），農地面積等を入力すれば，上記入力条件ごとに，選択すべき過剰散布解消策と，酪農家所得や処理費用負担額，堆肥センターの経営収支等を把握できる。なお，過剰散布解消策としては，①酪農家の飼料作拡大・自己農地還元，②酪農家の自家処理・堆肥化販売，③堆肥センターの処理能力向上・堆肥化販売の三者を想定する。

表7-2は，試算結果を示したものである。ケース1は，過剰散布の解消措置を行わない場合，すなわちD町の現状を示したものであり，堆肥センターの経営赤字（779万円/年），並びに酪農家における過剰散布（45戸計で102,251kgN/年）が発生している。

ケース2は，堆肥センターの費用が初期条件のもとで過剰散布の解消措置を行った場合である。過剰散布解消策として酪農家の飼料作拡大と自家処理・堆肥販売を選択し，地域全体でみれば，堆肥センターによる処理一元化の経済効果が発揮されないことを意味する。

過剰散布解消策として「堆肥センター処理」を選択するのは，自家処理施設無農家については，堆肥センターの運営費用が「現状」（ふん尿1トン当たり6,322円）の62％水準に低下したとき（ケース3），施設有農家については，同35％水準に低下したとき（ケース4）となる。これらは，地域全体でみた場合の堆肥センター処理の経済的根拠が生じる水準であり，費用低減，処理能力や稼働率向上を図る上での目安を示している。

以上の結果から，堆肥生産センターの収益性が確保されない状況下では，処理の一元化の効果が発揮されず，堆肥センターの設立・運営によりふん尿処理・利用を行うより，酪農家が個別で対応した方が，地域全体でみれば経済合理的とな

第Ⅱ部　農：その構造と新たな展開

図7-6　酪農家からの家畜排泄物を中心とした窒素フロー（茨城県D町：年間推定）

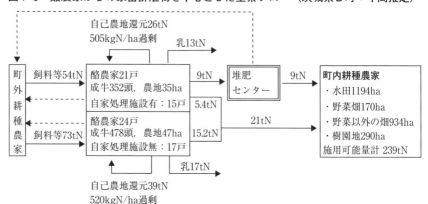

ることが確認される。従って，堆肥センターを利用した地域循環システムが成立するためには，センターの稼働率向上，運営コストの削減を図ること，併せて，酪農家自らが堆肥を生産・販売する場合の，販路確保や運搬等への地域支援が重要といえる。

（2）堆肥センターの収支改善の課題

では，堆肥センターの経営収支を改善するためには，どのような方策が有効であろうか。

筆者が以前行った調査[3]によると，堆肥センターは運営面での様々な問題点，特に経営収支の問題が顕在化している。さらに，①特に堆肥製造規模が小さい施設において赤字額が大きく，固定費的な性格の強い人件費，維持管理費，減価償却費等の違いが影響していること，②県・市町村や第3セクターにより運営されている施設やスクープ式を採用している施設や小規模の施設では，規模に見合った適正な投資がなされていない可能性が大きいこと，③多様な販路の確保や袋詰堆肥の販売が多くなされることは，当然ながら赤字額の減少に顕著に寄与することが明らかになっている。

そして，経営収支改善方策としては，①堆肥の実質販売率の向上，②稼働率の向上と規模に対応した適正な投資，③畜産農家の費用負担ルールの明確化と人件

第7章 資源循環型畜産の展開条件

表7-2 ケース別にみた過剰散布解消策と酪農家所得, 堆肥センター(プラント)の経営収支等(D町;試算例)

			ケース1	ケース2		ケース3		ケース4	
			現状モデル	過剰散布解消モデル					
				プラントの処理コスト等が初期条件		プラントの処理コストが低減された場合			
		単位		所有農家	無農家	所有農家	無農家	所有農家	無農家
酪農家所得計+プラント経営収支 (A+B)		万円	21,063	19,616		19,733		20,338	
酪農家所得 (45戸の合計) (A)		万円	21,842	19,616		19,986		20,712	
酪農家	自家処理施設の有無								
	選択する過剰散布解消策	自給飼料作の拡大		○	○	○	○	○	○
		自家処理・堆肥販売		○	○	○	○	○	―
		プラントでの処理・堆肥販売		―	―	―	○	○	○
	ふん尿処理費用負担額 (45戸計)	万円	4,635	7,939		7,679		6,611	
	ふん尿の過剰散布量 (45戸計)	kgN/年	102,251	0		0		0	
堆肥生産プラント	ふん尿1t当たり処理コスト	円	6,322	6,322		3,899		2,184	
	経営収支の赤字額 (B)	万円	779	0		253		375	
耕種農家	堆肥投入農地面積	ha	75	551		654		808	
	耕種農家堆肥購入額	万円	162	1,180		1,401		1,729	

注:1)酪農家は,自家処理施設有農家32戸:経産牛635頭,現有飼料畑4050a,施設無農家13戸:経産牛195頭,現有飼料畑96a。
2)酪農経営のふん尿処理コスト (経産牛1頭当たり) は,固定費4万円,変動費2.5万円とする。
3)1ha当たりの年間堆肥施用可能量は,草地400kgN,普通畑120kgNとする。
4)プラント利用料金は,1コンテナ (2.5t) 当たり2,300円とする。
5)堆肥価格は,バラ1t当たり4,000円とする。
6)ケース2~4では,自家処理の堆肥販売に時間を要することを前提とする。
7)本表は,プラントの処理量に制約を設けない場合の試算結果である。
  ちなみにケース4は,現状の処理量 (1740t/年) の4.8倍の水準となる。

費の削減,④堆肥の「上限価格」の見極めと設定が必要となる。特に①に関しては,耕種農家が堆肥をより利用し易い体制の整備や広域流通・販売のための取り組みが重要であるが,併せて堆肥の情報発信基地としての役割も堆肥センターに要請されるものと考える。また,③に関しては,畜産農家が自己処理を行った場合の費用と負担し得る処理料金との関係,所有する飼料作面積や労働力の状況等についての把握が,④に関しては,耕種農家がどれくらいの価格であれば堆肥を利用可能か,その「上限価格」を見極める必要がある。

　以上を踏まえ,地域において発生するふん尿処理・利用コストを把握し,堆肥センターや耕種農家サイドを含めた負担の仕方について具体的に対応していくこと,また,本項で行ったような検討を地域状況に応じて重ねることが重要である。

3. 未利用資源の活用のための課題―飼料用サトウキビの事例―

　南西諸島における産業では，畜産とサトウキビが重要な位置付けにあるなか，種子島では九州沖縄農業研究センターが開発した飼料用サトウキビ品種「KRFo93-1」が自給飼料基盤強化に寄与するものと期待されている。ただし，利活用に際しては収穫・調製作業，給与方法等に解決すべき問題点が予想される。そこで，本項では肉用牛農家へのアンケート調査等をもとに，種子島における飼料用サトウキビ導入のための課題を明らかにする[4]。

　まず，肉用牛農家における自給飼料生産の課題を確認すると，繁殖牛40頭以上の比較的大規模な農家（イネ科牧草・サイレージ主体）のうち，飼料基盤が脆弱な農家では自給飼料不足を認識する傾向が強い。また，主として経営主年齢70歳以上の高齢農家（青刈り利用主体）のうち10頭未満の小規模農家では収穫作業の負担を認識する傾向にある。

　次に，飼料用サトウキビ導入に対する意向をみると，「使ってみたい」が25％を占めるものの，「今のところ使う気はない」が52％，「何ともいえない」が24％であり，飼料用サトウキビ導入に対する農家の意向は分かれている。

　では，飼料用サトウキビの利用をためらう理由は何か。「自分の経営に必要ない」が5割弱に上るが，「収穫機械がない」や「メリットがまだよくわからない」が3割前後に上ることが確認された。このことは，ケーンハーベスタの整備等，収穫作業体系の確立や，飼料用サトウキビの持つ特性やメリットの啓蒙が必要なことを示唆している。

　そして，飼料用サトウキビに対する要望として，「収穫作業に手間がかからないこと」，「嗜好性の良い餌ができること」，「高い収量が得られること」，「生産に費用がかからないこと」等の指摘割合が高い（図7-7）。ただ，利用意向のある農家は，牛の嗜好性や収量の高さといった技術面に対して，「何ともいえない」農家は収穫作業の手間やコストといった労力面や費用面に対してより望む傾向がみられる。ただし，自給飼料の不足や飼料調製の大変さをはじめとする自給飼料生産上の課題を認識している農家や増頭意向を持つ農家ほど飼料用サトウキビの

第7章　資源循環型畜産の展開条件

利用意向は高いのは事実である。

　以上を総括すると，種子島の肉用牛経営において，飼料用サトウキビに対する潜在的なニーズは高いものの，導入を躊躇する農家も多い。具体的には，労力や費用に関わるハーベスタ等機械化体系の整備や，技術面としての収量や嗜好性，これに関わるサイレージ生産・供給の問題が示唆される。

4．おわりに

　以上，地域全体における経済的メリットと未利用資源の両者の視点から，資源循環型畜産に取り組む際の課題についてみてきた。その結果，堆肥センターに関しては，自身の収益性が確保されない状況下では処理一元化の効果が発揮されず，個別の畜産農家の問題のみならず堆肥センターの経営収支改善・赤字解消が重要となることが改めて確認された。

　そのためには堆肥の販売率向上・販路拡大等，具体的な対応が必要になるが，当然ながら，自らの施設における費用や経営収支の把握，損益分岐点などの経営分析を行うことが重要である。これにより，赤字解消や収益性確保を行う上で何が一番の問題となっているかを把握し得るとともに，原材料の調達費用や方法，堆肥販売の価格や方法について具体的に見直すための有益な材料を得ることができる。そして，本項で指摘した堆肥センターの経営収支改善の取り組みは，本章第1節並びに第2節でも指摘している地域連携・農家間連携と併せて行われるべきであろう。

　また，飼料用サトウキビなど未利用資源の有効活用のためには，収穫・調製など既存農家のみでは対応しきれないことはある意味必然である。具体的には，労力や費用に関わるハーベスタ等機械化体系の整備や，技術面としての収量や嗜好性，これに関わるサイレージ生産・供給の問題が示唆され，これらを踏まえた技術開発が求められる。

　なお，口蹄疫被害にあった宮崎県においては，防疫対策を始めとした諸対策に取り組んでいるが，「畜産新生プラン」のなかで家畜排泄物の適正処理や自給飼料率の向上，エコフィードの新たな飼料化資源の確保を掲げている[5]。口蹄疫

図7-7 飼料用サトウキビ利用上の課題（%）

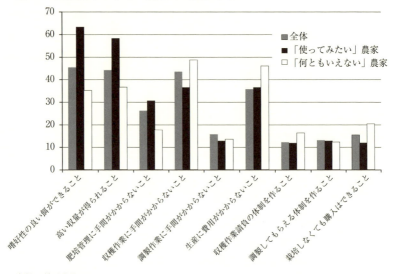

資料：種子島町アンケート

　等の各種疾病の発生リスクをできるだけ抑えた畜産の構築が目標であり，地域的な飼料の供給体制，ふん尿処理・利用体制と併せて耕種農家との連携が重要になることはいうまでもない。そのためには，前節で指摘されたシステムに参画する畜産農家や畜産以外の経営・組織等の参加や，耕畜間のネットワーク形成と双方に無理のない出役の仕組みの形成を具体的に図っていくことが鍵となろう。

　総括すると，集落の枠組みをも活かした地域連携・農家間連携，地域全体における経済的メリット，未利用資源の利活用が食料・飼料自給率の向上と環境保全による資源循環型畜産が成立するための条件といえるが，これらはいわゆるスローガンなどでは決してなく，種々の取り組みで実現可能と考える。

　そのためには，家畜ふん尿の堆肥化処理やバイオマスとしての利用技術の開発，宮崎県で技術開発が進められている笹サイレージを含む未利用飼料資源の開発・普及が重要となるが，地域の関連組織・機関，農家のみならず大学や農業試験場等の役割もますます重要といえる。

註

（1）井上ら（2007），竹内ら（2009），樽本（2001）など．
（2）線形計画モデルの単体表については，山本（2003）を参照．
（3）調査結果の詳細は，山本（2005）を参照．
（4）調査結果の詳細は，山本・樽本（2009）を参照．
（5）宮崎県の取り組みについては，山本（2013）等を参照．

引用文献

藤本髙志（2008）「飼料用稲を基軸とする耕畜連携システムの計量分析モデル：コントラクター介在型システムの場合」『農林業問題研究』第44巻第2号，pp.315〜325

藤本髙志・恒川磯雄（2007）「飼料用稲を基軸とする耕畜連携システム導入の費用と便益：飼料自給・糞尿循環利用・水田保全に及ぼす影響の経済評価」『農業経営研究』第45巻第1号，pp.1〜11

井上憲一（2012）「中山間地域における堆肥・稲藁利用を軸とした耕畜連携システム：堆肥センター利用組合を事例に」谷口憲治編『中山間地域農村発展論』農林統計出版，pp.123〜140

井上憲一・藤栄剛（2007）「堆肥供給組織による運搬散布サービスの提供条件に関する考察」『農業経営研究』第45巻第2号，pp.12〜22

前田守弘・浅野裕一・兵藤不二夫・中島泰弘・藤原拓・永禮英明・赤尾聡史（2011）「笠岡湾干拓地における水質汚濁の現状と安定同位体自然存在比を用いた汚濁機構解析」『土木学会論文集G（環境）』67（7），pp.III_213〜III_221

農林水産省（2014a）畜産環境をめぐる情勢（平成26年6月）http://www.maff.go.jp/j/chikusan/kankyo/taisaku/pdf/meguru_jousei.pdf（2014年7月30日閲覧）

農林水産省（2014b）畜産をめぐる情勢（平成26年7月）http://www.maff.go.jp/j/chikusan/kikaku/lin/l_hosin/pdf/chiku7.pdf（2014年7月30日閲覧）

農林水産省（2014c）飼料をめぐる情勢（平成26年7月）http://www.maff.go.jp/j/chikusan/kikaku/lin/l_hosin/pdf/shi_d7.pdf（2014年7月30日閲覧）

大久保天・秀島好昭・主藤祐功・近江谷和彦（2010）「乳牛ふん尿主体のバイオメタン製造プラント導入による温室効果ガス排出削減とその経営収支に関する分析」『農業農村工学会論文集』第78巻第6号，pp.479〜491

大呂興平（2005）「飼料稲の普及プロセスに関する一考察：耕畜間の相互の働きかけに注目して」『近畿中国四国農研農業経営研究』9，pp.35〜45

千田雅之（2005）『里地放牧を基軸にした中山間地域の肉用牛繁殖経営の改善と農地資源管理』農林統計協会

四方康行（2006）「耕畜連携による地域資源の循環利用と環境保全：広島県庄原地域の堆肥利用組織の運営」栗原幸一・新井肇・小林信一編『資源循環型畜産の展開条件』農林統計協会，pp.125〜142

第Ⅱ部　農：その構造と新たな展開

清水夏樹・柚山義人・中村真人・山岡賢（2012）「バイオマス活用における担い手別の経済性と地産地消効果」『農村計画学会誌』31（論文特集号），pp.207〜212

竹内重吉（2010）『大規模干拓地における環境保全型畜産経営』農林統計出版

竹内重吉（2013）「農家の協力による販売システムと収益分配に関するゲーム論的考察：畜産農家における堆肥販売を事例として」『農業経営研究』第51巻第1号，pp.43〜55

竹内重吉・駄田井久・佐藤豊信（2009）「環境保全型畜産経営確立方策と堆肥販売戦略：閉鎖系干拓地の環境特性を考慮して」『農林業問題研究』第45巻第1号，pp.42〜47

樽本祐助（2001）「堆肥の流通実態と流通利用促進方策」『農業経済論集』第52巻第1号，pp.21〜32

恒川磯雄・堀江達哉（2009）「中山間地域における耕畜連携地域営農モデルの特徴と導入条件：中国地域における飼料用稲の生産・利用を中心に」『農業経営研究』第47巻第1号，pp.23〜26

梅津一孝（2007）「環境保全型酪農における地域循環システムとしてのバイオガスシステムの有効性」市川治編著『資源循環型酪農・畜産の展開条件』農林統計協会，pp.89〜114

山本直之（2003）「家畜排泄物の地域循環利用システム」『畜産経営における技術評価と環境問題』農林統計協会，pp.152〜165

山本直之（2005）「堆肥センターにおける経営収支の実態と改善方策」『宮崎大学農学部研究報告』51（1・2），pp.43〜51

山本直之（2013）「畜産経営における口蹄疫からの復興と課題」『農業経営研究』第50巻第4号，pp.98〜99

山本直之・樽本祐助（2009）「畜産経営における飼料用サトウキビ導入の意向と課題」『農業経営研究』第47巻第1号，pp.44〜47

第Ⅲ部

資源：その持続的活用と地域振興

写真提供：三浦史孝氏

第8章　中山間地域の活性化方策

本章のねらいと構成

　第2次安倍改造内閣は，「地方創成」を主要課題の1つに掲げている。その根底には，日本創成会議が公表した「消滅可能性都市」のリストアップがある[1]。「消滅可能性都市」は，子供を主に出産する若年女性人口（20〜39歳）が2010〜40年の間に半減する自治体を指している。その自治体には大都市の区も含まれるが，地方の自治体，特に中山間地域を抱える自治体が多く名を連ねている。

　一方，中山間地域を抱える自治体では，農協・自治体を中心とした新規就農者の確保や定住政策の実施，地域住民・農家の自律的・主体的な6次産業化や都市と農村の交流活動など地域の再生に向けた多様な取り組みを展開している。そのため中山間地域は，地域「再生のフロンティア（小田切 2006：pp.13〜14）」といわれている。

　日本創成会議が指摘する「消滅可能性都市」は，あくまでも中山間地域の自治体内部での人口再生産に焦点をあて導き出したものであり，中山間地域の問題を人口問題のみに置換したに過ぎず，その置換も極めて短絡的なものである。それに対し実際の中山間地域の現場では，人口再生産だけではなく，多様な実践実態を積み重ねることで地域の再生に取り組んでおり，人口問題だけで中山間地域の再生を論ずることはできない。

　そこで本章の第1節では，人口の減少や高齢化が進むなかで，新規就農者を育成・確保し，定住政策を講じることで農業の担い手確保と定住人口の増加を図ろうとしている大分県豊後大野市及び竹田市の事例をとりあげる。第2節では，生活構造の維持・存続要件（家族・経済・生活サポート・継続性・地域統合）分析と集落診断を通じたヒトとクラシの領域（生活農業論）から農業と農村のあり方を問い直している。

註
（１）増田寛也編著『地方消滅』中央公論新社，2014年。

第1節　九州中山間地域における新規就農者の育成・確保

1．新規就農者の現状

　中山間地域がこれまで経験し，そして現在直面している問題を，小田切徳美は「人」「土地」「むら」の空洞化と表現した（小田切 2009：pp.3～7）。九州の中山間地域も同様の問題を抱えているが，近年は新規就農者の育成・確保を通じてそれらの空洞化に対抗する動きも少なくない。

　農水省「新規就農者調査」は，地域別及び地域類型別にみることはできないが，新規就農者を総体的に網羅した唯一の統計データである。それによると，2012年の新規就農者は5万6,840人で，10年と比べると3.5％増加している。このうち新規参入者は3,010人で全体の5.3％に過ぎないが，10～12年で74.0％と大きく増加している。年齢別では，新規就農者の52.1％が60歳以上であり，同じく新規参入者の51.2％が39歳以下である。したがって，多くの定年帰農と青壮年層による新規参入が近年の新規就農の特徴といえる。

　県の統計資料等から九州各県の新規就農者数をみると（12年），鹿児島の396人を筆頭に，沖縄・宮崎・福岡が300人を突破し，長崎・大分・熊本は200人を超え，佐賀も186人と200人に迫るなど，近年増加傾向にある。また，新規就農者に対する新規参入者の割合は，大分が39.4％と最も高く，沖縄が39.0％とつづく[1]。

　そこで本節では，九州のなかでも中山間地域を多く抱え，新規就農者が多くかつ新規参入者の割合も高い大分を対象に，新規就農とその支援策の実態についてみていく[2]。

2．新規就農者の育成・確保―豊後大野市

（1）新規就農者インキュベーション・ファーム事業

　豊後大野市は県南部に位置し，後述する竹田市と隣接する中山間地域である。2010年の販売農家数は3,108戸，農地面積6,290ha，主な品目は米や肉用牛，葉タ

バコ，ピーマンなどである。認定農業者は408経営体で，そのうち約1割が40歳以下の青壮年層であり，品目では野菜（主にピーマン）及び畜産，米・麦・大豆が中心である。

市では，早くから初期投資が少なく反収の多いハウスピーマンに取り組み，現在西日本1位の生産量を誇っている。ところがピーマン農家の高齢化と離農が進み，2009年には農協のピーマン部会員数102人，栽培面積も11.1haまで落ち込んだため，栽培面積とロットを確保しなければ産地を維持できないという問題に直面することとなった。そこで市は，2010年からピーマンを主作目とする農業者個人を対象に，農業機械・施設などの導入に要する経費の1/2を補助する「新規就農定着促進事業」を講じている。また，日本たばこ産業が葉タバコの廃作協力金を募集したのもこの時期であり，上記の補助事業を活用して葉タバコからピーマンに転換する農家も少なくなかった。その結果，10～12年の新規就農者は65人（新規参入者45人，帰農者17人，新規学卒者3人）にのぼり，そのうちピーマンを主とした園芸農家が57人と最も多い。これらの新規就農者によりピーマン部会員も14年には147人・16.9haまで増え，45歳以下が30％を占めている（平均年齢63歳）。

さらに，市は新規就農者を継続的かつ安定的に育成・確保するために，2012年から「新規就農者インキュベーション・ファーム事業」をスタートし，以下の条件を課している。第1は農業所得だけで生活できるピーマン（2人・栽培面積20aで所得400万円）に対象品目を限定していること，第2は1人での研修だと長続きしないことや，1人では栽培可能な面積が小さく十分な所得にならないため必ず夫婦や親子，兄弟など研修生は2人1組とすること，第3は市の人口増加にも寄与するように，研修生は市外の人に限定し，市内の希望者は県の農業大学校（豊後大野市）が提供する「テスト・ファーム」を利用すること（後述），第4は55歳未満であること，第5は営農準備や生活資金等として300万円を準備できること，第6は研修後に市内で就農・居住すること，である。

市では新・農業人フェアなどで就農相談会を開催し，年間40～50組から問い合わせがある。そのうち条件をクリアした研修生3組6人を毎年受け入れており（研修期間2年），出身地は大分市内や福岡，兵庫，大阪，東京，神奈川，千葉，三

表8-1　新規就農者の支援策

就農研修資金	市から月額15万円の融資（無利子） 40歳未満（2年間），40歳以上（1年間） →研修後5年間就農 融資期間の1/2の期間の融資金額の3/4を助成(県・市)
住宅新築補助 住宅リフォーム補助 家賃補助	新築する場合150万円を助成 リフォーム費用の1/2補助（上限100万円） 家賃の1/4補助（上限12,500円，2年間）

資料：豊後大野市役所資料より作成。

重など様々である。

　本事業は，市農林業振興公社を指定管理者とし，市公社が管理耕作する農地45aにハウスを建設している。また専属の営農指導員を1人雇用するとともに，ピーマン部会員も営農指導にあたっている。市や農協からの助成金はなく，管理・運営は研修で栽培したピーマンの収益でおこなっている。研修1年目は，市内の先進農家（20戸強）での実地研修を通じて栽培・管理技術などを習得し，それを市公社のハウスで実践する。2年目は，市公社のハウスで模擬経営に取り組むとともに，農業簿記などの研修もおこなう。

　研修生は，施設ピーマンの販売収入が各自の所得になり，就農研修資金として市から月15万円の融資も受けることができる（表8-1）。住居は，空き家でも所有者が貸すのを嫌がったり，古民家は若い人や都市出身者が嫌がる（トイレや風呂の問題など）ため，市が新たに宿泊施設を建設し貸している（研修期間のみ）。研修後は，研修生の新規就農に向けて次のサポートを準備している。表8-1に記すように，就農研修資金を借りた研究生は研修後5年間就農すれば，一定額が補助される。また必要な農業機械・施設は，先述した新規就農定着促進事業により1/2の補助が受けられる。農地は，農業委員会等による斡旋や市公社が管理耕作している農地を斡旋するなど，関係諸機関が農地確保に向けた仲介・支援をおこない，住宅は新築，古民家のリフォーム，賃貸いずれにも表中の補助を準備するなど住宅の確保にも力を入れている。

　1期生が研修を終了し，新規就農するのは2014年からであるため，事業前の取り組みをもとに具体的な新規就農者の実態についてみていくことにする。

(2) 新規就農者・Aさん

 2010年に新規就農したAさん（44歳）は，大分県B市出身の非農家であった。子供の頃に友達の家の農業機械に興味をもち農家になりたかったが，農家は「世襲」というイメージがあり，また当時は新規就農の相談窓口もなかったためB市で会社員となった。だが，県の農業大学校が半年間，播種の仕方，草刈機の使い方，季節の野菜の作り方など基礎的かつ包括的な技術・知識を教える「準備研修」を知り，退職して準備研修に参加している。

 研修後は，さらに技術や知識，経験を高めるためテスト・ファームに参加している。テスト・ファームは毎年5人の研修生を受け入れ（研修費月1万円），野菜のうち県の戦略品目（ピーマン，トマトなど）を中心に，農業大学校内の土地やハウス（原則1人5a），農業機械を使用しながら1年間，農業大学校職員から栽培技術等の指導を受けつつ，研修生の自己責任のもと生産から販売までの模擬経営を経験するものである。模擬経営で要する生産資材等のコストは研修生が負担し，販売収入は研修生に帰属する。つまりテスト・ファームは，先のインキュベーション・ファーム事業の先駆けといえる。Aさんは，ピーマン以外に所得面でよい作目が見当たらなかったためピーマンを選択している。

 研修終了後，Aさんは市役所へ行き農地確保の相談をし，市職員にCさん（72歳）を紹介してもらい，D集落で70aを借地している（6年の利用権設定）。CさんはD集落のリーダーで，集落営農法人の会長でもある。D集落では高齢化等で自作できない地権者が増えており，Cさんが農地のまとめ役となり集落営農法人への農地集積に加え，新規就農者への農地斡旋にも取り組んでいる。D集落にはAさんを筆頭に，40歳前後の施設園芸の新規就農者が5人おり，市はD集落を新規就農者の入植団地として位置付けている。

 借地70aのうちハウスの実面積は20a（22棟）である。ハウスは県の「ブランドを育む園芸産地整備事業」を活用し，1/3の個人負担は近代化資金でカバーしている。Aさんは認定農業者で，人・農地プランの中心経営体でもある。現在の労働力は，Aさん夫婦と母親の3人であり，収穫したピーマンは全量農協に出荷している。現在の労働力では20aが限界であり，今後は季節雇用を2～3人入れ

て30aまで拡大したいと考えている。青年就農給付金は,制度よりも前に就農しているため2年間のみ受給している。

3. 新規就農者の育成・確保—竹田市

(1) とまと学校の取り組み

　中山間地域に位置する竹田市の農業経営体数は2,725,農地は6,300haあり,米や施設園芸(トマト,ピーマンなど),畜産が盛んである。認定農業者は660人(平均年齢60歳)で,品目は米や畜産,施設園芸など多様である。竹田市も毎年20人近くの新規就農者を確保している。新規就農の問い合わせは,新・農業人フェアや市への移住を促す農村回帰支援センター,空き家情報を提供する空き家バンク制度など多様なルートを通じて年間60件ほどある。新規就農希望者のうちハウストマトは後述する「とまと学校」で研修を受け,その他の作目で青壮年かつ専業農家を目指す人にはテスト・ファームを紹介している。

　竹田市(特に旧荻町)では生産調整の開始以降トマトに取り組み,1980年のハウスの導入を画期に面積を拡大している。竹田市は高冷地に位置するため,糖度の高いトマトの生産が可能であり,県推奨のブランド名で販売している。だが,89年にトマト農家170戸・栽培面積43haでピークを迎え,以降高齢化による離農などで約90戸・30haまで減少している。産地の維持にはロットの確保が不可欠

図8-1　とまと学校をめぐる組織図

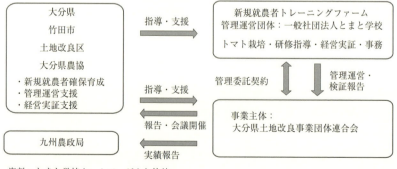

資料:とまと学校ホームページより抜粋。

であるため、新規就農者の育成・確保が喫緊の課題とされた。そこで県や市、農協のトマト部会、土地改良区などの関係諸機関が糾合し、2010年に新規就農者の育成支援をおこなう一般社団法人「とまと学校」を設立している（図8-1）。とまと学校は、国営大野川上流農業水利事業の一環でおこなうため、土地改良区が事業主体である。代表理事にはトマト部会長のEさん（59歳）が就任し、Eさんの農地45 a をとまと学校が借地して、国の「戦略的産地振興支援事業」を活用し連棟ハウスを建設している。とまと学校では実践研修を2年おこない、Eさんが主に専属で営農指導をしている。10年から毎年3人ずつ研修生を受け入れ、研修生は概ね45歳以下であること、トマト管理をするために市内周辺に居住できること、独立後1年目の資金として200万～300万円を準備できること、研修後市内で就農しトマト部会員になること、の4点が求められる。研修の問い合わせは年間40～50件ほどあり、要件を満たす希望者のなかからEさんが面接し最終決定をする。研修生は、概ね地元の農家子弟が1/3、新規参入者が2/3であり、彼らの住居は市やとまと学校が斡旋している。

　研修生は、苗管理や栽培・肥培管理など年間を通した作業工程を学ぶとともに、簿記や税申告は県振興局の夜間講習会で勉強している。特に栽培方法は、畑地灌漑を活用した灌水施肥栽培システムと、コンピューター制御により生育ステージに合わせた肥料と水を液肥によって過不足なく与える養液土耕隔離床栽培方式を導入し、さらに栽培技術の数値化を徹底することで、トマト部会の平均反収8.5トンを上回る14トンの反収をあげている。とまと学校では研修後、農業経営等に必要な売上目標として10 a 400万円を掲げている。

　研修生には、基本給12.5万円と残業代が支払われる。とまと学校は、市や農協からの助成金を受けておらず、研修生が栽培したトマトの売り上げで必要経費をカバーしている。研修後に1期生3人で法人を立ち上げ新規就農したのが、次の農事組合法人Fである。

（2）農事組合法人F

　法人Fは、竹田市出身で代表のGさん（24歳）、大分市出身の専務で会計担当の

Hさん（38歳），竹田市出身の常務で栽培管理担当のIさん（21歳）が2012年に設立している。Gさんの実家は，父親（59歳）が繁殖牛30頭を，長男（29歳）がトマト30 a をつくる複合農家である。Gさんは次男のため当初から独立して就農することを考え，市内の農業高校園芸科を卒業後，Eさんのもとでトマト栽培の手伝いをしていた。その時，Eさんからとまと学校の話を聞き入学している。Hさんはハローワークでとまと学校のことを知り入学し，Iさんは高校卒業と同時に入学している。最初Gさんは1人で就農するつもりでいたが，1人では資金及びリスクが大きいこと，補助事業の要件が3戸以上であることや法人であること，などを理由に1期生3人での法人を選択している。

出資金は1人30万円の計90万円である。農地は知人から1.3haを借地し，ハウストマトを60 a 栽培している。連棟ハウスは，県農業公社を事業主体に，国の経営体育成支援事業や県の園芸産地整備事業を活用し，法人は県農業公社と14年間のリース契約を結ぶことで初期投資をおさえている。連棟ハウスには，灌水施肥栽培システムと養液土耕隔離床栽培方式を導入し，従業員は3人に加え，外国人技能実習生を1人入れている。

2012年の反収は15.4トン，年間販売量は約92トンと，旧荻町のなかでは反収2位，販売量及び販売額1位の実績をあげている。それは，第1に多くの農家が使用している雨よけハウスでは11月までしか収穫できないのに対し，法人は耐候型ハウスを導入することで2月末までの収穫が可能なこと，第2に平野部のトマト農家の過去の出荷動向を分析し，出荷が途切れる時期を見極めるとともに，その時期から逆算してトマトの定植時期を決定していること，第3にその結果，トマトが品薄となり単価が高いときに出荷しているためである。収穫したトマトの約9割は農協に出荷し，農協の選果場が終了する12月以降は，大分市の青果市場や市の第三セクター「農村商社わかば」に直接販売している。

今後の展開は，5年後に近くの優良農地を借り，従業員1人につき経営規模30 a で1つのハウスを担当する形に拡大することや，農協出荷ではトマトの糖度差が価格に反映されないため，道の駅や青果市場など新たな販路の開拓に取り組みたいと考えている。

4．まとめ

　以上，九州の中山間地域に位置する両市では，人口の減少や地域農業の後退が危惧されるなか，少しずつではあるが安定的かつ着実に新規就農者が育成され定着している。

　両市に共通することは，第1に産地を形成している作目に限定し，集中的に支援をおこなうことで新規就農者を育成・確保していることである。その根底には，農家が十分な所得を確保できることがあり，それが新規就農の決定的な条件である。第2に行政や農協，県の農業大学校，生産者など関係機関が連携することで，営農指導や実践的な研修，さらには住宅の仲介・斡旋や支援を含む包括的なサポートがおこなわれていることである。第3に研修生の条件として，年齢制限や必要な準備金の提示，さらに豊後大野市では2人1組であることや市外者であることなど，両市がどのような人材を求めているのかを明確化することで，本気で新規就農したい希望者を集めていることである。

　だがその一方で，次の問題に直面している。第1に，研修生の指導を専属の営農指導員がおこなう豊後大野市に対し，竹田市は代表理事のEさんが主におこなっていた。その結果，自家経営（トマト50ａ，Eさん夫婦と長男夫婦）に従事できず臨時雇用を入れているが，それが経営を圧迫している。とまと学校からはわずかな講師料が支払われる程度であり，また技術指導に加え研修生の生活や人生の相談まで対応しなければならないなど，Eさんに過度な負担が集中している。そのため，いったんとまと学校は2017年度で終了することが決まっている。以上の問題をクリアするためには，豊後大野市のように適切な対価を支払う専属の営農指導員を配置するか，トマト部会員や農協の営農指導員等を糾合して営農指導等の負担の分散を図ることが求められる。

　第2に，新規就農者の住宅確保の問題である。両市では，市や空き家バンクなどの制度を通じて新規就農者に住宅を紹介・斡旋しているが，所有者と新規就農者の意向とがマッチせず確保が難しい状況も生じている。また住宅があっても，研修施設あるいは農地と離れているといった問題もみられる。そのため豊後大

第Ⅲ部　資源：その持続的活用と地域振興

市では，宿泊施設の建設や新築及びリフォームの助成などを設けていたが，市単独での支援にも限界があり，国による中山間地域への定住促進政策の充実が不可欠である。

　第3に，本節の事例を裏返せば，所得面から土地利用型では新規就農者の確保が難しいことを示している。加えて取り上げた新規就農者も，土地利用型あるいは既存の集落営農との関わりは皆無である。労働集約型の施設園芸にとって，土地利用型に関わる時間・労力の確保は難しいであろうが，両者を結び付ける仕組みを模索する必要があろう[3]。

註
(1) 沖縄の場合，新規就農者のうち青年層（40歳未満）における新規参入者に限定して算出している。
(2) 新規就農の実践実態に関する研究には，農村金融研究会編『新規就農を支える地域の実践』（農林統計出版，2014年），島義史『新規農業参入者の経営確立と支援方策』（農林統計協会，2014年），澤田守『就農ルート多様化の展開論理』（農林統計協会，2003年），江川章「新規参入における経営創業と支援」（柳村俊介編『現代日本農業の継承問題』日本経済評論社，2003年）などがある。
(3) 例えば，岡山県のピオーネの産地であるJ町では，町公社が十分な所得になるピオーネに限定して新規就農者の育成・確保をおこなっている。町公社では，週3日ピオーネ研修をおこなっており，もと農業高校の教員で集落営農のリーダーが残りの3日は集落営農で米の作業に従事してもらうことで，将来の土地利用型の担い手確保を図り，それを通じて集落住民とも溶け込んでもらう仕組みづくりを模索している（2012年筆者調査時）。
　　なお，J町の新規就農者育成の取り組みについては，前掲『新規就農を支える地域の実践』第5章も参照。

第2節　人口減少時代の農山村の地域づくり

1．農業政策と農村政策の乖離を問う（人口減少時代に向けて）

　基本的には「農業・農村・食料を取り巻く世界は，経済原理が影響するカネやモノに関する分野と，生命・生活原理が影響するヒトとクラシの分野を合わせた総体によって構成されている」。しかし，経済原理の強いモノとカネを重視する農業経済学と，生命・生活原理を重視する農村社会学との間で深い溝がある。

　社会学的な視点からは，「家族を軸とした生活集団が先にあり，農耕や貨幣や資本主義の展開は人間の生活のための手段である」と考える。

　ただ，現在の農政に関する現実的遂行者は，圧倒的にモノ（農産物生産の領域の技術部門）の関係者と，カネ（農業経済領域の部門）の既存農学を学んだ関係者による独占状況によって構成されているし，その影響下に農政が展開されていることも事実である。よって，本節は【人間が農業をし，人間が食べる】および【農業が変わったのではなく，ヒトとクラシが変わった】と言う社会学的視点から主にヒトとクラシの領域（生活農業論）の立場から，農業と農村のあり方を問いなおした上で，現在の人口減少時代の農村のあり方を，従来の視点とは全く異なった「人口減少を容認する視点」から考察していきたい。

2．基本的概念の差異と具体的の違和感（乖離と見直し）

(1)【農業・農村】概念の乖離と見直し

　1960年頃までの日本社会は，農業を貨幣経済的な所得の獲得としての産業としてではなく，圧倒的に家族が生きていくため，食料や衣料を含む生活の様々な糧を得るための生業として，農業を営んでいた社会である。それ故，農業のあり方と農村のあり方は，【農業・農村と言う概念】は，何ほどかワン・セットの概念として通用していた。しかし現在，農業政策はモノとカネを軸とした農業生産と

第Ⅲ部　資源：その持続的活用と地域振興

食料問題に収斂し，農村問題は農業生産活動領域だけでは包摂できない地域社会の住民の生活問題として立ち現れている。すなわち，従来の【農業・農村】と言うセット概念は，通用しなくなり見直されるべきである。

具体的な人口論的に引き付けた課題としては，1960年頃までの既存農学では，農村・農家の過剰人口圧力の中で，農地の拡大と農産物＝食糧増産を軸とした農業の増産政策が主軸となった。開拓・開墾や耕地整理さらには海外の植民地政策へと繋がっていく政策と，品種改良などの増産技術の革新が最大の課題であった。すなわち，ヒトは余っていたが，農地と農産物（モノ）が足りなかった時代の最重要である生産政策が，その時代の農学や農政の中心課題となっていた。

しかし，1990年ごろより現在の農業・農村のあり方は，従来のワン・セットの概念として捉えることは非常に困難である。まず，農家・農村での就業構造が変わった。農業所得だけで生活している人は少数である。現代の農家は，農業所得で生計を立てている世帯ではなく，農作業をしながらも多様な就労構造を持ち，農村で生活している人々の生活集団が圧倒的である。それ故，農業生産政策だけでは，現代の農村は捉えきれない。

むしろ，現代農村の課題は，就労構造の変化のみならず，家族と世帯の分離および世帯の縮小化，長寿化に伴う高齢者世帯の増加，モータリ・ジェーションによる生活圏の拡大，そして何よりも農山村の人口減少に伴う担い手の変化が最大の課題となってきている。すなわち，かってのヒトが余っていた状況から，ヒトが足りない状況に大転換したのである。それ故，農村政策は，ヒトを軸とした担い手とクラシの問題に焦点を収斂してきている。

なお，本論では農山村の人口は減少したが，増田レポートや『地方創生』のように，日本の人口の減少を「**社会・経済的危機**」としては捉えていない。

現代の農山村の在り方は，農林業が変わったというよりも，**農山村に住む人々のクラシが変化したことが，徹底的に農山村の在り方を変化させた**といえる。確かに，農林業の形態や就業構造も大きく変化した。しかし，それ以上に農山村の人々のクラシの根幹である生活構造（家族と世帯の分離と縮小，就業構造の複業化，モータリ・ジェーションによる生活圏の拡大，生活婚からコンビニ婚による

第8章　中山間地域の活性化方策

非婚化問題の発生）が，集落等の地域社会構造を大きく変化させた。すなわち，現代の農山村は農林業問題の改善や生産政策の対応だけでは，対処できない状況が拡大しつつある。

（2）『農村』概念の基本的な乖離と溝

　従来の農学的・農政的な『農村』概念は，「ある一定地域における，農業生産基盤（農地・林地）の集積空間」として農業生産力的視点から捉えられてきた。だから，「農村活性化」・「農村振興」とは，土地利用率の高度化を意味することが多かった。それ故，現在でも行政の農村整備課の主たる事業は，圃場整備や用排水整備などの旧耕地課を引き継いだ農業土木的な農業生産力の向上に向けられている。すなわち，農村のソフト事業は，常に農業生産力向上のために付随した第2義的政策として展開されてきた（「中山間地域等直接支払制度」は，非常に有効な政策として評価）。

　一方，農村社会学的な『農村』概念は，「一定の地域における人々の生産上・生活上の不可欠な社会関係・社会集団の累積空間」として住民の生活拠点としての把握が中心となる。それ故，産業構造・就業構造および生活基礎集団・生活様式が大きく変容した現在農山村の人々の生活構造の変化を詳細に追及する。すなわち，農業生産・農業経営上の変化だけでなく，人口移動・少子高齢化・世帯の極小化・世帯と家族の分離と混同・兼業化・複業化・非農業的就労の増加・年金支給・医療福祉施設の配置・移動手段の変化（自家用車と携帯電話の普及）・生活圏の広域化・結婚形態の変化・子弟教育の変化・家の後継者と農業の後継者の分離・集落統合の変質・自治体の統合など，広角的視野から農山村住民の生活構造の変容に関係する諸要件に焦点を絞り，生活変容そのもの自体を第1義的に研究・分析していくことになる。

　ここで言う生活基礎集団とは，世帯・家族・他出子・近隣住民・集落住民・職場の同僚・知人友人など，何ほどか日常生活の維持に恒常的に関係する人々の総体である。人は，決して一人では生活していない。必ず幾種類かの生活基礎集団の上にクラシを形成している。特に，同居世帯と家族（他出子世帯も含めて）は，

中心的な生活基礎集団となる。ただ近年，世帯と家族の概念が混乱しており，だから同居世帯のみを家族と誤って認識している人々が多い。家族は，空間・時間を超えて機能し存在する。

（3）農業経済学研究と行政の農林部事業の乖離とねじれ

現在の農業を取り巻く環境が，産業社会の伸展の中で非常に多様化・グローバル化する中で，農業経済学・経営学が，農業生産の経済的・経営的諸要件（農産物価格・農家所得・生産コスト・規模拡大等）の研究と食料問題（貿易・市場対応・国際競争力・TPPなど）のモノとカネの領域に収斂しているように見受けられる。

一方，行政の農林部の事業は，農業の担い手不足や農村の人口減少を軸に，農家・農村の変容に対して直接的・現実的に対応していかざるを得ない立場にある。その結果，過疎地対策・高齢化対策・担い手対策・環境保全対策・グリーンツーリズムなど多方面にわたる農村対策に取り組まなければならない。単に，農業生産政策のみを遂行している訳にはいかない。現に，各県の農林部の事業は，かなりの範囲で『ふるさと維持部』的事業を展開している。しかし，その事業推進の人的な核は既存の（農業生産と経営を軸とした）農学系出身者によって占められ，必ずしも農村問題の専門分野の知識や技術を習得しているとは言いがたい。それ故，国では各省庁（農水省・総務省・国交省・厚労省等）が入り乱れ，県レベルや市町村レベルでも農林関係部署のみならず，他のセクションの企画振興課や市町村課や高齢者福祉課などが，地域活性化や地域振興に取り組んでいる。

このように，農学系の学問研究と現場の行政システムが，農村問題については乖離とねじれが強く発生している。京都府農林部は，『里の仕事人』制度を導入し，農林部職員の職務を生産政策活動だけでなく，地域政策を強く意識した業務・事業体制をとっている。

第8章　中山間地域の活性化方策

3. 農村における生活構造の変容と地域社会の多様化

(1) ステレオタイプ的な農山村活性化の問題点

　現代の農村は，大きく変容している。従来の1960年代まで通用した分析枠組みで，現代の農村を分析しても，その姿が見えてこない。逆に，**図8-2**の如く地域社会や集落における【人口減少，少子・高齢化，農林業の衰退，雇用の場の少なさ，公共交通機関の不便さ，結婚難，家族の極小化等】のデータを集めてステレオタイプ的に「限界集落化が進行している」と結論付けて，『限界集落論』においても，増田レポートを軸とした『消滅可能性自治体』においても，集落・地域の消滅の危機感だけを煽っている。しかも1960年頃（昭和の合併直後の最も農山村人口が多い時期）の自治体データを基に，その統計的数値を根拠に，現代の数値と比較し「農山村はダメ」論の大合唱を行っている。数字の外形を見ているが，中身や生活の変質を全く考慮していない従来型の経済至上主義的な言説が横行している。

　現在，過疎農山村の地域活性化が，当該自治体や住民の愁眉の課題であるが，その対策は上記の課題に対症療法的に反応するステレオタイプ的な政策的事業の羅列である場合が多い。その課題の本質的構造について考察が欠けている。例えば，【人口減少，少子高齢化，担い手不足】に関しては，都会からの若者導入（ふるさと協力隊など）政策や，少子化対策としての子育て支援政策（エンジェルプ

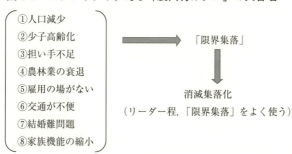

図8-2　ステレオタイプ的な「農山村はダメ」の大合唱

245

ラン など）が，補助事業がらみで縦割り行政的に羅列・遂行されている。【結婚難・花嫁不足】には，各自治体で花嫁対策室を設置し，結婚すれば補助金を給付する。【農林業の衰退】には，特産品の開発と農業の6次産業化のオンパレードである。【雇用の場がない】については，企業誘致と観光・交流による雇用の創設を声高に叫んでいる。言い換えれば，人間の数と経済的な売上高が伸びれば，地域は活性化し，上記課題は解決すると言う非常に粗雑かつ安易な対策である。だから，これらの事業がどれだけの有効性があるのかを検証しようともしないし，行政主導の政策を遣りっ放しである。また，これらの課題がどのように相互連関しているのか，その本質的構造への目配りはない。まるで，「**賽の河原の石積み**」の如くである。

何よりも，本論ではこれらの課題の前提を疑ってみたい。

（2）「人口減少」に対する新たなアプローチの提案

以上のような増田レポートとは異なる「人口減少」に対する論理，すなわち【**人口減少変容論**】を踏まえて，今後の「人口減少時代の地域社会の再構築」を具体的に考察していきたい。その前に【人口減少変容論】の基本的認識を再確認しておく。①日本社会は，ようやく人口減少時代に入り，多産時代の圧力から開放され「ほっと！」している。その傾向は今後しばらく続く。とは言え②<u>一般家庭の夫婦は，8割以上が2人以上の子供を生み</u>，社会基盤の基礎である**世代の再生産は維持され，機能している**。さらに③長寿化・遅齢化に伴い【**プレミアム世代**】（60歳〜75歳頃までの元気で，社会的活動が十分出来る年齢層を"老人や高齢者"としてラベリングせず，年の取った**新人類**として認識する）が，歴史上初めて社会的年齢層として登場してきた。この人達の活動が，今後の日本社会のあり方の鍵を握る。そして④発展途上国型の経済成長システムの豊かさだけでは，人々が幸せになれないことを自覚し成熟社会のモデルを求めている。しかし，高度経済成長の成功モデルしか持たない経済・政治リーダーは，時代逆行的政策に固執し新しい社会モデルを構築できないまま，社会的な停滞と漂流を続けている。以上のように【人口減少変容論】は，増田レポートのような【人口減少危機論】とは

そのスタンスは大きく異なる。ここでは，紙数の関係上，『地方創生』の対象となっている農山村について具体的に考察していきたい。

現代の農山村社会に対する一般的な認識は，「図8-2」に示した如く，【人口減少，少子・高齢化，家族の極小化，担い手不足，結婚難，農林業の衰退，雇用の場の少なさ，公共交通機関の不便さ等】の生活課題の状況の悪化をベースに，過疎化や限界集落化と言ったステレオタイプ的な「農山村衰退論的」な認識が主流である。増田レポート等も同様の認識を示している。筆者も「危機論」とは異なっているが，現在の農山村の住民が多くの生活課題を抱えていることに異論はない。このような農山村危機論や生活課題に対して，大きく分けて2つの流れの対応理論が存在してきた。

第1の流れは，外部から統計データを軸として現在の農山村の構造分析を加え，各課題がどの程度悪化しているか構造連関的に原因を探り，その解決策を模索する方法である。

そして，その解決方法の多くは，人口論や経済合理的な視点を軸にして<u>外部からの政策支援や経済振興策を中心に提示されてくる。</u>一般的に行政やコンサルがよく行っている手法や理論である。具体的に言えば，大野の「限界集落論」（大野 2005）や「農村撤退論」（林他 2010），および，増田レポートをベースとした『地方創生』論（増田 2014）などに続く系譜である。この系譜の特徴は，農山村の現状をマクロな視点から分析し，経済合理性を軸に外部からの支援施策のあり方を模索していくところに特徴がある。人口減少等を，地域や社会の危機として捉える傾向がある。

第2の流れは，現在農山村に住み暮らす人々の生活実態に着目し，彼らの居住地が過疎地であろうが限界集落であろうが，暮らし続けたいと言う住民の生活基盤を拡充するための条件を模索する。特徴は，<u>経済的合理性だけでなく生活合理性をも含めた**内発的主体性**を重視する手法である。</u>本論もこの系譜に属する。人口減少等の変動を，家族や世帯および集落等のメゾレベルから，住民の生活実態の変容として捉える立場である。

以上2つの分析手法の特徴の違いを意識した上で，農山村の生活課題を一般的

表8-2 過疎農山村の生活課題に対する認識の差異

生活課題	A 人口減少・危機論の特徴（増田レポート）	B 人口減少・変容論の特徴（本論の立場）
① 人口減少への評価	経済的・社会的危機の強調	人口増加圧力からの開放 紡錘型人口ピラミッドへの移行
② 少子・高齢化問題	超高齢化社会への不安 消滅可能性自治体への危機	成熟社会への移行における人口構成年齢の偏在
③ 担い手不足	生産年齢人口比の減少と不安	【プレミアム世代】の登場と生産年齢人口の安定的持続
④ 農林業の衰退（農業・農村政策）	「攻めの農業」とTPPの導入 所得形成機能の強調	「生活農業論」的な人間存在・社会基盤等の安定化機能
⑤ 雇用の場がない（職業と仕事の違い）	「職場」＝経済的な所得基準からの判断と収斂	「仕事」としての生活・社会の維持のための労働への評価
⑥ 交通が不便（公共交通とは何か？）	バス・鉄道が公共交通機関であると云う時代錯誤的認識	自家用車が現代の公共交通機関であると云う認識
⑦ 結婚難問題（生活婚の再評価）	非婚化・晩婚化の進展	「生活婚」の見直し
⑧ 家族機能の解体（縮小化）	家族と世帯の混同	他出子世帯の存在と相互サポート機能の再評価

にマクロレベルでどのように認識しているかを，A増田レポートとB我々の理論とを比較して**表8-2**に整理してみた。かなり，大きな差異が存在することがわかる。以下，A）危機論とB）変容論とでは，一般論的な生活課題をどのように認識しているのかを，課題別に検討してみよう。

(3)『人口減少時代の地域社会モデル』構築のための具体的な考え方

　まず，①【人口減少】に対する認識はA「危機論」では，日本社会や地域社会の経済的視点から社会的危機として認識する。一方，B「変容論」は，上述したように世帯・家族などの生活基礎集団が多産状態の人口圧力から開放され，「ほっと！」しており，マクロには紡錘型人口ピラミッドに移行する変革期として捉える。なお，一般の夫婦は，8割以上が2人以上の子供を生んでいるので，人口の減少はしばらく続くが，次世代の生活基礎集団への継承は保証されている。

　②【少子・高齢化問題】に対する認識は，A「危機論」では，超高齢化社会となり，高齢者の年金・医療費等の社会福祉費に負担が増大し，経済的な社会負担

の破綻を強く危惧している。一方，少子化の進行により『消滅可能性都市』の出現を危惧し，国民への社会的危機感を呼びかけているが，現実的な解決策は『地方創生』では見えてこない。一方，B「変容論」では，高齢化を基本的には，人類の夢であった本来の長寿化として捉える。少子・高齢化現象は様々な課題があるが，多産多死から多産中死による人口爆発の途上国型社会を脱して，少産少死型の成熟国家への移行期における年齢構成の偏在として捉える。

③【担い手不足】に対する認識は，A「危機論」では，生産年齢人口の減少に伴う産業労働力の枯渇に対する不安と国際競争力の弱化を懸念する。B【変容論】では，上述した如く60歳〜75歳の【プレミアム世代】の登場により，生産年齢人口の維持は可能であると言う見解を取る。課題は，この歴史上初めての【プレミアム世代】の社会的・経済的活用の具体的システムの構築である。また，都市―農村間の空間的人口の偏在を是正していく課題に対して，成熟型社会における【農】の魅力はかなり機能すると考えている。

④【農林業の衰退】に対する認識は，A「危機論」では，農林業を過度な産業論的視点から儲ける農業を標榜するが，TPP導入なども視野に入れた政策は，さらなる【食と農】の分離を促進し，国民生活の安定度を欠く懸念が強まる。なによりの，農山村の維持存続への『農村政策』が全く見えてこない。一方，B【変容論】では，農業は，貨幣より資本主義より企業よりも古いし，人間の暮らしの基盤部分を形成すると言う『生活農業論』的立場をとる。それ故，現在の農学や農政には，「農業生産政策」と「農村維持政策」の分離（カップリング）を要求する。また，成熟社会や【プレミアム世代】にとって，【農的生活】は非常に親和性があると同時に【役立ち感】を持てる作業である。今，多くの人々が，産業としての農業ではなく，暮らしとしての【農】を見直し始めている。食料不足の時代に出来た農学・農政のパラダイムは逆に桎梏となりつつある。貨幣だけで人生は暮らせない。

⑤【雇用の場が少ない】についての認識は，まず「**図8-3**」の【労働の概念】（職業と仕事の違い）と言う図の説明を，再度見てもらいたい。仕事や職場や雇用と言った言葉が，非常に曖昧に混同されて使われているからである。仕事や職業（職

第Ⅲ部　資源：その持続的活用と地域振興

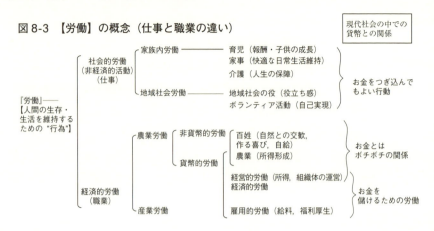

図8-3 【労働】の概念（仕事と職業の違い）

場）の上位概念になるのは【労働】である。【労働】とは，「人間が生存・生活を維持し続けるための行為」と定義することが出来る。その中でも食べ物を作る農耕とか，生活上に有用なものを作る労働を，経済的労働と呼ぼう。経済労働には，貨幣換算出来ないものと出来るものがある。農作業をして農作物を作っても必ずしもお金になるとは限らない。農業は，貨幣よりも資本主義よりも企業よりも古くから現在まで営んできた経済行為である。しかし，会社に務めに行きアルバイトをするのは，お金を稼ぐために行う。このようなお金を稼ぐために行う労働を【賃労働】と呼び，賃金の高い【雇用労働】をよい【職場】（職業）と言う。一方，出産や育児，家事や介護，近隣との付き合いやボランティア活動などは，お金のために行うことではないが，生活上も社会上も不可欠な行為である。

A「危機論」から見た「農山村に雇用がない」は，よい賃金の雇用（職場）が少ないことで，農山村に賃労働や職場がないことではない。ましてや，仕事がないことではない。仕事は，農山村の方が，都市に比べて相対的に多い。すなわち，「職場」＝経済的な所得基準から判断された相対的優位な職場が少ないことである。結局，人口減少「危機論」とは，経済問題＝企業活動の強化・増加に収斂・帰着していく経済至上主義的な色彩を濃厚に持つイデオロギーの一種である。かって戦前の日本が，軍人の軍国主義イデオロギーに乗っ取られたように，現在の日本の社会および政治が，企業経営者の経済至上主義イデオロギーに乗っ取られよう

としている。**社会は企業活動だけで動いているわけではない。**

　一方,「変容論」では,経済的所得の機能を無視する訳ではないが,それだけに偏向するわけでもない。だが現在では,所得・雇用を軸とした経済至上主義的な「集中と選択」が,他の社会的労働を疎外し始めていると認識している。すなわち,所得経済チャンスの強調は,人口の都市への一極集中を呼び起こし,サービス産業の振興は「生活婚」を排除し始め,非婚化と晩婚化を促進し,結局,日本全体の人口減少と地方の疲弊を生み出している。このような【産業化の意図せざる結果】は,現代社会のさまざまな現象,たとえば,家族の縮小化と世帯の分離,環境問題やITによる人間関係の疎遠化などの基礎原因として作用している。経済的成長と合理性を追求すればするほど,人間の暮らしと社会の継続と紐帯を非合理化してしまう【近代化の矛盾】を深く自覚し,現代社会のあり方を反省する必要がある。

　「変容論」では,このような【近代化の矛盾】を深く自覚した上で,労働における社会的労働と経済的労働をどのようにバランスを取っていくのかに腐心している。その具体的現象を解明していくのが,我々社会学者の研究対象そのものである。

　⑥【交通が不便】に対する認識は,「危機論」的視点からは,乗客数の激減から鉄道・バスの公共交通機関が縮小・撤退し,中山間地を中心に住民の移動手段を懸念している。そして,その公共交通問題の検討委員会を開催しても解決策はなかなか見つからない。「変容論」では,**現代の公共交通機関は自家用車であり,**1960年代の鉄道・バスが公共交通手段であった時代の認識は,完全に時代錯誤的な固定観念であると考える。我々の調査によれば,中山間地の住民の85％が車の運転免許を持ち,交通弱者と言われる非免許保持者（70歳代以上の女性が中心）の85％が,買い物や通院などの移動手段は自家用車である。配偶者や近隣地域に居住する子供達に同乗させてもらっている。

　車で移動できない交通弱者は,実質的には1.5％×1.5％＝2.25％ぐらいであり,交通弱者の個体識別ができる。それ故,公共交通を自家用車として定義し直せば,デマンド交通や集落の自主運営システムを構築することも可能になるし,現に鳥

取県三朝町の和田集落ではその試みがなされている。すなわち，1960年頃庶民が車を保有していなかった時代の公共交通の概念とイメージが，システム化され固定されたまま政策的に再生産され続けた結果である。現代では見方を変えれば，交通不便とされている地方のほうが，ドアtoドアで便利と言うことも出来る。

⑦【結婚難問題】について「生活婚」の見方に対する認識の差異がある。「危機論」では，晩婚化や非婚化が進展し，家族や社会解体の兆しであり人口減少の要因の一つとして，指摘されている。しかし，「生活婚の変容」に対する認識は浅い。すなわち，「生活婚の変容」は，近代化・産業化の【意図せざる結果】として発生しており，さらなる人口と経済の「選択と集中」は，結婚問題の解消には逆行する可能性がある。

一方，「変容論」的な見方は，「結婚ありき」ではないが，何ほどか生活基盤の維持・存続の基礎要件とみなす。生活を，個人レベルの生活要件の充足を軸に，産業化された外部セクターのサービスに依存するのではなく，生活基礎集団の内発的な生活充足・維持の機能を再評価し，「生活婚」の現代社会での機能と意味を見直して生きたい。個人レベルでも，生活基礎集団（家族や世帯）のミドルレベルでも，集落や地域のメゾレベルでも，社会全体のマクロレベルでも，この「生活婚」を形成する集団の維持・存続が，最も社会の安定・継続に役立つと考えるからである。

⑧【家族機能の解体（縮小化）】についての認識である。この認識の誤解が，現代社会のあり方を根本的に誤った情況に導いている最大の要因である。すなわち，世帯と家族の違いを混同したまま，世帯の極小化や分散化の現象を，安易に家族の機能縮小や解体として誤解して，現代社会を分析していることである。**世帯と家族は同じではない**。「世帯」とは，行政の住民台帳上，同じ家屋に居住し共同生活を営んでいる集団である。だから，ある時点で，使用人や赤の他人でも同居して暮らしていても同一世帯としてカウントする。

現在の世帯の動向は，非常に縮小・極小化してきている。1960年代までの農業・農村をベースとして営まれていた時代の世帯構成は，世帯メンバーの多い「大家族的」な構成であった。それが高度経済成長期に産業化・都市化の中で，世帯員

の流動が続き，世帯の分散化と極小化が発生した。これを，マスコミが「世帯の分散・極小化」ではなく，「**核家族化**」と言うラベルを貼った。ここに，世帯と家族の混同が決定的となり，世帯の分散化・縮小を「家族の解体」として捉えてしまう誤った素地が出来た。

しかし，「家族」は，時間や空間を超えて存在する。家族の定義や概念は，世帯のように簡単・単純ではない。無理に定義すれば「近親者からなる感情融合に基づいた幸福を追求する第一次集団」（森岡清美 1967）と学術的には定義することは出来るが，抽象的で一般的には理解しにくい。要するに，家族は空間的な縛りがないのである。

簡単に説明することは難しいが，無理矢理説明する。世帯は，人数も言えるし，場所も簡単に言える。しかし，家族は人数すら判らない。（そんな馬鹿なことがあるか？と思われても），嫁に行った娘は家族か。逆に，生んで育ててくれた実家の父母は家族か。孫娘の亭主は家族か。すべて非常に微妙。だから，田舎の実家にいる老親に「ご家族は，何人ですか？」と尋ねたら，多くの方が「私ら夫婦二人です」と答える。「お子さんは，いなかったのですか？」と尋ねると「3人いたが，マチへ出て行った。結婚して孫も7人いる」と答える。さらに「そのお子さんやお孫さんは，家族ではないのですか？」と尋ねると，答えはしばらく無言で，「……」となる。

これが，私たちが最も大事だと思っている「家族」の認識である。非常に，曖昧模糊とした認識で，【家族とは，世帯とは，何であるのかを判らないままで生活していける】。このように，家族と世帯は，非常に類似した曖昧模糊とした概念であるが，しかし，人々が生活を維持していく上で，最も重要な集団である。そして同時に，時代や社会の変化によってその世帯も家族も形や機能は，【固定化】されたものではなく【変容】して行くものでもある。

だから，国勢調査は「家族」ではなく「世帯」の人数を聞いて統計を作る。しかし，行政マンや大学の先生，マスコミは，世帯の統計を分析して，「家族が縮小・解体している」と誤って解説する。

A「危機論」では，家族と世帯を混同したまま，人口減少や少産化に伴い「家

族が解体した」と認識し，家族機能に代わる産業的サービスや行政的サービスの充実・拡張が，社会解体の歯止めであると主張している．しかし，B「変容論」では，世帯の縮小・分散化は進行したものの，家族の機能は完全に解体したとは見ていない．現在でも，人々の生活のかなりの部分は，家族の相互サポート機能によって維持・存続していると見ている．例えば，東日本大震災の支援・援助は，確かに，ボランティア団体や企業・行政の支援が重要であった．しかし，東京や遠隔地に他出している子供達とその世帯員からの支援は，震災直後から現在まで，そして将来も継続していく．家族機能を過小評価することは，戒めるべきである．

　特に，過疎農山村における高齢者・小規模世帯の生活や集落維持に関しては，近隣の他出子やその世帯の相互サポートが大きく機能していることを明らかにした．また，集落のあり方に関しても【修正拡大集落】を形成する傾向が見られる．このことに関しては，拙著『家族・集落・女性の底力』（2014 農文協）に詳しく述べてあるので，参照して欲しい．

　以上の基本的視点をしっかり踏まえた上で，農家や集落の現状を十分把握し，地域ごとに異なる処方箋を書いていくことが，農山村の『地域づくり』への最も重要な作業である．

引用文献
林直樹他（2010）『撤退の農村計画』学芸出版社
木村亜希子（2013）「現代農山村における結婚難」『社会分析』40号
増田寛也編（2014）『地方消滅』中央公論新社
森岡清美（1967）『家族社会学』有斐閣
農村金融研究会編（2014）『新規就農を支える地域の実践』農林統計出版
小田切徳美編（2006）『中山間地域の共生農業システム』農林統計協会
小田切徳美（2009）『農山村再生』岩波書店
大野晃（2005）『山村環境社会学序説』農文協
澤田守（2003）『就農ルート多様化の展開論理』農林統計協会
島義史（2014）『新規農業参入者の経営確立と支援方策』農林統計協会
谷口信和編（2013）『日本農業年報59　動き出した「人・農地プラン」』農林統計協会
徳野貞雄（2007）『農村の幸せ，都会の幸せ』NHK出版
徳野貞雄（2011）『生活農業論』学文社

徳野貞雄（2014）『家族・集落・女性の底力』農文協
徳野貞雄（2015）「人口減少時代の地域社会モデルの構築をめざして」徳野貞雄監修『暮らしの視点からの地方再生』九州大学出版
内山節（2014）『規制改革会議の"農業改革" 20氏の意見』農文協
山本努（2014）『人口還流（Uターン）と過疎農山村の社会学』学文社
柳村俊介編（2003）『現代日本農業の継承問題』日本経済評論社

第9章　離島地域における農業の展開方向

本章のねらいと構成

　九州・沖縄の特徴の一つは多数の島の存在である。わが国で最も島の数が多い都道府県は長崎県であり，次が鹿児島県である。また沖縄県は言うまでもなく県全体が島である。離島は狭小・遠隔・環海といった条件下にあり，こうした条件下では，農業の生産・流通の費用が大きくなる傾向にある。そのため，必要な資源を島内で調達することができればその費用を抑えることができ，またそれが島内の環境保全につながる場合もある。

　しかし多数の島を持つ九州・沖縄においても，離島農業の地域資源の有効活用に関する研究の蓄積は非常に少ないのが現状である。

　本章では，長崎県，鹿児島県の離島部および沖縄県（以下，鹿児島県離島部と沖縄県を併せて「南西諸島」とする）を対象に，離島地域の農業に関する研究の動向，農業の現状，地域資源の活用や将来展望について取り上げる。第1節では長崎県離島における農業と他産業の連携，第2節では南西諸島におけるさとうきび作と畜産の連携を通じた将来展望を模索する。第3節は南西諸島においてその振興が地域資源の活用につながるとされる園芸の展開についての検討になる[1]。

註
(1)「離島」の類義語に「島嶼」という用語もあるが，本章では混乱を避けるため，全て「離島」に統一した。なお，ここでは「離島」の用語を本土との対比で用いるので，沖縄本島についてもその中に含めることとする。

第1節　長崎県における離島農業の展開方向

1．はじめに

　長崎県には大小合わせて594の離島が存在し，うち72島は有人島である。さらに，有人島72島のうちの51島が離島振興法指定の有人島で，残りの21島が法指定外の有人島である。つまり，長崎県の場合は有人島の多くは離島振興法の対象地域で，県の離島振興政策の大部分は離島振興法対象地域の振興を意味する。本節で対象とするのはこれらの地域の農業であるが，本節の内容に入る前に，先行研究の検討と本研究の位置づけを行っておこう。

　長崎県の離島農業に関する研究としては，構造変化を扱ったものに三村ほか（1996），木村（2005），木村（2007）などがある。個別離島の農業に関する研究には，野木（1965），田村（2009），甲斐（2011）などがある。

　三村ほか（1996）は離島の農業を基軸において，他産業との関係のなかで産業構造分析を行っている。そこでは，離島地域活性化の戦略として「本土との格差是正を目的とするのではなく，地域の生活や経済に適した経済活動を確立すること」（三村ほか 1996：p.140）があり，そのための手法として産業ミックスの概念を提案している。

　木村（2005）は，格差是正の解消から自立型の離島振興という政策転換のなかで，離島農業も島の経済循環構築を補完し，地域の特性に基づいた新たな視点からの地域農業政策が必要であるとしている（木村 2005：p.13）。さらに，木村（2007）は，離島農業構造の新たな変化として，①水田地帯における集落を単位とした作業受託組織の形成，②農業生産法人の形成，③アグリビジネスによる離島農業への参入（木村 2007：p.4）を指摘している。

　個別離島に関する研究として，野木（1965）は宇久島を対象として農業の「商品化」について考察している。ここでは，市場条件の劣悪さによる阻害要因が離島農業の構造を規定する重要な要件である（野木 1965：p.29）としている。

　田村（2009）は，中通島における農産加工グループの調査を通して，農産加工

第Ⅲ部　資源：その持続的活用と地域振興

グループが地域の食文化の保存と地産地消の実践の面で貢献しているが，運営に当たってはメンバーの高齢化などの問題に直面しているほか，安定的な収入源にはなっていないなどの課題を指摘している（田村 2009：p.31）。

甲斐（2011）は，離島における肉用牛が地域を支える産業であるが，高齢化や後継者不足により減少することがあるため，省力化やコスト削減，収益性リスクの分散などの施策の展開を支援していく必要がある（甲斐 2011：p.17）と指摘している。

これらの先行研究でも指摘されているように，離島農業は生産・流通・消費面でハンディキャップを抱えている。一方で，離島振興政策の転換のなかで新たな取組みも進められている。これらは地域資源の活用という面から，離島における農業と各種産業との連携という形で進められている。そこで，以下においては，長崎県の離島農業の動向を概観し，離島振興政策との関係を考察した後，離島における新たな取組みとして，農業と他産業の連携についてみていく。そして，これらの内容をもとに，今後の長崎県の離島農業の展望を行う。

2．長崎県の離島振興政策における農業の意義

（1）長崎県の離島と離島農業の概要

長崎県の離島地域は対馬島地域（1市），壱岐島地域（1市），平戸諸島地域（3市1町），五島列島地域（1市1町），西彼諸島[1]地域（2市）に区分できる。長崎県の13市8町の自治体のうち，離島または離島を含む自治体は8市2町である。面積では離島部は1,550.69km^{2}と県全体の4,105.33km^{2}の37.8％を占めるが，人口は13万6,983人で県全体の9.6％，世帯数は5万7,235世帯と県全体10.2％を占めるに過ぎない。表9-1に長崎県の離島の概要と産業別就業者数を示す。長崎県の離島は面積と人口ともに全国の30％程度を占めている。産業別の就業者数は，全産業で減少が目立ち，第1次産業は大幅に減少している。

表9-2は長崎県の離島における農地面積と家畜飼育数である。対馬島や五島列島は総面積では県内の離島の半分以上を占めるが，耕地面積ではさほど高くはなく，両島とも耕地化率はそれぞれ2.1％と8.3％となっており，壱岐島の25.9％や

第9章　離島地域における農業の展開方向

表9-1　産業分類別就業者数

（単位：人）

区分		第1次産業			第2次産業	第3次産業	分類不能	合計
		計	農林業	漁業				
1985年	離島	33,549	16,177	17,372	17,609	41,368	44	92,570
	本土	87,694	69,715	17,979	145,892	374,312	689	608,587
2010年	離島	11,925	5,163	6,762	8,262	39,162	375	59,724
	本土	39,770	33,785	5,985	118,921	411,595	20,962	591,248
県全体に対する離島のシェア	1985年	28.4	19.3	50.5	11.0	10.2	6.1	13.5
	2012年	23.1	13.3	53.0	6.5	8.7	1.8	9.2

資料：ながさきのしまホームページ『長崎県の離島』より作成。
注：各年とも各市町による国勢調査の結果である。

表9-2　長崎県の離島における耕地面積と家畜飼育数

（単位：ha，%，頭，羽）

地域名	総面積	耕地面積					耕地化率	家畜飼育数			
		総数	田	畑	樹園地	牧草地		乳用牛	肉用牛	豚	鶏
対馬島計	70,471	1,448	589	349	185	325	2.1	−	496	−	4,000
壱岐島計	13,669	3,543	2,356	1,065	122	−	25.9	−	12,489	860	8,950
平戸諸島計	7,771	1,772	639	1,056	29	48	22.8	−	4,154	−	2,500
五島列島計	61,491	5,121	1,570	3,549	−	2	8.3	75	7,338	15,461	14,970
西彼諸島	1,893	19	3	15	1	−	1.0	−	−	−	−
合計	155,295	11,903	5,157	6,034	337	375	7.7	75	24,477	16,321	30,420

資料：公益財団法人　日本離島センター『2012　離島統計年報CD−ROM版』より作成。
注：上記の数値は2011年3月末時点のものである。

平戸諸島の22.8％と比べて低い。また，家畜飼育状況は肉用牛の飼育頭数が壱岐では1万2,489頭，五島列島では7,338頭と多くなっている。

表9-3は農業生産額を示したものである。壱岐・平戸諸島・対馬ではコメの生産額が高いほか，野菜の生産額も壱岐・対馬・平戸諸島では高い。一方で，畜産の生産額は肉牛で壱岐と五島列島が高いほか，五島列島では豚の生産額も高くなっている。

以上のように，壱岐や平戸諸島のようにコメや野菜の農業生産額が高い離島がある一方で，五島列島のように畜産業，特に肉用牛が重要な役割を果たしている島もある。とはいえ，離島農業を取り巻く環境としては，人口の減少やそれに伴う就業者数の減少が見られるため，依然として厳しい状況にあるといえよう。

表9-3　長崎県の離島における農業生産額

(単位：百万円)

指定地域名	耕種								
	米	麦	いも	豆・雑穀	野菜	果実	花卉	工芸作物ほか	小計
対馬島	280.0	-	80.0	20.0	210.0	90.0	-	-	680.0
壱岐島	640.0	20.0	-	10.0	460.0	40.0	130.0	360.0	1,660.0
平戸諸島	155.0	-	3.1	56.2	168.6	0.3	-	135.7	518.9
五島列島	-	-	-	-	-	-	-	-	-
西彼諸島	4.8	1.0	2.6	0.6	11.2	0.2	0.2	1.0	21.6
合計	1,077.4	20.5	84.4	86.5	844.2	130.4	130.1	496.2	2,869.7

指定地域名	養蚕	畜産						合計
		牛肉	豚	牛乳	鶏卵	その他	小計	
対馬島	-	90.0	-	-	-	-	90.0	770.0
壱岐島	-	3,190.0	-	-	10.0	-	3,200.0	4,860.0
平戸諸島	-	940.5	-	-	9.1	-	949.6	1,468.5
五島列島	-	1,133.7	1,007.3	22.9	-	-	2,163.9	2,163.9
西彼諸島	0.0	0.0	0.0	0.0	0.0	0.0	0.0	21.6
合計	-	5,354.2	1,007.3	22.9	19.1	-	6,403.5	9,273.2

資料：表9-2に同じ。
注：2010年の1月〜12月の数値である。

(2) 国や長崎県の離島振興政策における農業

1) 国の政策における離島農業

ここでは，離島振興法と離島振興基本方針をみておきたい。まず，離島振興法の第14条では「国及び地方公共団体は，離島振興対策実施地域の特性に即した農林水産業の振興を図るため，生産基盤の強化，地域特産物の開発並びに流通及び消費の増進並びに観光業との連携の推進について適切な配慮をするものとする。」と規定している。「地域特産物の開発と消費増進，観光業との連携推進についての適切な配慮」とあるように，離島の農業においては農林水産業の基盤強化に加え，他産業との連携に配慮することが重要であるとしている。また，第18条では離島地域での事業推進と農地利用の規定が設けられている[2]。

次に，離島振興基本方針である。基本方針には「農林水産業の振興」に関する項目がある。離島農業の特徴として，狭小で急傾斜地が多く生産費用がかかるので，こうした条件を克服することが重要（離島振興基本方針，pp.7〜8）であると指摘している。一方，輸送コストが本土よりも必要となるため，農業の競争力向上や体質強化，流通の合理化や生産性向上のための施設の整備，観光業との連携

第9章　離島地域における農業の展開方向

を通した生産環境の保全，農山漁村での体験活動の増進も掲げられている（離島振興基本方針，pp.7～8）。これらのことから，生産基盤を強化するとともに，他産業との連携強化を進めて島独自の取組みが必要であることがうかがえる。

2）長崎県の離島振興計画における離島農業

　長崎県の『長崎県離島振興計画（2013年4月～2023年3月末）』では，「しまは日本の宝　明日につなぐしまづくり」がスローガンに掲げられ，そこでは「しまの発展なくして，長崎県の発展なし」との文言が出てくることからも，地域振興において離島が重要な位置にあることが確認できる。なお，農業は「1．自立的発展の基盤確保と不利条件の解消，2．医療等の確保による生活の安定，3．離島の特性に応じた産業の活性化，4．しまの持つ多様性を活かした他地域をリードする取組，5．離島の重要性の発信」（長崎県離島振興計画，pp.10～12）が基本的方向性として掲げられている。

　周知のように，離島における第1次産業の強化は離島の地域経済基盤の強化にもつながり，離島経済の持続性を確保するという意味でも重要なものである。長崎県の基本計画で指摘されているように，長崎県の離島の農林水産業は他の離島のそれと同じく，就業者の高齢化及び後継者不足，割高な輸送コスト，農林漁業用燃油や飼料の価格上昇などに加え，耕作放棄地の増加（長崎県離島振興計画，p.6）という問題を抱えている。

　先行研究で言及されているように，長崎県の離島では肉用牛，葉タバコに加えて，契約栽培や施設園芸なども進められている。加えて，対州そばや椿油の活用など地域資源の活用も進められている。これらを受けて，離島振興計画では「新たな産地育成と既存産地を強化するとともに，担い手の確保，農業生産基盤の整備，『6次産業化』等を推進する。」（長崎県離島振興計画，p.7）ということが明記されている。

　このように，農業においても島の独自性を活かした付加価値の高い商品作りや島内の地産地消の推進が掲げられるとともに，関連する取組みが進められている。しかし，これらの取組みは離島ごとに行われ，その条件は島ごとに異なる。

実際に、離島振興計画における農業振興の施策をみると、新たな産地育成と既存産地の強化、認定農業者や地域営農組織等多様な担い手の確保及び新規就農者、確保のための情報発信や必要な知識・技術等の修得の支援、地産地消の推進と食品製造業等の育成など農産物の「6次産業化」への支援、農商工連携ファンドによる新商品の開発や販路開拓支援、椿などの地域資源を活用した施策が掲げられている（長崎県離島振興計画、p.8）ように、これらを島の状況に合う形で進めていることが重要になっていくだろう。

3．長崎県の離島農業における新たな取り組み
　　—長崎県農商工連携ファンドを中心に—

（1）長崎県農商工連携の概要

　長崎県農商工連携ファンドは、2008年度に創設された「農商工連携型地域中小企業応援ファンド融資事業」を活用して造成するもので、「長崎県内の中小企業者と農林漁業者が連携して行う新商品の開発などの取り組みを支援し、地域の活性化を図る」（長崎県商工会連合会ホームページ）ことを目的としている。ファンドの総額は25億円（独立行政法人中小企業基盤整備機構：20億円、長崎県：5億円）であり、運用期間は10年間となっている。表9-4に示すように、農商工連携事業と農商工連携支援事業の2種類がある。また、事業体に離島の事業者が入る場合は、入らない場合に比べて助成率が高くなっているという特徴がある。

　表9-5に示すように、2009年度から認定事例も出てきており、その総数は2012年度時点までで34件である。年度により差はあるが、離島の事業者ならびに離島の事業者を連携者とする事例は毎年出てきている。また、水産業や農業の区別なく出てきているほか、農業についても蜜蜂やパプリカなどを活用した新規開拓のものから、壱岐の事例にあるように、壱岐牛や麦焼酎といった既存資源の活用まで多様である。

第9章　離島地域における農業の展開方向

表9-4　長崎県農商工連携ファンド事業の内容

事業名	内容
農商工連携事業	1．事業主体：中小企業者と農林漁業者との連携体 2．助成率：2/3以内（離島の農林漁業者が連携体に入る場合　3/4以内） 3．助成限度額　500万円（3年以内の事業期間中の総額） 4．対象事業 　①新商品・新技術・新役務の開発 　　●市場調査，研究，試作品製作，実証実験，モニタリング，商品デザイン等の開発など 　②販売促進 　　●販売方法の開発，展示会・見本市への出展　など
農商工連携支援事業	1．事業主体：中小企業者と農林漁業者との連携体を支援する商工団体等 2．助成率：10/10以内 3．助成限度額　200万円 4．対象事業：農商工連携促進セミナー等の開催，連携事業に対する指導，助言等

資料：長崎県農商工連携ファンドの内容をもとに筆者作成。
注：下線部筆者。

表9-5　長崎県農商工連携ファンドにおける離島の認定件数

	2009年度	2010年度	2011年度	2012年度
支援事例	11	9	9	5
うち離島	4	1	4	1
離島農業関係事例	●世界一の日本ミツバチで島おこし「和蜂商品・ブランドの開発及び販路開拓」 ●焼酎粕堆肥化技術の低コスト化 ●焼酎販路開拓にかかる離島地域活性化及び雇用創出	●インド型米と国産米を交配した壱岐産新品種米を使った壱岐麦焼酎の開発・販売	●地元壱岐牛を用いたウインナー製造による商品開発と販売展開 ●壱岐産原材料にこだわったピュア焼酎の商品開発 ●五島つばき茶葉と未熟ミカンを用いたリキュールの商品開発	●余剰籾殻を利用した高収益化による小値賀ブランドパプリカの開発

資料：「長崎県農商工連携ファンド支援事例」をもとに筆者作成。
注：離島の中には，連携体として離島の事業者が加わっている場合を含む。

（2）離島における長崎県農商工連携ファンド事業支援事例

1）上五島における支援事例

　これには，2009年度の「焼酎粕堆肥化技術の低コスト化」や「焼酎販路開拓にかかる離島地域活性化及び雇用創出」が該当するが，いずれも同じ事業者によるものである。本事例の代表者は五島灘酒造株式会社で，焼酎原料用いもづくり研究会と長崎県環境保健研究センターが連携体となっている。

　同社は，2008年2月に新規酒造免許を取得した酒造会社で，同年10月には芋焼

酎「五島灘」2,500本を島内限定で販売した。このほかにも，「五島灘」，「五つ星」，「五島・ブルーボトル」，「教会の島（いのりのしま）」，「越鳥南枝」などの商品がある。この際の原料となるサツマイモは，島内の契約農家が栽培したものである。

これにより，商品の付加価値（希少性や安全性）を高めるとともに，島内での地産地消の推進を通して上五島地域の活性化を目指している。

2）小値賀島における支援事例

これには，2012年度の「余剰籾殻を利用した高収益化による小値賀ブランドパプリカの開発」が該当する。これは，周辺地域で発生する余剰籾殻を固形燃料化してパプリカのハウス栽培で使用するというものである。

この背景としては，国内で流通するパプリカの多くが韓国やニュージーランド，オランダからの輸入品であるということがある。国内のパプリカ栽培は増加しているが，本事例のような余剰籾殻を利用した栽培事例はみられないということがある。また，地域資源を活用して栽培する付加価値の高いパプリカは他の国産パプリカに比べて，高値で取引される可能性が高い[3]ことが考えられるということがある。

図9-1に示すように，おぢかファームが代表企業となってパプリカ栽培や土壌改良実験などを行っている。連携体としては株式会社シビルテックが入っており，炭酸ガス施用効果や土壌改良効果の確認や検証を行っている。燃料として必要な

図9-1 認定支援事例（小値賀ブランドパプリカの開発）の事業実施体制

資料：長崎県農商工連携ファンド事業支援事例。

籾殻は島内の農家から提供を受けている。これにより栽培されたパプリカは九州本土や関西・関東へと出荷されている。つまり，連携を通して地域内の循環型農業の実施体制が形成されているといえる。こうした取り組みを通して，小値賀ブランドのパプリカを生産し，長崎県の新たな特産品を全国へ発信し，新たな離島農業振興の足がかりとすることを目的としている。

4．おわりに

　離島振興は従前の本土との格差是正から，島の個性を活かした自立型へと変化している。しかし，一方では島の人口流出は本土を上回る勢いで続いており，これをいかに食い止めるかが重要な課題となっている。離島農業も，既存の農業を持続させて発展させるとともに，地域資源の活用や他産業との連携を進めるというのが新たな方向となりつつあるといえる。

　長崎県の場合，先述のように，島ごとに農業の状況は異なり，独自の対応を模索している状況にあるといえる。全国的に農商工連携，地域資源活用事業，6次産業化が進められているなかで，長崎県の離島においてもこれらに関する事業認定事例が登場してきている[4]。

　本節で取り上げた上五島や小値賀の事例にみられるように，「地域資源の活用」，「高付加価値の農産物生産」，「循環型農業の実践」は離島農業を考える際のキーワードであるといえ，今後はこの2つを活かした形での取り組みが進められていくと考えられる。しかし，これらの実践にはさまざまな連携体が必要になるといえる。地域の資源をいかに発掘し，取り組みを進めていくかが農業者にとっては重要になっていくといえるし，こうした取り組みを支援するための仕組み作りが離島における農業政策の策定においては重要な課題になっていくといえる。

註
(1)離島振興法の対象地域としては，高島地域（高島），松島地域（松島，池島），蠣浦大島地域（平島，江島）となっているが，まとめて西彼諸島とも表記されることがある。本節ではこれらの島々を個別に分析することがないため，西彼諸島とした。
(2)同法では「国の行政機関の長又は都道府県は，離島振興対策実施地域における農地

法（昭和二十七年法律第二百二十九号），自然公園法（昭和三十二年法律第百六十一号）その他の法律の規定の運用に当たつては，離島振興計画に基づく事業の円滑な実施が図られるよう適切な配慮をするものとする。」と規定されている。
（３）一方，規格外品のパプリカは「自社栽培のパプリカを使った，健康と美容のための加工食品の開発及び販売事業」が2013年度の六次産業化・地産地消法「総合化事業計画」として認定された。これは規格外品を利用して健康と美容のための加工食品を製造し，自社で開拓した顧客に販売することが有効活用することを目的としている（六次産業化・地産地消法「総合化事業計画」認定一覧）。
（４）地域資源活用事業の認定を受けたものとしては，対馬市の「日本ミツバチのはちみつを使った幻の菓子『くわすり』の再現，試作開発，販路開拓」，６次産業化については五島市の「五島の特産品である椿油を使用した食品，及び化粧品の加工・販売事業」，「自社栽培した葡萄，桃と地元特産の椿を利用した酒類の製造・販売事業」がある。

第2節　さとうきびと畜産の連携強化を通じた南西諸島農業の将来展望

1．はじめに

　南西諸島では，7割以上の農家がさとうきびを栽培している。したがって，さとうきびは南西諸島における基幹作物になっている。しかしその生産は不安定で，かつ収量水準も低い。台風や病害虫の発生といった突発的な被害もあるが，とりわけ生育最盛期となる夏期に干ばつがあることも制約要因となっている。

　こうしたなかで，さとうきび生産の安定・多収化に向けた方策が求められている。本節では，さとうきびと畜産との連携強化という視点から，南西諸島農業の今後の方向性について考察したい。畜産に注目するのは，第1に畜産経営がさとうきび経営に次いで多いこと，第2に南西諸島における土壌は保水性が低いため干ばつの影響を受けやすい。堆肥の施用は，生産性の向上にとって有効であること，第3にさとうきびの副産物が飼料として利用できること，があるためである。

　こうしたことから，今後の南西諸島農業の展開は，さとうきびと畜産の連携が重要であるという視点から検討を行う。具体的には，統計資料や2010年農林業センサスを活用して現状を解析し，課題を明らかにする。また，新たな作物として飼料用さとうきびの活用事例とその可能性について紹介する。最後に今後の展望について述べる。

2．南西諸島の経営類型

（1）繁殖牛経営の重要性

　南西諸島では，畜産のなかでも繁殖牛生産が軸になっている。わが国の子牛生産におけるシェアを**図9-2**に示した。九州本土が46％と大部分を占めている。南西諸島（鹿児島県離島5％および沖縄6％）は11％のシェアを持っており，子牛生産拠点としても重要な役割を果たしている。

図9-2　肉専用種の子牛出荷構成（2012年）

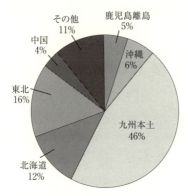

資料：社団法人 全国肉用牛振興基金協会「家畜市場データベースシステム」を利用。

（2）センサスによる経営類型区分

こうしたことから，畜産経営のなかでも繁殖牛経営に注目する。分析に用いる統計データは，2010年センサスである。なぜなら農業経営の複合化，つまり，さとうきびと畜産という部門の結びつきを把握するうえで，経営体を単位としたセンサス調査が有効であるためである。特に，経営類型を作成するため，センサスの個票を組み替え集計[1]した。

具体的な経営類型の作成では，南西諸島における経営体を，さとうきびを販売するかどうか，もしくは子取り用めす牛を飼養するかどうかによって区分した。こうした経営類型ごとの戸数と面積を整理した（**表9-6**）。

表9-6からは，南西諸島における65％の経営体がさとうきびを栽培し，こうした経営体は経営耕地面積の73％を担っている。センサスからも南西諸島におけるさとうきび経営の重要性が示されている。

また繁殖牛経営が占める割合についても16％と少なくない。特に，その経営耕地面積は26％もあることから，相対的に規模が大きい経営が多いことがわかる。

さらにさとうきびと繁殖牛を併せもつ複合経営に注目すると，戸数では9％，面積では16％となっている。特に，繁殖牛経営では，さとうきびを生産する割合

表9-6 南西諸島におけるさとうきびと繁殖経営の構成

	全農家	きび	きび+繁殖	繁殖	その他
戸数	25,153	16,378	2,369	4,084	7,060
%	(100)	(65)	(9)	(16)	(28)
経営耕地面積（ha）	44,301	32,258	6,913	11,446	7,510
%	(100)	(73)	(16)	(26)	(17)

資料：2010年世界農林業センサス個票組み替え集計により作成。
注：1）経営類型の「きび」は，販売目的でさとうきびを作付けしているもの，「繁殖」は子取り用めす牛を飼養するもの。
　　2）鹿児島県種子島以南の市町村および沖縄県を集計した。

表9-7 類型ごとの推移

	全農家	きび	きび+繁殖	繁殖	その他
2005	28,485	18,861	2,507	4,132	7,999
2010	25,153	16,378	2,369	4,084	7,060
減少率%	−12	−13	−6	−1	−12

資料：表9-6および文献（樽本2008：p.69）。

は58％にもなっており，さとうきびとの結びつきが強い。

これらの経営体の動向を2005年と比較した（**表9-7**）。戸数の減少率では，さとうきび経営の減少率が最も高く，さとうきびと繁殖牛の複合経営がそれに続いた。

以上の結果から，2005年から2010年にかけての南西諸島における戸数の減少は，さとうきび経営が先行しており，繁殖牛経営は維持もしくは畜産への専業化を進めつつあるといえる。

（3）経営間の再連携の重要性

南西諸島では，繁殖牛とさとうきび生産は相性がよく，複合化の長所があるとされてきた。例えば，冬場は南西諸島でも飼料を確保することが難しくなる。しかし，さとうきびの梢頭部（茎の上位部で，糖含量が少なく，製糖原料としては不適な部分）は，冬場の製糖期に利用可能な飼料として活用されてきた。またこの梢頭部と堆肥との交換といった経営間の結合があった。

しかしさとうきびの機械収穫率は，2013年に鹿児島県は86％，沖縄県でも58％と増加しており，梢頭部の利用率が低下している。梢頭部の多くは，収穫機で選

別されて圃場に散在するか，製糖工場でトラッシュとして処理されるので，飼料として給与される割合が減っている。

また繁殖牛経営はこれまで規模が小さく，飼料作物が不足するときも畦草などを活用することで対応が可能であった。しかし規模拡大する繁殖牛経営では，頭数の増加に見合う飼料畑の確保が必要となり，さとうきび畑との土地利用の競合がより顕著になっている。

なかには飼料畑を増やすために，さとうきび部門を持たない繁殖牛の専業経営となる場合もあり，専業化の方向に進みつつある。表9-7にもとづき，繁殖牛経営におけるさとうきび生産割合をみると，2005年の61％が，2010年には58％に低下している。このように，これまで複合経営の経営内で有効利用されてきた梢頭部や堆肥が未利用化される懸念が生じている。

こうした状況のなかで，南西諸島における生産性をのばすには，経営間を再び結びつける技術や組織的な仕組みが求められている。

3．新技術「飼料用さとうきび」

ここでは新技術をテコにした南西諸島の生産性向上の可能性を検討する。新技術として，飼料用さとうきびに注目する。

飼料用さとうきびは，さとうきび野生種との交配から得られた収量性が高い飼料向け品種である。その特徴として，南西諸島における主要牧草であるローズグラスの2倍の収量があること，10年以上の再生利用が可能であること，硝酸態窒素を蓄積しないこと，ショ糖含量が低いため製糖ではつかえないことがある（服部ら 2013：p.213）。また収穫時期については，製糖用さとうきびとは異なる5月と8月の年2回収穫を推奨している（境垣内ら 2010）。さらに栽培・サイレージ・給与試験を通じて，繁殖牛にとって有効な飼料であることも明らかになっている（服部ら 2013：pp.216〜217）。

この飼料用さとうきびを活用する事例分析を通じて，その可能性について検討する。

（1）種子島での事例

　種子島では，飼料用さとうきびは規模の大きな繁殖牛経営や酪農経営で利用されている（服部ら 2013：pp.218〜220）。これらの経営は，コーンハーベスタと細断型ロールベーラを装備し，飼料用さとうきびの収穫・調製を行っている。

　南西諸島は，台風や干ばつなどの厳しい気象条件のため，トウモロコシやソルガムなどの長大型飼料作物はほとんど利用できない。そのためローズグラスなどの牧草が飼料作物の大部分を占め，さらに青刈り利用が多く，ロールベール調製されるのは一部である（山本ら 2009：p.45）。

　こうしたなかで，飼料用さとうきびを導入した経営は，ロールベール体系に加えて，コーンハーベスタを活用する機械化体系を新たに装備しており，規模も大きな経営である。

　その導入がもたらした影響には，飼料生産の多収化，機械利用率を高めるための新たな長大型飼料作物の導入，サイレージ体系への移行による省力化等があった。また複数の飼料作物を栽培することにより，作業を分散するだけでなく，気象災害などからのリスクの分散が図られた。

（2）徳之島での事例

　徳之島町では，飼料用さとうきびの生産を組織的な取り組みで推進し，TMRセンターで活用している。TMRとはTotal Mixed Rationの頭文字で，混合飼料を意味する。

　まず徳之島町における繁殖牛生産の動向をみると，2012年までは頭数が増加傾向にあったが，それ以降は減少している（図9-3）。繁殖牛経営は，子牛価格に対応した行動を取ると考えられるが，近年は価格が上昇傾向にあるなかで頭数が減少しており，高齢で零細な経営の離農が影響していると考えられる。これによって，一部の経営の規模拡大では頭数を維持できない状況となっている。結果として，着実に増加していた1戸当たりの頭数も頭打ちとなっている（図9-4）。

　こうした状況のもとで，飼料生産の充実と効率化を目的とした組織化が図られ，TMRセンターが運営されている。TMRセンターはローズグラスを主に利用する

図9-3 繁殖牛飼養頭数と子牛価格

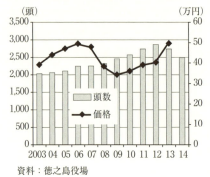

資料：徳之島役場

図9-4 戸数と経営規模

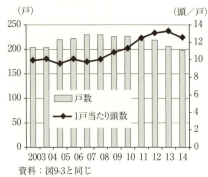

資料：図9-3と同じ

が，一部に飼料用さとうきびを導入している。飼料用さとうきびには，多収による土地生産性の向上が期待されており，2014年には栽培面積が20haになる予定である。

TMRセンターは徳之島町でも規模の大きな12戸の繁殖牛経営により設立されており，構成員の飼養頭数は町全体の4割を占めている。こうした規模の大きな経営では，飼料生産の外部化へのニーズが高い。

飼料用さとうきびの収穫には，大型のコーンハーベスタを用いている。それらはバンカサイロで1次貯蔵された後，TMRとして再調製されている。

その再調製ではローズグラスだけでなく，製糖工場からのバガス（さとうきび搾りかす），糖蜜（製糖工場からの副産物），焼酎粕など地域にある低・未利用資源を活用する。これによって水分含量が高い飼料用さとうきびをサイレージに適する条件へと調製するだけでなく，TMRの栄養価を高めている。

このようにTMRセンターには，繁殖牛経営の飼料生産の支援とともに，地域資源を活用する拠点としての機能が期待されている。また飼料用さとうきびの多収性は，こうしたシステムの成立に寄与している。

4．今後の展望

気象条件が厳しく，さらに市場遠隔地であることから，南西諸島ではさとうき

第9章　離島地域における農業の展開方向

びや繁殖牛を中心とした農業が行われている。こうした遠隔性は，外部から調達する原料価格も押し上げる。例えば，購入飼料や肥料なども輸送料が加算されるためコストが増加する。したがって，地域内で活用できる資源を可能な限り有効利用することが重要である。

　ここでは南西諸島における主要な経営類型として，さとうきびと繁殖牛経営に注目した。これまでは，この類型は相性がよいものであった。しかし機械化の進展，労力不足，専業化等から，その結びつきが弱まる方向にある。したがって，経営間の関係を再構築する仕組みがより重要になる。こうした結合を図る基礎技術として飼料用さとうきびに注目し，その可能性を示した。

　まず多収であるということは，土地生産性の高さを意味し，限られた農地を有効利用するうえで重要な条件である。しかし，より高い生産性を発揮するには，地域システムとして最適化を図る視点が求められる。

　例えば，労力が減少する中で，経営間の作業分担が重要である。さとうきび生産において最も作業の負担が大きい収穫時期が，製糖期と飼料用さとうきびでは異なることから，相互の協力・分担が期待できる。また低コスト生産という点では，さとうきび生産と飼料用さとうきび生産の双方で，植付け機や管理機などが利用できるのも長所である。残念なことに，製糖用の収穫機は切断長が20cm程となるため，サイレージ調製には不向きである。そのため切断長が3cm程となるコーンハーベスタが現在は使われている。しかし，製糖用の収穫機を活用した基本システムについても提案されている（服部ら：2012）。さらに経営間での関係が密接になれば，低利用の梢頭部や堆肥がより積極的に利用される可能性も高まるはずである。また農業生産だけでなく，製糖工場や焼酎工場などの関連産業とも連携を図って，地域システムを構築することも重要である。

　最後になったが，さとうきびに関しては，畜産との接点を重視したため，それ自体の展望についての考察が十分ではなかった。そこで先に述べた地域システムの重要性という点から，さとうきびの展望について述べたい。

　来間（1985：p.331）は，「サトウキビ作農業の展望」のなかで，個別経営のなかでの複合とともに，地域単位で複合経営を確立していくことが課題である，と

第Ⅲ部　資源：その持続的活用と地域振興

している。本節での検討もこうした枠組みと一致し，具体的な新技術の活用例を示した。一方で，来間（1985：p.326）は，さとうきびの価格水準を上げることが重要であるという結論も提示している。これには，さとうきびの機械収穫という点から見解を述べたい。つまり，収穫の作業委託料金がトン当たり6,000円であるとすると，さとうきびの粗収益トン当たり21,000円の約3割が収穫委託料となる。こうした料金設定の高さは，高額な収穫機をわずか平均70〜80日[2]の製糖期間でしか利用できないためである。もし製糖工場がより長期間稼働できれば，収穫機の利用度が高まり，作業料金を下げることができる。また今後のさとうきび生産を担う経営の生産基盤も安定化する。こうした地域システムを成立させるためには，新たな取り組みがさとうきび経営に及ぼす影響を評価すること，製糖工場の処理能力や操業期間の変更がもたらす影響を評価すること，早期高糖品種の育成と普及を図ることなど多岐に及ぶ検討が必要となる（例えば，樽本（2013）の取り組み）。

　このように，地域システムの最適化の視点からは，さとうきびの問題を単に価格水準の問題にするのではなく，さとうきびの新たな展開方向を見いだすことも可能である。こうした視点で，技術開発とシステム構築を図る取り組みを進めていく必要がある。

註
（1）集計は農林水産省「農林業センサス」の調査票情報を独自集計したものである（申請の公文書番号-25中セ第13052301号）。
（2）農林水産省（2013）「砂糖政策をめぐる現状と課題」では，2008年からの製糖工場における操業日数は，84日，78日，76日，52日，57日となっている。

第3節　南西諸島における園芸作の展開

1．はじめに

　南西諸島農業における園芸作も，当然ながら亜熱帯・離島の条件に規定される。夏季の台風・干ばつ，本土出荷に際しての輸送費の大きさは園芸作に不利に作用する一方，冬でも温暖な気候は本土の端境期に出荷が可能であるという有利性を持つ。

　本節では，南西諸島における園芸作の中でも面積・生産額ともに大きい野菜作を中心に，①これまでの研究の動向，②南西諸島における園芸作の経緯と現状，および③南西諸島の園芸振興の今後の課題について取り上げる。

　その前にまず，南西諸島における園芸作の意義を確認したい。1980年代の初めに来間は「沖縄農業の今後の方向は，粗放的な農業から集約的な農業へ，単一作目から複合作目へと転換していかなければならない」と述べているが[1]，これは今日に至っても南西諸島農業の課題の一つである。それが容易でないことがこの地域の農業の条件であり，特徴でもある。南西諸島において農地面積の過半を占めるさとうきび作は，交付金による政策支援が行われている関係上，生産費の低減（＝価格低下）が求められており，以前から指摘されているように「人口扶養力が低下」している[2]。そして今後もそれは避けられそうにない。そうしたなかで農業所得を確保し，離島の人口，とりわけ農業人口を維持するためには，園芸の振興による集約化・複合化は不可欠である。

　また農業所得の確保以外にも園芸作の存在は重要である。畜産がさかんである南西諸島では，島内で飼養可能な家畜頭数はその排泄物の排出量と利用量に制約される。現状ではさとうきび作における堆肥の費用対効果は低く，その利用量は必ずしも多くない。さとうきび作と畜産の連携の取り組みは進めていく必要があるが，もともと堆肥を多く利用する園芸作においては，その振興が堆肥利用の増加につながる。園芸作は離島の条件下における資源利用や環境保全においても重

要な意義を持つのである。

2. 南西諸島の園芸作に関するこれまでの議論

　先行研究では南西諸島の園芸作をどう議論してきたのだろうか。野菜作に絞ってみていきたい。

　南西諸島の野菜の生産・流通に関する研究は全般的に手薄であるが，沖縄県については本土復帰以降から1980年代までの県外出荷の動向についての検討が行われている[3]。その中では「一，二度の作柄や価格をみて，すぐに他の品目に移動するという傾向」や「すぐに撤退する」といった品目・産地の不安定性があげられている[4]。その要因は気候や輸送条件の不利性による影響も考えられるが，農家や行政，系統組織の「後進性」によるものという指摘もある[5]。言い換えれば「沖縄における商品生産農業の経験とその中での技術的・経営的・組織的蓄積の小さ」さによるものである[6]。ただし沖縄県の野菜生産の不安定性が後進性によるものだとしても，その克服のためには，さらに個別の品目や産地に立ち入った分析が必要になる。例えば衰退した品目に関しては，産地レベルでの検証が必要であるが，そうした研究はきわめて少ない[7]。また沖縄県の90年代以降の動向や，沖縄県以上に園芸作に関する研究蓄積が乏しい鹿児島県離島の研究の充実も望まれる。そのほか域内の野菜の自給率向上についても課題とされている[8]。

3. 南西諸島農業における園芸作の経緯と現状

(1) 園芸作物の生産動向

　ここで南西諸島における園芸作の経緯と現状を把握するために，1975年から2010年までの動向を生産額ベースで見ていくことにしたい。

　図9-5によれば，野菜，花き，果樹を合計した園芸生産額は，鹿児島県離島では1970年代から増加を続け，95年には200億円に達するが，その後やや減少しつつも，2000年以降は160～180億円の間で推移している[9]。沖縄県では90年頃までに400億円近くまで増加した後は減少に転じ，2000年以降は300億円前後で推移

図9-5　園芸作物の生産額とその耕種に占める割合

資料：鹿児島県『奄美農林水産業の動向』，『熊毛地域農業の動向』，『沖縄農林水産統計年報』。

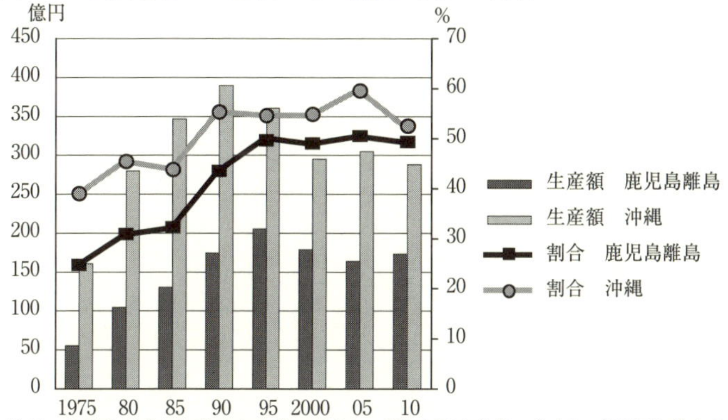

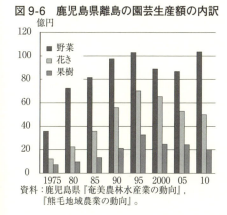

図9-6　鹿児島県離島の園芸生産額の内訳

資料：鹿児島県『奄美農林水産業の動向』，
『熊毛地域農業の動向』。

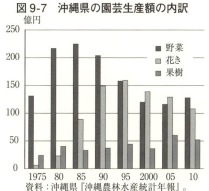

図9-7　沖縄県の園芸生産額の内訳

資料：沖縄県『沖縄農林水産統計年報』。

している。両県とも2000年以降はそれ以前までのような大きな成長は見られないが，比較的安定的である。

また同図で耕種農業の生産額に占める園芸作物の割合をみると，鹿児島県離島，沖縄県ともに90年代から50％程度で推移していることがわかる。

次に野菜，花き，果樹の別にみると，野菜に関しては，鹿児島県離島では90年代まで生産額が増加するが，それ以降は伸びが止まり，概ね90～100億円程度となっている（**図9-6**）。野菜の生産額は花きや果樹を常に上回り，2010年には花きの２倍程度となっている。沖縄県では80年代に野菜の生産額は200億円を超え

ていたが，その後急減し，2000年代には120～130億円程度で安定している（**図9-7**）。

　花きの生産額は鹿児島県離島，沖縄県ともに80年代から90年代半ばにかけて大きく生産を伸ばしたが，それ以降は景気低迷による需要の減退や輸入の増加により減少に転じた。特に沖縄県では90年代半ばから2000年代にかけての花きの生産額は野菜を上回るほどであったが，それは一時的なものであった。

　果樹の生産額は野菜や花きの半分以下である。鹿児島県離島では90年代半ばをピークに減少傾向にあり，沖縄県は2000年代に増加するが，2008年からは減少に転じている。鹿児島県離島と沖縄県の傾向が異なるのは，前者はたんかん等の柑橘類の生産が多く，後者はマンゴーが圧倒的であるという品目の違いによるものと思われる。

（2）野菜の品目別動向

　次に園芸作物の中でも野菜の生産について，さらに品目別の動向をみていこう。鹿児島県離島についてはここまでは熊毛地域，奄美群島の合計であったが，以降では奄美群島のみを対象とする。

　野菜の品目別生産額の推移を示した**表9-8**によると，奄美群島において70年代以降の野菜の生産額増加を担ったのは，ばれいしょとさといもであることがわかる。これらのいも類は本土の端境期である冬春期に本土出荷されるもので，この2品目合計で75年時点では野菜の生産額の3割程度であったが，2010年には8割近くを占めている。ただしさといもは，最盛期の95年にはばれいしょと並ぶほどであったが，90年代後半から減少した後，2000年以降はほぼ横這いとなる。

　奄美群島ではメロンやえんどう類，スイートコーンのように急増した後に消えた品目もあるが，後述の沖縄県のような極端な増減をするものは少ない。

　一方，沖縄県については野菜の品目毎の生産額が得られる資料は，系統を通した県外出荷額のみであるが，これによると，沖縄県の野菜の県外出荷額は90年の70億円から急減し，2010年には23億円となっている（**表9-9**）。こうした動きは先の図9-7で示した沖縄県の野菜の生産額の推移と2000年頃まではほぼ同じであ

表9-8 奄美群島における野菜の品目別生産額

単位：百万円

	1975年	80	85	90	95	2000	05	10
ばれいしょ	213	1,209	2,007	2,667	3,089	3,374	3,878	5,143
さといも	562	1,055	964	2,148	2,849	1,068	755	857
いんげん		63	536	536	586	204	167	188
かぼちゃ	154	166	38	38	107	76	209	181
えんどう類	50	477	458	159	72	44		
にんにく	162	82	40	4				
スイートコーン		7	98	165	48	7		
メロン			5	294	172	85		
にがうり						41	152	72
その他	1,491	2,185	1,695	2,278	1,627	1,567	1,291	1,268
計	2,632	5,244	5,841	8,289	8,550	6,466	6,452	7,709

資料：鹿児島県『奄美農林水産業の動向』

表9-9 沖縄県における野菜の品目別生産額

単位：百万円

	1975年	80	85	90	95	2000	05	10
さやいんげん	180	1,465	2,122	3,654	2,026	1,091	758	677
オクラ		568	655	503	218	238	280	284
にがうり			12	41	252	472	464	317
かぼちゃ	24	2,590	1,308	398	158	124	227	343
すいか	19	312	700	1,206	603	506	72	34
レタス	7	17			426	76	2	0
とうがん	15	114	77	182	192	194	202	138
スイートコーン		62	225	422	187	110	32	4
さといも	8	142	109	172	225	103	42	12
その他	88	125	399	471	425	503	522	533
計	341	5,395	5,607	7,049	4,712	3,417	2,601	2,342

資料：沖縄県『沖縄県の園芸・流通』。
注：系統による県外出荷のみの数値である。

る。つまりこの時期までの沖縄県の野菜生産は，72年の本土復帰後の県外出荷の伸びとともに成長し，90年代からの県外出荷の減少とともに落ち込むことになる。

　品目別でも，奄美群島ではいも類が野菜の中心であったのに対し，沖縄県では果菜類が中心であり，品目の入れ替わりも激しく，生産の急増・急減の傾向がみられる。80年頃まではかぼちゃが約26億円と首位品目であったが，その後は輸入品との競合で1億円程度にまで減り，85年以降はさやいんげんが首位となっている。80年代はさやいんげんに加え，すいか，オクラ，さといもなどが伸びるが，現在はそのいずれも大きく減少している。また90年代後半からは，にがうりの生産が伸び，2000年代に入ると再びかぼちゃの増加が見られる。

沖縄県で特徴的なことは，野菜の粗生産額に占める県外出荷額の割合が，90年の35％から2010年には18％まで低下していることである。2000年以降，系統の県外出荷額が減少するなかで，沖縄県の野菜の生産額が比較的安定しているのは，県内市場における取り扱いの増加がある。沖縄県中央卸売市場における90年の県内産野菜の取扱量と取扱金額はそれぞれ12千トン，27億円であるが，2010年にはそれぞれ19千トン，45億円と大幅に増加している(10)。このように課題とされてきた野菜の自給率向上については一定程度進捗しているし，県内市場向けの役割が増すことは，野菜生産の衰退傾向の歯止めとなっていると言えるだろう(11)。ただしこれによって従来の不安定性が克服されたとは言えず，また県外出荷の落ち込む現状をそのまま是と評価するわけにはいかない。しかしこの点についての評価を下すには今後の産地研究を待たなければならないだろう。

　以上のように鹿児島県離島と沖縄県の野菜生産の動向は対照的な面もある。しかし南西諸島では共通して系統の力が弱いとされており，今後の同地域の産地研究は，産地と系統の関係についてより深められる必要がある。

4．南西諸島の園芸振興の課題―輸送費の補助政策に関して―

　南西諸島における園芸振興の課題は，前述の系統の問題，土地や用水などのインフラの整備，労働力確保，流通や販売の問題など多岐にわたる。その一方で，周知のとおり南西諸島には多額の振興策が導入され，園芸作も政策の影響を大きく受けてきた。そこで最後に南西諸島の園芸振興に関する政策の中でも輸送費に関わる政策に言及したい。

　冒頭に述べたように，南西諸島における農産物の輸送費の不利性は大きい。そのような中で沖縄県では2012年から行政による農林水産物の本土への輸送費補助の事業が始まり，続いて鹿児島県の奄美群島でも2014年から同様の事業が開始された(12)。これによって輸送面の不利性を解消し，競争力を強める意図があると考えられる。しかしこれは中長期的には問題がある。

　第1は，この地域の品目選択に与える影響である。輸送費補助により，本来競争力を持ち得ない品目が，これまで定着してきた競争力を有する品目と置き換わ

る可能性がある。

　第2は，農家や関連組織の輸送費の不利性を克服するための取り組みへの影響である。輸送費の補助は，これまで取り組まれてきた輸送費の不利性の小さな作物導入の努力や，輸送費低減のためのイノベーションなどへの取り組みを弱めることになる。輸送費の補助が未来永劫継続されるなら別だが，こうした取り組みが弱まれば将来の南西諸島の園芸作の競争力が弱体化しかねない。

　第3は，補助への効率性，補助の帰着の問題である。従来から競争力を有していた作目にも輸送費の補助が行われれば，それは無駄な支援であり，さらには輸送費の補助が結局は流通業者に帰着してしまう可能性もある[13]。

　輸送費の高さは，気温の高低，土壌の特徴などと同様，農産物の生産・販売を行う上で消すことが難しい条件の一つである。一時的な補助によって本土と同一の条件にするのではなく，現在の条件のもとで，不利性を低減し，有利性の強化に取り組むことが本来の方向である。具体的には，輸送費低減のための施設の整備や仕組みの導入，あるいはそのための技術開発，有利な品目の探索などである。現在の南西諸島の園芸産地は曲がりなりにもそうした結果として形成されてきたのであり，今後もそれは変わらないと思われるからである。

註
(1) 来間（1981：p.6）による。
(2) 家坂（2001：p26）による。
(3) 来間（1981），来間（1985），板垣（1991），増井（1988）など。
(4) 来間（1985：p.317）による。
(5) 来間（1985：p.317）による。
(6) 来間他（1994：p137）による。
(7) 仲地（2004）は沖縄県の伝統的な野菜産地である今帰仁村の調査において価格低落に伴う品目転換の進行の様子を描いているが，その他に南西諸島の野菜産地・品目に着目した研究は見当たらない。例えば沖永良部島の農業を扱った田島（1984）や鹿児島県のばれいしょのリレー出荷について取り上げた田島（2006）は，いずれも生産実態の概要的な叙述にとどまっている。
(8) 来間他（1983：pp.11〜12）や増井（1988：p.72）による。
(9) 本節における鹿児島県離島は熊毛地域（種子島，屋久島）と奄美群島（奄美大島，

281

喜界島，徳之島，沖永良部島，与論島）を指す。
(10) 例えば沖縄県内産かぼちゃの取扱量，取扱金額は1990年の264トン，32百万円が，2010年には647トン，173百万円と大きく増えている。
(11) その他に，系統外出荷の増加も考えられるが，本稿では資料の制約上，接近できていない。
(12) 沖縄県では沖縄振興特別推進交付金による農林水産物流通条件不利性解消事業，奄美では奄美群島振興特別措置法に基づき創設された奄美群島振興交付金の奄美群島農林水産物輸送コスト支援事業による。
(13) その他，輸送費補助の無い他の遠隔産地との競争上の不公平の発生も懸念される。

引用文献

服部育男・高田雅透・大野洋蔵・境垣内岳雄・西村和志・神谷充・鈴木知之・加藤直樹（2012）「ケーンハーベスタを活用した飼料用サトウキビの収穫・調製体系の作業性」『九州農業研究発表会専門部会発表要旨集』75，p.74

服部育男・境垣内岳雄・神谷充・樽本祐助（2013）「飼料用サトウキビ」『農業技術体系 畜産』農文協，pp.213〜221

法令提供データベースシステム 離島振興法（http://law.e-gov.go.jp/htmldata/S28/S28HO072.html，2014年4月7日閲覧）．

家坂正光（2001）「沖縄の農業労働力問題とさとうきび生産構造」『沖縄甘蔗糖年報』第32号，日本分蜜糖工業会，pp.21〜28

板垣啓四郎（1991）「野菜，花きの輸入増大と沖縄農業の課題」『農業と経済』第57巻第6号，富民協会，pp.114〜123

甲斐諭（2011）「長崎県における和牛生産の低コスト化と品質向上への挑戦〜離島・半島など条件不利地域の活性化〜」『月報 畜産の情報』2011年11月（http://lin.alic.go.jp/alic/month/domefore/2011/nov/spe-01.htm，2014年7月25日閲覧）

木村務（2005）「離島農業の構造変化と再編課題：長崎県島嶼地域を対象として」『農業経済論集』第56巻第1号，pp.9〜22

木村務（2007）「長崎県離島における農業生産法人の現状と課題」田代洋一編『地域農業再編の担い手としての農業生産法人の役割に関する実証研究』科学研究費補助金基盤研究（B）研究成果報告書（研究代表者：田代洋一），pp.133〜147

国土交通省 離島振興基本方針（http://www.mlit.go.jp/kokudoseisaku/chirit/kokudoseisaku_chirit_fr_000004.html，2014年6月12日閲覧）

公益財団法人 日本離島センター（2014）「2012 離島統計年報」CD-ROM版

来間泰男（1981）「県外出荷野菜の急伸と沖縄農業」『農林統計調査』第31巻第2号，pp.2〜7

来間泰男・廣重和夫・福仲憲（1983）「沖縄農業の方向を探る」『農林統計調査』10月号，pp.2〜15

来間泰男（1985）「亜熱帯の下，沖縄農業の模索」陣内義人編著『変貌する遠隔地農業 九州・沖縄編』日本経済評論社，pp.279～331

来間泰男・安谷屋隆司・福仲憲（1994）「沖縄農業と九州農業」『国際化時代の九州農業』九州大学出版会，pp.121～140

増井好男（1988）「沖縄農業の地域的展開（3）—本土復帰以降の野菜生産を中心に—」『農村研究』66，pp.64～73

三村聡・永木正和・横川洋・上野重義（1996）「離島産業構造の変化と展開に関する一考察」『九州大学農学部学芸雑誌』第50巻第3・4号，pp.121～142

長崎県企画振興部（2013）離島振興計画（http://www.pref.nagasaki.jp/bunrui/kenseijoho/kennokeikaku-project/rito_keikaku/index.html，2014年7月1日閲覧）

長崎県商工会連合会ホームページ　長崎県農商工連携ファンド（http://www.shokokai.or.jp/42/4200212100/index.htm，2014年7月15日閲覧）

長崎県商工会連合会　長崎県農商工連携ファンド支援事例（http://www.shokokai-nagasaki.or.jp/fundjirei/，2014年7月15日閲覧）

ながさきのしまホームページ　長崎県の離島（離島振興対策実施地域）（http://www.pref.nagasaki.jp/sima/new/0nagasaki-ritou.html，2014年5月12日閲覧）

仲地宗俊（2004）「価格低落局面における遠隔園芸産地の模索—沖縄県今帰仁村—」『日本農業の主体形成』筑波書房，pp.373～410

野木稔郎（1965）「離島農業の『商品化』の問題—長崎県宇久島の事例を中心として—」『経営と経済』第44・45巻第4・1号，pp.1～30

農林水産省　六次産業化・地産地消法『総合化事業計画』認定一覧（http://www.maff.go.jp/j/shokusan/sanki/6jika/nintei/，2014年7月31日閲覧）

境垣内岳雄・寺島義文・松岡誠・寺内方克・服部育男・鈴木知之・杉本明・服部太一朗（2010）「株出しでの年2回収穫体系における飼料用サトウキビ品種KRFo93-1の生育および収量」『日本作物学会紀事』第79巻第4号，pp.414～423

田島康弘（1984）「沖永良部島の輸送野菜」『鹿児島大学教育学部研究紀要』35，pp.77～95

田島康弘（2006）「鹿児島県におけるバレイショのリレー出荷について」『南太平洋海域調査研究報告』46，pp.149～159

田村善弘（2009）「離島地域における農産加工の現状と課題—長崎県上五島地域を事例として—」『Coastal Bioenvironment』13巻，pp.23～31

樽本祐助（2008）『さとうきび農業の経営分析』農林統計出版

樽本祐助（2013）「システムダイナミックスを用いたさとうきび産業のモデル化」『食農資源経済論集』第64巻第2号，pp.1～10

山本直之・樽本祐助（2009）「畜産経営における飼料用サトウキビ導入の意向と課題」『農業経営研究』140，p.44～47

第10章　環境保全型農業と資源利用

本章のねらいと構成

　農業生産方式と自然的・文化的環境は相互に影響を及ぼし合っているが，本章では農業生産が環境に及ぼす影響に議論を限定する。その場合でも，環境保全型農業を実現するためのアプローチとそれに関わる主体や取組は多様である。

　そこで，本章第1節「生物多様性の市場化と課題」では，環境保全型農業を実現するためのアプローチを，制度的アプローチ，市民的アプローチ，市場的アプローチに分類し，これらアプローチを担う主体を「公」（政府），「共」（市民），「私」（農家）に対応させて，議論を整理する。また，環境保全型農業によって供給される農産物や環境価値は，その特性によって使用されるアプローチと取組が異なるため，財の持つ排除性と希少性の視点から，環境保全型農業の実施方法について展望する。

　次に，第2節「農業環境政策における非市場的アプローチ—環境直接支払い—」では，政府（「公」）や非農業者（「共」）による活動も視野に入れ，農業活動（「私」）のもたらす環境価値の供給について，制度的アプローチを中心に議論する。つまり，レファレンスレベル（基準値）を設定し，それ以上のプラスの環境価値は拡大に向け，それ以下のマイナスの環境価値は減少に向けて，農業生産を環境支払や規制等によって誘導するための方策について検討する。

　最後に，第3節「環境保全型農業における資源利用の形態と効果」では，農業経営（「私」）の市場的アプローチに焦点を当て，減農薬・減化学肥料への対応を中心に，農法転換による持続可能な資源利用の条件を示す。すなわち，分析対象とした柑橘栽培における優良有機栽培農家は，環境に優しい農法にこだわりをもつだけではなく，地域資源を有効に活用して生産費削減を図りながら，代替農薬等によって防除を工夫し，産直や契約販売によって安定的な高収益が実現されていることを，詳細なデータに基づいて明らかにする。

第1節　生物多様性の市場化と課題

1．はじめに

　環境保全型農業や農業の外部効果を主題にした本学会の取組としては，1999年大会「エコノミーとエコロジーの交差と展望」がある。そこでは，甲斐（2000：pp.1～12）は農業のもつ多面的機能について触れながら畜産経営におけるふん尿処理の外部化に焦点を当てた議論を展開し，青木（2000：pp.13～22）は有機農業運動と都市・農村における有機性廃棄物循環との関係性の構築について論じている。2000年大会「資源循環型農業の核となる畜産の展望と成立条件」では，児玉（2001：pp.21～31）は地域的な窒素の過不足から堆肥流通の必要性とその実現に向けての課題が，また，横山（2001：pp.33～36）では焼酎粕利用に向けての技術開発の課題等が報告された。2008年大会「農業資源の保全と活用―持続可能な農業・農村の再編成」では，矢口（2009：pp.1～10）はナタネのバイオマス利用によるBDF燃料生産を核とした地域振興について報告し，宇根（2009：pp.19～25）は生き物調査を基礎としながら独自の自然観，世界観を展開した。
　このように，本学会では個別事例の取組みを中心に多様な議論がなされてきた。また，取組みの主体は農家が中心であるが，近年，市民活動によるボランティアや行政の関与による環境保全のあり方も議論されてきている。しかしながら，これら多様な議論を統一的視点の下に位置づけようとした論考はあまりない。そこで，本節では，環境保全型農業や地域資源を利用した取組み，そして環境直接支払等の支援制度を統一的視点から整理し，それを踏まえて，農家のみならず市民や行政が，農業・農村環境を保全するためにどのようなアプローチを取り得るかについて検討してみたい。

2．農産物と環境価値の関係

　環境保全型農法で生産・提供されるものには，農産物と環境価値がある。農産

物は，排除性を有し，市場財として販売可能であるため，私的財的価値を有する。排除性とは，財やサービスの対価を支払わない限り，それらを手に入れることができないという性質である。例えば，店で販売されているお米は代金を支払わない限り，消費者はそれを手に入れて食することができない。そして，私的財的価値としては，食の安全・安心，ブランド，食味や栄養等のように，対価を支払った者だけが享受できる性質のものである。

他方，環境保全型農業で提供される生物多様性は，非排除性を持たないため，誰でも無償で，魚やホタル等の存在から便益を享受することができる。このような農業・農村が有する生物多様性や伝統的景観，あるいは水源かん機能等の機能は，多面的機能と呼ばれ，環境価値を有するものである。

しかしながら，環境価値は，その供給に対して対価が支払われないため，農家はその提供を配慮しなくなる。その例として，農業用水路は，生物多様性が考慮されず，生産性のみが重視されて3面コンクリート化されてきた。子供たちが川で魚取りやホタル狩りを楽しんだかつての用水路の姿は殆ど見られなくなった。

そこで，一般に対価が得られない環境価値の供給を農家に対して支援するために，農業環境政策等の公的介入が必要となる。ただし，環境価値について，生き物ブランドのように，農産物に生物多様性の価値等が付加されて販売可能な場合には，市場的アプローチを介して環境価値の保全が可能になる。あるいは，市民が農村環境の保全に関心を持ち，それを組織する主体が存在すれば，ボランティア活動による農村環境の保全が可能になる。以下では，このような環境価値の供給に関わるアプローチとその主体との関係を見ておこう。

3．環境価値供給のためのアプローチと関係主体

環境価値の供給には，市場的アプローチと非市場的アプローチが存在する。さらに，非市場的アプローチは，市民的アプローチと制度的アプローチに分けられる。そして，この3つのアプローチは，それぞれに関係する主体（公，共，私）が異なって対応している。その点を説明しておこう。

市場的アプローチとは，農産物の市場メカニズムを利用して，環境価値の提供

第10章 環境保全型農業と資源利用

を強化するアプローチである。例えば，生き物ブランドを付加した農産物販売はその良い例である。あるいは，減農薬・減化学肥料農産物や有機農産物の販売も，環境価値の保全に貢献すると言えよう。そして，このようなアプローチを取るのは，農家や農協などの生産者や生産者組織等，「私」の主体である。本章第3節では，農法の視点からこのアプローチを議論している。

他方，非市場的アプローチとしては，市民的アプローチと制度的アプローチがある。市民的アプローチとは，農業・農村地域の環境保全に関心のある市民団体やNPO，協議会等，「共」の組織が主体となり，市民活動等を通して農村環境の保全に貢献する取組と言える。これらの取組は，地域の実情に応じた活動となる。例えば，静岡県掛川地域の茶草場農法[1]は希少生物種の保全に貢献しているが，この事実に注目して，茶草場農法の推進や世界農業遺産への登録に向け，有識者からなる協議会組織が立ち上げられ，茶草場農法によるお茶の生産支援やその価値を広く周知させるための活動等が行われてきた。

また，制度的アプローチとしては，政府や地方公共団体等，「公」の組織による助成や規制などが挙げられる。我が国では，日本型直接支払の中に含まれる，多面的機能支払，中山間地等直接支払，環境保全型農業直接支払がその例である。あるいは，英国イングランドの環境管理助成制度（Environmental Stewardship Scheme）やドイツ・バーデン・ヴェルテンベルク州のMEKAⅢもその例であり，第2節でより詳しく論じられている。

このように，公，共，私の主体は，制度的アプローチ，市民的アプローチ，市場的アプローチに大きくは対応しているが，各主体は対応しているアプローチだけを行う訳ではない。例えば，協議会組織でも，最初は市民的アプローチであったものが，市場的アプローチを併用して環境保全に役立てている場合がある。この他，制度的アプローチは全国一律的な取組の支援に適し，市民的アプローチは地域固有の対象や制度が未整備の場合に向いている。

それでは，この3つのアプローチを，各主体はどのように使い，いかなる取組を導入しているのであろうか。この点について，次の小節で検討していきたい。

4．農産物・環境価値の特性と供給支援のための取組

　環境保全型農業によって供給される農産物や環境価値は，その特性によって，使用されるアプローチと取組が異なる。そこで，排除性に希少性の視点を追加して，どのような取組が可能であるか検討する。

（1）排除性が高く，希少性も高い場合

　このような場合には，市場での価格形成が容易なため，市場財の高価格販売という市場的アプローチにより，生物多様性等の環境保全に貢献すると考えられる。

　まず，茶草場の農法の事例を挙げる。2013年5月に世界農業遺産に指定された静岡県掛川地域では，農家が茶草場農法を行い，生物多様性の保全，高品質なお茶の生産，そして相対的に高いお茶の生産者価格を獲得している。そして，そのような取組を支援するために，2013年10月に「静岡の茶草場農法実践者認定制度」が導入された。同制度は，掛川市他4市1町で構成する，世界農業遺産「静岡の茶草場農法」推進協議会が，世界農業遺産「静岡の茶草場農法」を実践する生産者を認定するものである。各農業者の良質茶の生産活動において，生物多様性を育む茶草場を維持することへの努力と貢献度は，その指標として，経営茶園面積に対する茶草場面積の割合に応じ，5％未満（葉のマーク無し），5～25％未満（1葉のマーク），25～50％未満（2葉のマーク），50％以上（3葉のマーク）の4区分で認定される。

　そして，この茶草場農法で作られたお茶の袋には認定シールを貼ることができ，1枚につき5円が推進協議会に支払われる。この制度により，消費者は，茶草場農法実践農家のお茶を買うことで，生物多様性の保全にも貢献できるのである。なお，この認定制度の構築や認定手続きは非市場的アプローチであるが，環境価値を市場化するための手段として認定制度を創出し，それを農家や茶商が市場的アプローチの中で利用していることから，複数のアプローチが融合した例といえよう。

　次の事例として，「コウノトリ育むお米」を取り上げる。コウノトリの野生復

帰に取り組む兵庫県豊岡市において，コウノトリの餌場となる水田を増やすことで，人と自然が共生する豊かな環境を目指した自然農法である。水管理によってコウノトリの餌を確保するコウノトリ育む農法には，冬期湛水，早期湛水，深水管理，中干し延期等がある。また，農薬使用への配慮としては，種子の温湯消毒，①栽培期間中は農薬不使用の無農薬タイプと，②地元の慣行栽培に比較して75％削減の減農薬タイプがある。このようにして栽培された無農薬タイプのお米の場合，地域の慣行栽培に比較して，約1.5倍の市場価格で販売されている。

上に挙げた取組は，農法だけでなく，生産地域も限定されているため，「地理的表示」の意味もあり，市場における差別化が容易で，高い価格形成力を持つ。そのため，必ずしも補助金に多くを依存しなくても，農業者らの意欲次第で多様なアプローチが可能となる。他方，対象となる農産物が希少性を有することが条件となるため，どのような地域や対象でも可能なアプローチではなく，地域限定的な手法と言える。

（2）排除性は低いが，希少性は高い場合

この場合には，市場で価格形成が困難であるため，環境保全のためには，非市場的アプローチによる取組が中心と必要となる。

1）制度的アプローチ

代表的な事例は，英国・イングランドにおける農業環境支払い制度である環境管理助成制度のなかでも，高度レベル事業（Higher Level Scheme: HLS）が挙げられる。この事業では，環境価値の高い農地を対象に，申請者ごとに環境に配慮した高度な取組を実施し，取組内容に応じて高額な助成が支払われる（野村・和泉 2013：pp.73〜88）。

あるいは，観光的波及効果の高い景観形成要素については，国や県から助成が行われる場合がある。例えば，1789年から続く福岡県朝倉市にある三連水車は，農業水利施設であるが，その文化的・歴史的価値が評価され，1972年に福岡県から「民俗文化財」として，1990年には国より「特別史跡名勝天然記念物及び史跡

名勝」として指定された。そして，水車群の改修・維持・管理費用の半分以上が，国や県・市からの補助金でまかなわれている（矢部・岸田 2013）。

　ただし，HLSに見られる高額な助成金の支給には財源が不可欠であるため，我が国における類似制度の適用可能性は限定的である。他方，文化的歴史的価値をもち，観光資源になっているような農業施設の保全・改修には助成が行われるなど，地域の実情と財政力に応じて導入されている。

2）市民的アプローチ

　阿蘇草原は，放牧，採草，野焼きといった畜産業との深い係わりの中で，貴重な生物種が保全され，見事な草原景観が形成されてきた。しかしながら，畜産農家の減少によって阿蘇草原も存続の危機に瀕している。そこで，牧野組合による草原の野焼きについて，公益財団法人阿蘇グリーンストックが年間延べ2,000人近い野焼きボランティアを組織して，野焼きを支援している。

　このように，環境に対する市民意識の高まりを受け，野焼き支援や棚田管理のように，市民ボランティアによる農作業支援がしばしば見かけられるようになった。ただし，市民ボランティアの活用だけでは，環境価値の高い草地や棚田等の維持は困難であるため，市場的アプローチが可能なものについてはそれを導入している。例えば，阿蘇グリーンストックが手がけているあか牛肉の通信販売や棚田オーナー制等は，市場的アプローチとの併用である。

（3）排除性が高いが，希少性は低い場合

　非排除性があるため，市場的アプローチによる環境価値の保全は可能となるが環境保全的農法で生産された農産物でも，競争力のある「地理的表示」や「ブランド化」がなされない場合には，希少性が高いとは言えないので，農産物自体は一般的なものになる。

　本章第3節で取り上げる柑橘の生産は，世界農業遺産のような特別な生産地の農産物ではなく，一般的な農産物である。それゆえ，「有機栽培農家は環境に優しい農法に強い拘わりを持った環境指向型生産者だけではない。その多くは農法

第10章　環境保全型農業と資源利用

と経営を一体的に捉え，販路先の要望を取り入れた生産を行い，その努力に見合った価格設定で生産物販売を行っている。また，置かれている条件を最大限に活用しながら経費節減を図り，売上よりも手取りを意識した堅実な経営を行っている」農業者が担うことになる（本書311ページ）。つまり，環境に配慮した農業生産の結果として環境保全に貢献するが，環境保全から発生する便益を農産物価格の中に内部化することを志向していない点で，先の（1）の場合と，基本的に異なるものである。

　ただし，「コウノトリ育むお米」の消費者でさえ，主たる購買動機に環境保全を上げることが少ないことから（矢部・林岳 2011：pp.21〜32），広範に普及した環境保全的農法による取組は，健康や食の安全・安心といった消費者個人に帰属する価値の獲得が中心となるといえよう。

（4）排除性が低く，希少性も低い場合
　排除性が低い場合には，非市場的アプローチによる環境価値の保全や供給が中心となる。

1）制度的アプローチ
　イングランドの環境管理助成制度のなかでも，入門レベル事業（Entry Level Scheme：ELS）は，「広く浅い農業環境施策」を担うものである。農業者あるいは土地所有者であれば，どこの地域であっても，対象とする農地1haにつき30ポイントになるように，多様な農地管理項目を組み合わせて申請すれば，1ha当たり年額30ポンドが払われる。このように認定条件が厳しくない代わりに，助成額は多くない。また，ドイツ・バーデン・ヴェルテンベルク州におけるMEKAⅢによる農業環境支払いは，州の農業全体を対象とし，既定の取組に対するポイントに基づくため，一般的な助成制度といえる（フェルマン 2011：pp.273〜291）。

　同様に，我が国の中山間地等農業直接支払や多面的機能支払なども，対象地域は全国に広がり，助成項目も共通していることから，希少な対象や高度な取組を

要求するものではなく，多面的機能に対する一般的な助成であると言える。

2）市民的アプローチ

　特別な訓練も不要で，生協等の組合員や市民が参加する生き物調査による啓発活動は，環境保全型農業や農村環境保全の推進に貢献するものである。宇根氏が推進してきた生き物調査は，「ただの虫」に対する調査活動であり，それを通した生物多様性の保全である。もちろん，ただの虫のなかにも，絶滅危惧種もいるが，基本は，農業者も含め市民の身近な生き物に対する調査と考えらえる。虫見版等による生き物調査は，環境に配慮した農法の導入や農地生態系の管理強化という意味を持つ一般的な取組を志向しているといえる。

5．おわりに

　本節では，農業・農村の環境価値の保全に取組む主体とそのアプローチを4つに類型化して，取組内容を検討してきた。このような分類の意義は，多様な取組について，公共私という主体と，市場的アプローチ，市民的アプローチ，制度的アプローチの組み合わせで多様な取組を位置づけることにより，農業の環境保全に向けた取組の現状と，新たな取組の選択や支援手法の選択について，見通しがよくなる点である。

註
（1）茶草場農法とは，茶園の畝間にススキやササを主とする刈敷きを行う伝統的農法のことである。この敷き詰められた茶草には，雑草防止，土壌流失防止，土壌への有機物供給などの効果があり，味や香りが良くなると言われている。また，茶草場では，300種以上の動植物が確認されている。

第2節　農業環境政策における非市場的アプローチ
―環境直接支払い―

1．課題

　農業環境政策の非市場的アプローチの代表的手法は環境直接支払いで，ドイツのMEKA（市場緩和と農耕景観保全の調整金プログラム，横川・佐藤・宇根 2002：pp.21 〜 56，フェルマン 2011：pp.273 〜 291）と英国の環境管理助成制度（Environmental Stewardship Scheme，野村・和泉 2013：pp.73 〜 88，野村 2014：pp.128 〜 152）である。そもそも農業環境問題の基礎的概念は内部経済としての農業活動の技術的外部効果論である。技術的外部効果は連続した現象であり外部経済か外部不経済かのどちらかに分類されるが，その分類基準は基準値（reference level），その具体的基準は適正農業規範（code of good farming practice）と呼ばれ，生態調和の便益のより多くの供給という農業環境政策の費用負担を税金から農家に助成するのか（環境支払い・共同負担原則），外部不経済の回復費用を農家に負わせるのか（汚染者負担原則）の境界をなしている。

　農業活動の外部効果の全体像と特殊性を客観的に説明できる概念装置としては農耕景観が有効である。農耕景観（Kulturlandschaft）とはそもそも地理学の景観概念（無機的要素，有機的・生物的要素，人間的要素の三次元的・立体的構造とその機能・相互関係によって構成され，周辺空間とはっきり識別できるような一定の特徴を有する空間単位）から来ていて一般に文化的景観と呼ばれるが，これを農業・農村空間に限定的に適用したものである。この農耕景観概念を農業環境問題の把握方法として使用する意義は，①外部効果の客観的な説明力の他に，②生態学的視点による農業生産力要因，農業資源理解の柔軟性の確保，③景観生態学的土地利用計画の導入可能性の3点である（横川 2005：pp.5 〜 9，横川 2011：pp.5 〜 12）。また，このような農耕景観概念が生態学的，景観像的（美的）な農業資源認識と一体になっていることは，ドイツの農業環境政策論と農政学の

テキストにより明らかにされている（横川 1999：pp.158 〜 165）。しかし景観と文化的景観は他方面に関わる包括的概念であるから，農業環境問題の根本的理解には景観概念や文化的景観論の多様なアプローチなどを参考にすべきであろう。本節は農耕景観論についてのこのような問題意識を持って農業環境政策の非市場的アプローチに関する学会の近年の成果についてコメントする。環境支払いの推進の必要性と条件を主張してきた荘林は，農業直接支払いの概念と政策設計を体系的に叙述した新刊書において環境直接支払い（ないし多面的機能水準改善支払い）にとってのレファランスレベル（基準値）設定の重要さを強調している（荘林・木村 2014：pp.103 〜 134，荘林 2010：pp.221 〜 224）。本節ではこの論点も改めて受け止めたい。

2．県民と育む農の恵みモデル事業（福岡県）
　　——わが国初の生物多様性による直接支払い——

　日本での環境直接支払いは地域が先行した。滋賀県の「滋賀県環境こだわり農業推進条例」に基づく「環境農業直接支払制度」（2004年度実施）に続いて，福岡県は2005年度から対象を稲作に限定して3年間「県民と育む農の恵みモデル事業」を実施した。まず，事業を詳細に調査した岸の分析をみよう。生物多様性に着目した環境支払いの検討を目的に，県下14のモデル地区で環境負荷軽減農法による稲作を行うとともに，稲作期間中3回（06年度からは4回）にわたって，非農家を含む県民参加型で田んぼの生きものを調査するもので，県は調査の委託費として農家に10ａ当たり5,000円を支払う（滋賀県の水稲と同額）。これは実質的に環境直接支払いの試行，日本初の生物多様性による直接支払いの試みであった。福岡県としては生物多様性に関連した環境支払いのモデル事業を実施し将来は国の環境直接支払い制度の創設に結び付けたいという基本方針があり，県民参加で農業の現状を見つめ農業の多面的機能について理解を深めることを狙った。生きものへの支払いならば県民も理解しやすいと考えられたし，2001年から先行的に田んぼの生きもの調査を実施していたNPO法人農と自然の研究所（宇根豊代表）と環境稲作研究会（藤瀬新策会長）が調査成果の田んぼのめぐみ台帳・生きもの

目録調査結果を公表していたので，この調査方法を県民参加型の事業として採用した。結果的に，福岡県の事業は07年度から実施された国の「農地・水・環境保全向上対策」に引き継がれた（岸 2008：pp.98 ～ 104）。

　次に，計画段階からNPOの一員として事業に関わった宇根豊の評価と主張を見よう。支払い要件は①減農薬であること，②生きもの調査を行い，生きもの目録を作成すること，③農作業日誌をつけて，百姓仕事との関係を考察することで，この仕事に対して10 a 当たり5,000円と調査圃場ごとに約１万3,000円が支払われる。毎年県内から募集し選考された14地区約200人の百姓に支払われ，予算規模は4,700万円であった。百姓は75種（06年からは百姓の要望で100種に増えた）の生きものを調べる。滋賀県では琵琶湖の保全が県民合意かもしれないが，福岡県は田んぼが琵琶湖に匹敵するという合意をこの県民参加型の事業を通して達成しなければならない。さて，事業結果に対する宇根の評価はどうか？　参加した百姓へのアンケート調査によれば，事業の３難題のうち①百姓が生きもの数を調べるという調査手法の課題は，百姓に生きものが見えるようになるプロセスに自ら感動し，②生きものが見分けにくいという調査対象の課題は，百姓が田んぼに入る動機を環境支払いという助成金政策が提供することで簡単に解決し，調査を重ねるうちに助成金獲得目的よりも「減農薬・有機農業の効果を確かめるため」（自らの農業技術の成果を生きもので測るという意識）「環境を守るため」（環境保護の指標になるという社会的意識）が醸成されて解決した。最後の③県民の賛同については，家庭や地域での百姓の会話が増えているから期待は持てるが，募集に応じた一般市民の「めぐみ調査隊員」が少ないので，田んぼが琵琶湖に匹敵するという事業の着想はまだ賛同されていない。このような評価に基づき，宇根はこの事業により生産ではなく生きもののための労働時間を増やす（労働生産性を落とす）政策，近代化政策に終止符を打つ方策が生まれたと主張している。また，田んぼの生きもの調査は環境支払いの一項目にすぎないが，すべての環境支払いの土台に居座っている自然を「世界認識」する精神を提示して見せているとも主張している。環境支払いは百姓を生きものの世界へ導く動機づけとして意義ありとみているのである。また「生物認証」という表現で生きもの自体を価値として

表現したい百姓の気持ちを高く評価している（宇根 2007：pp.218〜232）。宇根はその後，環境支払いは「国民のまなざしを自然と百姓仕事との関係に向けさせる」もの，「使用価値を使用価値としてそのまま評価する道」という主張へと発展させている（宇根 2011：pp.114〜115）。

3．沖縄県の赤土流出問題に対する農業環境政策論的プログラム構想

　石垣島と西表島の海域・石西礁湖のサンゴ礁海域への赤土等流出防止は国民的課題である。農地からの赤土等流出が流出量全体の7割を占める中で海域ごとに「環境保全目標」が設定されることになり，沖縄県農林部は対策プログラムを急いだ。2005年〜09年の沖縄県営農支援課の調査委員会には仲地宗俊，兪炳強，横川の3名の学会員が参加した。10年〜12年には仲地と横川はそれぞれ科研チーム（基盤研究C）を組んで研究を継続した。本節では主に農業環境政策と環境直接支払いからのアプローチを行った横川科研を中心に科研成果を紹介する。

　調査委員会で横川は環境保全目標を最上位目標とした農業環境プログラム構想（流出対策プログラム全体構想）を図10-1のように提案した。赤土畑地での適切な農業活動準則である赤土GAPという基準値を設定し，この基準値のもとに3段階のプログラムを構想している。現状は赤土等の流出が環境を汚染していてその回復が課題であるから，①赤土GAP以下の環境汚染の農地（農家・営農）は赤土GAP水準への到達を目指すが，その回復費用は汚染者負担原則（PPP）でなく共同負担原則（公的負担）で助成されてよい。外部不経済の回復にも環境支払いが適用される（なお，③は外部経済の貢献に対する環境支払いである）。助成の根拠は，「農地」や「非農地」での公共事業負担と「営農」での農家負担の社会的不公正を是正するためであるが，現状をレファランスレベルと明示して環境改善のために赤土GAPを目指すから助成してよいという考え方も可能であろう（横川 2011：pp.249〜250，荘林・木村 2014：pp.109〜110）。この構想では，環境支払いを主柱としながら，受益者流域住民による支援，価格プレミアムによる支援，広く国民から基金を集める支援，グリーン・ツーリズム，ブルー・ツーリズム等さまざまな経済的，社会的参加活動が期待されるから，協働原則が広く

第10章　環境保全型農業と資源利用

図10-1　沖縄赤土等流出対策プログラム全体構想

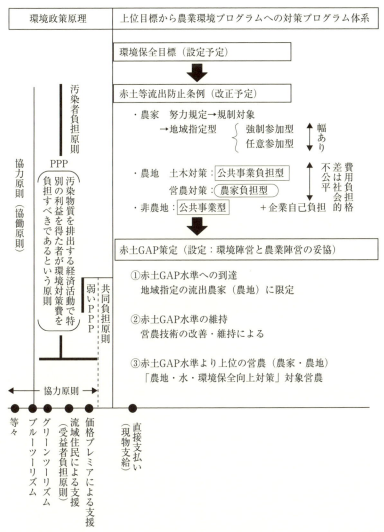

資料：横川洋（2011）「沖縄における持続可能な赤土等流出防止プログラム構想—環境直接支払を軸にしたポリシー・ミックス構想」横川洋・高橋佳孝（2011：p.251）。

適用されている状態を構想している（ポリシー・ミックス）（横川 2013：p.1）。構想の主柱は技術特定型の環境直接支払いであるから，基準値である赤土GAPがどのような営農技術であるかを特定する課題と国民からの基金造成資金集め手法であるCRM（コーズリレイテッドマーケティング）の課題に若手分担者が取り組んだ。

　赤土GAP相当の営農技術について，森高正博は２つの提案を行っている。第１に平場で圃場整備が進んだ地域においては緑肥を規範的技術と位置付けて助成対象から外すという提案である。その理由は，一方で緑肥が多くの農家で定着し経営メリットのゆえに導入される状況ができているからであり，他方でさらなる流出削減を目指す場合，緑肥から株出しへ技術誘導すべき農家が緑肥にとどまるという「逆選択」を抑制するためである。このような逆選択の行動を批判する個所で，森高は助成金の土地面積当たり一律払いに原因があることを明示している。それゆえに，第２の提案は，一律支払いの下であっても農地のゾーニングを行うことによって，助成対象とする土地で削減効果が上がる技術を助成対象技術に指定できるという提案（示唆）となっている（森高・坂井 2013：pp.6〜11）。また，坂井教郎は石垣島の各圃場の圃場条件や実施された赤土対策に関するデータを用いて，属地的にこれまでの営農的対策の実態について費用と効果の面から検証し，赤土対策の費用対効果には大きな差があり，流出危険度が高い圃場において赤土対策が実施されておらず，危険度の低い圃場で実施されていることを明らかにした。効率的な赤土対策の実施のためには，費用対効果が高い対策を流出危険度の高い圃場から実施し，流出量の削減のためには対策を流出危険度の小さな圃場に広げていくことが必要である。また，政策目標達成のために規制による赤土対策が必要であり，その上で基準点が農家負担と共同負担を分けると主張している（坂井 2013a：pp.12〜17，坂井・森高・横川 2015）。中山伸介はGISを利用した標高の観点から「中間的なゾーン」という対策地域区分単位を提唱し，流出対策の制度設計の支援を試みた（中山 2013：pp.18〜25）。他方，磯野誠は，企業が支援を必要とする慈善的な計画や活動（＝コーズ）を支援することでその業績成果を求めるマーケテイング・アプローチであるCRMについてこれまでの石垣島サ

ンゴ礁保全活動と先行研究のレビューに基づき，CRMに特有な分析手法を用いて石垣島サンゴ礁保全活動をコーズとするより効果的なCRMの諸条件を析出した（磯野 2013：pp.31～43）。農業環境政策論で本格的なCRM研究は珍しく，このような新しい試みが提案されるほどに石西礁湖サンゴ礁の価値は大きいと言えよう。髙木克己は従来の流出防止対策を振り返り5課題中3課題が取り上げられていると評価した（髙木 2013a：pp.26～30）。仲地科研のテーマは広範なので，その成果については農業環境政策に関連する範囲での簡単なコメントになるが，仲地宗俊は赤土等流出防止対策に組織面からアプローチし，農業内部関係者と農業外部支援者による地域協議会の形成の必要性を主張した（仲地 2013：pp.10～14）。これは協働原則の適用と理解できるであろう。坂井教郎は流出防止により効果的な営農技術を「株出」に特定し，株出技術採用のための追加費用額を農家アンケートによって求めそれを直接支払いするという案を提案している（坂井 2013b：pp.17～27）。兪炳強は石垣島への観光客による赤土流出防止対策に対する支払意思額をCVMにより推定した（兪 2013：pp.49～66）。磯野のCRMとは別の基金造成へのアプローチである（他の分担者については割愛する）。赤土等流出防止対策プログラムの今後の多様な展開に期待したい。

4．農耕景観論の意義—まとめに代えて—

最後に，冒頭にも述べた景観，文化的景観，農耕景観の意義を再確認したい。そのきっかけは2010年から横川が参加している「阿蘇文化的景観調査検討委員会」「阿蘇環境デザイン策定委員会」等での文化的景観論の議論である（2013年からは科研・基盤研究Cも同時進行中）。結論のみであるが，①文化的景観から農耕景観へと空間領域を限定することにより，空間内の農業活動の内部経済と外部効果という環境経済学の方法が農耕景観領域に適用できる。その結果②（ア）外部効果の客観的な説明力の他に，（イ）生態学的視点による農業生産力要因，農業資源理解の柔軟性の確保，（ウ）景観生態学的土地利用計画の導入可能性の3点を再確認できた。さらに③景観概念，文化的景観論への多様なアプローチのいくつかを新しく学んだ。具体的には，景観生態学，保全生態学，「風景の共同感情」

図10-2 カブトエビ除草法における農業資源構成要素の相互作用と農業労働の様式

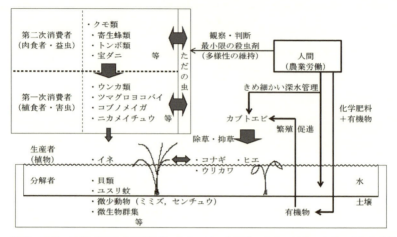

資料：宇根・日鷹（1989『「減農薬のための田の虫図鑑―害虫・益虫・ただの虫』農文協を参考に作成した。佐藤剛史（2001）『生物多様性と景観視点からの農業の持続可能性に関する理論的・実証的研究』九州大学学位請求論文, pp. 39〜41。

論，重要文化的景観論，社会学的アプローチ，等々であるが，ここでは紙数の制約から，②（イ）の議論を佐藤剛史によって確認しておくにとどめたい。

佐藤は福岡県の農の恵み事業に参加した環境稲作研究会員のジャンボタニシ農法やカブトエビ農法を詳細に観察し環境稲作の技術的成立条件を解明した。圃場の無機的要素，生物的要素，それに応じた（特に生きものに対する注意深い）労働という三要素の相互関係をカブトエビ除草法で示したものが図10-2である。稲にとって有害なジャンボタニシやただの虫であるカブトエビを農業技術として活用できるか否かは，観察による圃場特性の把握と生物多様性の中の生きものの生態をコントロールする農業労働ができるかどうかである。このことを外部経済効果（ここでは生物多様性）の視点から整理すれば，「種」のレベルではジャンボタニシやカブトエビ等の生物種が保全され，「生態系」のレベルでは減農薬稲作による生きものの回復を前提に特性の異なる各圃場に個性的な人間労働が加わって各圃場の水田生態系の個性がさらに増幅し（一種のビオトープ），地域単位でみれば多様な水田生態系が組み合わされた豊かな「景観」が創出されること

になる。そして逆にこの生物多様性が環境稲作技術として利用されると理解できる。これは景観概念の導入によって農業の内部経済と生物多様性保全という外部効果が直結するという理解を実証する（佐藤 2001：pp.39～41）。そのためには自然を生産力として発現させるための労働の在り方と本質に関する理解が不可欠である（佐藤 2001：pp.12～14）。

　十分に意を尽くせないが，この佐藤剛史による環境稲作の事例分析によって②の（イ）だけでなく，（ア）（ウ）の3点全体について理解の糸口だけは得られたのではないだろうか。さらに，景観概念（文化的景観論）の意義はこの議論の延長上にあるが「景観には，可視的な側面（物理的・物質的景観）と不可視的な側面があり，景観は全体として，この両側面がつねに相互作用をもちながら一体として立ち現れた現象と定義できる」（内山・リンドストロム 2010：pp.139～142）から，「大切なことは…私たちの今ある景観―形にあらわれた光景だけではなく，価値観や世界観，私たち自身のアイデンティティーまで含めた全体―がどのように過去に根ざしているか，その本質がどこにあるかを客観的な目で見つめ，そこに未来へのヒントを探ることではないか」（内山・リンドストロム 2011：pp.36～37）というように，地域や伝統に沈潜しながら農業と環境への視野が広がり深まっていくのである。

第3節　環境保全型農業における資源利用の形態と効果

1．はじめに

　環境保全型農業を持続可能な資源利用の視点から検討する際に，2つの点が重要である。1つは，化学農薬や化学肥料等化学合成資材の使用量を削減または使用しない替わりに，どのような資材，農法または技術が使われているかである。もう1つは，こうした代替農法・技術の採用が農業経営にどのような影響を与え，持続可能かどうかである。前者は取組の性格や農法的，技術的成立条件を明らかにする上で欠かせないものであり，代替農法の実態把握の必要性を示唆するものであるのに対して，後者は代替農法の諸効果，つまり，環境保全型農業の経営経済的成立条件や今後の可能性を知る上で重要な判断材料となる。

　これらの点に関連した本学会の取組として，1999年大会「エコノミーとエコロジーの交差と展望」，2000年大会「資源循環型農業の核となる畜産の展望と成立条件」，2002年大会「国際化を生きる地域農業の方向」，2008年大会「農業資源の保全と活用—持続可能な農業・農村の再編成」等がある。いくつかの報告は上記の点に触れてはいるものの，明確な問題意識と大量調査を基にした検証分析の成果は見当たらない[1]。本節では，柑橘作農家56件の実態調査を中心に2つの課題に答えたい。

2．有機栽培農家の経営実態

　資料は，附記の科学研究費補助金による実態調査の結果を用いる。調査対象農家は和歌山，愛媛，佐賀，熊本，鹿児島の5県にわたるが，49件は愛媛県の取組である。経営面積は50ａから20haまで大きなばらつきがあり，10haを超える株式会社3件を除けば，平均経営面積は215aとなる。農林水産省「農業経営統計調査」の調査対象となっているみかん作農家（約80ａ）や愛媛県の標準的な柑橘作農家からみれば経営規模が大きい。栽培形態として有機栽培を行っている農家は

第10章　環境保全型農業と資源利用

52件，取組経過年数は最長で30年，最短で4年，平均で15年となっている。残り4件も，化学肥料や除草剤不使用など高水準の取組を行っている。環境保全型柑橘作の到達点を示す取組として十分な代表性があると言える。

表10-1　有機柑橘作農家の10a当たり収量

単位：kg

品種	最高	最低	単純平均	平年収量	未結果園調整後	参考：全国平均	参考：愛媛県
温州みかん	4,290	434	2,134	2,035	2,300	2,160	2,240
伊予かん	6,022	1,266	2,407	2,324	2,506	1,843	1,904
甘夏	6,800	205	3,084	3,146	3,246	-	-
ポンカン	3,623	700	1,891	1,950	1,916	1,494	1,868
清見	2,600	1,000	1,640	1,726	1,809	1,719	1,677
デコポン	2,700	18	991	908	1,051	1,483	1,231
河内晩柑	5,429	4,000	4,714	4,957	4,937	1,807	2,188
南柑20号	3,571	2,000	2,524	2,706	2,524	-	-
レモン	3,611	949	1,899	1,888	2,619	1,972	1,598
その他	3,894	83	1,457	1,551	1,833	1,567	1,619

注：1）「最低」単収は結果面積90％以上農家の集計結果である。
　　2）調査農家以外「その他」はみかん以外柑橘類平均を使っている。
　　3）平年収量は，「実際収量は平年収量の何％に相当するものか」への回答により算出した数値である。

表10-1は，主要品種別10a当たり収量を示している。柑橘作の収量は表・裏年の違いや，結果園の割合または樹齢構成等によって大きく変わる。そのため，農家ごとの平均単収を基に算出した品種ごとの「単純平均」収量のほか，その変動幅を示す「最高」,「最低」収量，調査結果から割り出した「平年収量」，未結果園を除いて再計算した「未結果園調整後」平均単収も併示している。

「単純平均」欄数値で明らかなように，対象農家は全国や愛媛県平均に比べて遜色ない単収を上げている。温州みかんやその他柑橘類は全国，愛媛県平均よりやや低く，多くの未結果園を抱える不知火（デコポン）は全国，愛媛県平均を大きく下回っているケースもあるが，それ以外は全国，愛媛県平均とほぼ同じか上回っている。参考となる「平年収量」欄は品種によって若干の違いがみられるものの，「単純平均」欄数値と大きな乖離はみられない。調査結果は対象農家の恒常的な収量水準をほぼ反映していると言える。未結果園を除いた場合，不知火以外すべての品種は全国，愛媛県平均を上回っている。

この収量がどのような要素投入によってもたらされたかを示したのは**表10-2**

表 10-2　品目別 10 a 当たり経営費

単位：円

費目	対象農家	全国平均	四国
肥料費	29,132	28,649	24,486
農業薬剤費	6,860	33,649	27,366
雇用労賃	33,449	25,946	30,453
種苗費	5,087	46,216	42,387
光熱動力費	12,875	57,297	100,823
その他の諸材料費	13,426	3,649	4,321
農機具，農用自動車修繕費・保険料	12,100	30,000	32,716
農用建物修繕費・保険料	2,590	37,027	45,267
土地改良及び水利費	4,010	1,757	1,440
賃借料及び料金	502	15,000	24,691
支払小作料（借地料）	1,344	1,216	1,440
物件税・公課諸負担（農業負担分）	5,180	12,297	10,288
負債利子（農業負担分）	1,227	1,892	412
技術研修等費用（農業負担分）	2,935	5,541	4,527
出荷・販売経費	10,756	20,541	12,551
農業雑支出	3,950	4,189	9,671
（＋減価償却費）	84,568	-	-
計	229,991	324,866	372,839

注：1）対象農家の「減価償却費」は四国平均（「農林水産省農業経営統計調査・営農類型別・個別経営・果樹作単一経営・みかん作経営部門」）から引用した暫定値，全国平均と四国は減価償却費を含む数値である。
　　2）対象農家以外「技術研修等費用」欄は「企画管理費」である。

である。減価償却費はまだ算出されていないため四国地域の平均値を暫定的に使っているが，個々農家の差を捨象した「平均的」な有機柑橘作農家において10 a 当たり経営費は約23万円となっている。これは四国平均の62％，全国平均の71％に相当するもので，高水準の経費節減志向が示されている。費目別には，肥料費，雇用労賃，諸材料費の3項目は全国や四国平均より高く，残りの項目はそれを下回っている。費目によっては農家間で大きなばらつきがあり，より多くの検証が必要と思われるが，環境保全型稲作や野菜においても同様の現象がみられるため[2]，費用節減度合の違いはともかくとして，傾向としてほぼ間違いないとみてよい。

　図表は省くが，10 a 当たり労働時間は286時間で，四国平均より4％，全国平均より12％多い。際立って多労とまで言えないものの，通常栽培より多くの労働時間を費やしている。労働時間の増加は主に施肥，中耕・除草・防除，生産管理作業に集中しているため，代替農法採用の結果と言える。これらの作業における

労働時間の増加は，**表10-2**でみた肥料費，諸材料費の増加と農薬費の減少とも高い整合性を持っている。

　調査結果から読み取れる点は明白である。1つは，有機柑橘栽培の技術と経営は平均的意味においてかなり高い水準に達しているという点である。化学農薬・化学肥料を使わずまたは地域の慣行栽培より5割以上削減しても，地域や全国平均に遜色ない収量を上げているからである。柑橘作は従来から多量かつ多頻度の農薬散布を必要とし，環境保全型農業とりわけ有機栽培の取組が困難とされてきたが，調査結果はこうした常識を覆す証拠を提供し，有機栽培を到達点とする環境保全型柑橘農業の可能性を示している。取組農家の農法・技術を科学的に検証し選抜すれば，有機柑橘栽培の技術・経営体系を確立し，取組の拡大に結び付くことは十分可能であろう。

　もう1つは，地域や全国平均に比べて遜色のない収量を上げる一方，10a当たり経営費は明らかに安く，労働時間の投入も地域慣行に比べて小幅増にとどまっている点である。これは，地域慣行と同等の資源を使ってより多くの生産物を産出していること，あるいは同等の生産物を産出するためにより少ない資源を使っていることと言い換えることもできる。有機栽培をはじめとする高水準の環境保全型柑橘作は労働以外資源利用において高い技術効率と環境効果を実現していることを示しているのである。経営費の大幅な節減と労働時間の小幅増で明らかなように，この高い技術効率と環境効果は労働時間の多投，つまり労働と他の資源間の代替によってもたらされたものもあれば，資源利用効率の向上によるものが含まれている可能性もある。この点については，次項でさらに考察する。

　しかし留意すべき点も2点ある。1つは，調査対象農家の単収も経営費も労働時間も農家によって大きなばらつきがあり，20年以上の取組においても有機栽培に至っていない農家があるという点である。この事実で明らかなように，実態調査はどの農家または農家グループを対象にしているかによって集計結果が違ってくる可能性もある。もう1つは，**表10-1**関連部分で述べたように柑橘作の収量は表・裏年の違いや結果園の割合または樹齢構成等の違いによって変わるため，調査結果と地域，全国平均との差にはこうした違いに由来する部分が含まれてい

る可能性もあるという点である。いずれの点も，調査結果をつねに一定の幅を持ってみる必要があることを示唆している。

3．有機栽培における技術代替と資源利用

　化学農薬，化学肥料を使わずまたは地域慣行より5割以上減らしても，地域や全国平均に遜色ない収量を上げているという以上の結果は，どのような農法によってもたらされたか。表10-3は，代替農薬の使用実態を示している。調査対象農家において16種類の代替農薬の使用が確認されている。マシン油の利用頻度は最も高く，8割の農家が使っている。産卵から幼虫孵化までの期間にかけると，虫害発生の頻度や範囲を抑制する効果があり，多くの農家が使う初動的防除法である。イオウフロアブル（水和硫黄合剤），ICボルドーも1/3〜1/2の農家が使っており，マシン油と合わせて有機柑橘栽培における代替農薬の3本柱となっている。他の農薬は1〜4件程度の使用実績で，同一の地域内においても代替農薬の種類や使い方は農家によって大きく異なる。平均的には農家1軒あたり2〜3種類の代替農薬を使っており，マシン油のように1種類しか使っていない農家もある。

　少数ではあるが，手づくり資材の使用も特徴的である。天恵緑汁は，米ぬか，

表10-3　化学農薬代替資材

資材分類	資材名	使用農家数	備考
有機適合農薬類	マシン油	43	
	イオウフロアブル	17	
	ICボルドー	16	
	石灰硫黄合剤	4	
	バイオリサ	3	
	マシンダイゼン	2	
	その他（各1）	10	パラフィン乳展着剤，デランフロアブル，サンマイト，コサイドDF，ストロビーDF，レターデンF，モスビラン，ベストップジン，マッテクEW
手づくり系	天恵緑汁	3	
	土着微生物培養土	1	
	手づくり酵素	1	
	天然アミノ酸	1	
	玄米酢	1	
	竹酢	1	

人参，大根，摘果幼果等農副産物，タケノコ，あけび，ヨモギ等山草，刈草，杉の実，魚介類，海藻（えじき）等に黒砂糖等を加えて浸透し，時間をかけて熟成させたものである。作物を元気にする葉面散布用液肥として使われる多用途資材でもある。土壌微生物，酵素，天然アミノ酸，玄米酢，竹酢等を含む手づくり資材の使用は，非化学的防除効果，地域内資源の有効活用，農薬費節減等多面的効果をもたらしている。

　代替農薬による防除のほかにも多くの工夫が施されている。手作業や機械除草，マルチ利用による雑草抑制等耕種的防除，病虫害発生状況への細やかな観察と幼虫捕殺，根虫取り等予察的防除，枯れ枝，病気枝の除去を伴う適時・独自剪定法の採用，草虫栽培をはじめとする雑草活用法，土着菌培養土・酵素使用による健康な土づくりやアミノ酸散布による頑丈な樹体づくり，未病状態づくり等の工夫が挙げられている。これらの工夫で代替資材の防除効果を高め，労働時間の増加と費用節減効果をもたらしている。

　表10-4は化学肥料に代わる代替肥料の使用実態を示している。FU堆肥，無茶々特号の使用頻度は最も高いが，使用者全員は同一の農業法人所属という特殊な事情によるものである。一般的によく使われている代替肥料はぼかし肥料，発酵鶏糞，魚粉・魚粕・魚肥であり，約1/3の農家で使用実績がみられた。それ以外の資材は使用件数が少なく，代替農薬と同じように資材の種類や使い方も農家によって大きく異なる。

　代替農薬のマシン油のように8割以上の生産者が同一の資材を使うケースは，肥料施用に見当たらない。数件程度や1件しかないような施用実績も代替農薬より多い。農薬使用よりも肥料施用の方がばらつきは大きく個性的と言える。これには幾つかの理由がある。

　1つ目は，園地の土壌状態，樹木の生育段階・樹勢，農家の肥培管理経験や感覚等の違いによるものが挙げられる。これらの違いによって病虫害の発生状況や防除方法が違ってくる可能性もあるが，肥培管理の多様性の比ではない。土壌養分の診断結果や樹勢等によって肥料の種類，施肥の時期と量を変えることがよくあり，代替肥料施用の多様性はこうした適地適肥の結果と言える。

表 10-4 化学肥料代替資材・技術

肥料名	使用農家数	備考
FU堆肥	31	
無茶々特号	26	
有機ペレット類	18	
ぼかし肥料	18	ナチュラルぼかし，東栄ぼかし肥料，ボカシチャンプ飛竜，自家製ぼかしなど
発酵鶏糞	17	発酵鶏糞，奥伊予ブロイラー鶏糞，丸山鶏糞など
魚粉・魚粕・魚肥	16	魚粉4，魚肥3，合川魚粕1
蘇生2号	10	
南肥2号	8	
ブルーマグ	7	
オーガニック（742）	5	
菜種油粕	3	
苦土類	3	
えひめ中央有機入り配合	3	
醤油粕	2	
HDM堆肥	2	
天恵緑汁	2	
その他（各1）	20	骨粉，サンライム，おひさま凝縮粉末，有機石灰，ミネラルエナジー，育苗用炭素，焼成貝化石，液肥（アミノ酸），カツオエキス，昆布エキス，土壌微生物（米糠床），モグラ堆肥A, C, EM有機太陽，福なり堆肥，シーサーサンゴ，オーゼライト，ライスグリーン，毛分，FTE粉

　2つ目は，所属する農家グループや地域の違いによるものである。その好例として，施用件数の多い「FU堆肥」と「無茶々特号」が挙げられる。有機栽培でよく知られている愛媛県西予市明浜町の農業法人「無茶々園」に所属するほとんどの農家はこの2種類の有機質肥料を使っている。対して，それ以外の使用実績は皆無である。同一地域・同一組織の農家がほぼ同様の情報を共有し肥培管理を行っているのである。20種類の肥料・有機質資材が1件の使用実績しかない同表の集計結果は逆に，大きな法人組織に所属していない農家が独自の知識と情報に基づいて肥培管理を行っている実態を示している。農家間の学習効果や情報の違いの表れとみてよいであろう。

　3つ目は，「個性的」なみかんづくりの取組によるものである。有機栽培農家の多くは肥料の種類や量，施肥時期，方法等によってみかんの糖度，糖酸比，味のバランス，浮皮の発生，保存期間等が違ってくると確信し，微生物，酵素，ミネラルを重視した肥培管理を行っている。「有機農業を農業の主流に」を掲げ，

事業拡大を続けている株式会社マルタグループは独自製作の有機質肥料「モグラ堆肥」を農家に薦めている。自然栽培に近い有機栽培農家は，発酵液肥「天恵緑汁」をよく使う。愛媛県愛南町で減農薬・無化学肥料栽培を行っている「みかん職人武田屋」は，園地の条件や独自の施肥感を基に考案し委託製造した有機質肥料「武田屋肥料ペレット」しか使わない。多くの有機栽培農家にとってどの肥料を使うかはもはや肥培管理の問題にとどまらず，生産物や経営の個性を競い合い，PRするポイントの1つにもなっている。

　施肥量については，樹園地の土壌状態，樹齢構成や樹勢，養分構成等にもよるが，有機質資材をたっぷり使うよりも，土壌改良目的以外は魚肥や微生物入り・酵素入り完熟発酵肥料のような良質の有機質肥料を控えめに施用する特徴がよく見られる。良質な肥料を少量に施用することによって窒素過剰を回避し，味のバランスを重視した施肥法と言える。代替資材の使用が単に化学肥料使用量の削減による環境保全や地力維持向上効果を図るのでなく，生産物や経営の個性を創り出す手法の1つになっているためである。

4．農法転換にみる持続可能的な資源利用の条件

　以上の考察から優れた有機栽培における代替農法または資源利用の特徴をみることができる。その1つは，病虫害の発生を低減させる土づくりと拡散させたい個性的で多様な予察的，耕種的防除法の採用である。これらの工夫は病虫害の大量発生を未然に防ぎ，多大な環境効果と経費節減効果をもたらしている。

　もう1つは，土壌微生物・酵素・ミネラルの役割を重視し，肥料多投による窒素過多を回避することである。健康な樹体づくりや生産物の食味を強く意識し，肥培管理と防除，技術と経営を効果的に結合した作法とも言える。

　3つ目は，ローカル資源の活用である。腐植土，落ち葉，土着菌等山の資源，農副産物等農地の資源，カキ殻，エビガラ，カニガラ，魚粕，海草類，海水等海の資源等あらゆる資源が有効に使われている。地域資源の有効利用は，環境保全，個性的な生産物づくり，経営費節減等多面的効果をもたらしている。

　他方では，こうした代替農法の採用が中耕除草，施肥，防除等作業における労

働時間の増大をもたらしている。米作や通常の畑作に比べて，柑橘作は労働時間が長く重労働も多い。こうした中での労働時間の増大は有機栽培の拡大を阻む可能性もある。有機栽培等高水準環境保全型柑橘作の取組がまだ少ないという実態は，多労のイメージに由来するところがある。しかし，調査対象農家の間には多労への不安がほとんど聞こえない。これもいくつかの理由がある。

1つは，前述したように労働時間の増加は主に施肥，除草，防除等作業にみられ，合計労働時間数は地域平均より小幅な増大にとどまっていることである。有機栽培農家は代替農法に応じて労働時間を作業間で再配分し，総労働時間の増大を抑制する工夫がなされていると考えられるが，継続検証が必要である。

もう1つは，労働時間の使い方に対する考えである。代替農法の採用によって土づくりや施肥・防除等作業における労働時間の増加はみられるが，慣行栽培における炎天下や傾斜地での化学農薬散布も農薬被害リスクを伴う重労働である。どちらを選ぶかは1つの選択になる。有機栽培農家は化学農法よりも代替農法への労働投入を選んだのである。代替農法に使う労働時間の増大分は農薬被害リスクの回避・軽減，個性的な生産物づくりへの寄与分も含まれているため，防除や施肥作業における労働時間の純増を必ずしも意味しない。こうした考えを持つ生産者は多く，有機農業への確信にもつながっている。

3つ目は超過労働時間を容認するインセンティブの存在である。他の生産要素と同じように，労働時間投入の増減は一種の要素需要行為であり，生産要素や生産物の相対価格またはその変化に規定される。多めに投入した労働時間はそれに見合った収入増加や費用節減等の経営効果をもたらしてくるなら，多労の努力が報われ，合理的な経営行為になるからである。

この点を検証した結果は表10-5に示す。同表から読み取る点として，まず，「単純平均」価格の多くは「全国卸価」を上回っている点である。対象農家の場合，平均価格はそのまま農家の手取価格を意味するが，卸売経由の手取価格は，卸売単価から70～80円の流通経費・手数料（愛媛県実績）を引かねばならない。「全国卸価」から70～80円を引くと，ほぼすべての品種で対象農家の単価を100円ほど下回ることになる。「生食向け」となると，手取価格の差が一層大きくなる。

表 10-5　調査対象柑橘品種別 kg 当たり手取単価

単位：円

品種	最高	最低	単純平均	平年単価	生食向け 平均	生食向け 平年	参考：全国卸価
温州みかん	255	80	175	175	201	201	165
伊予かん	1,000	34	155	154	178	177	139
甘夏	250	86	142	143	163	164	140
ネーブル	175	175	175	175	201	201	181
ポンカン	328	100	196	195	225	224	172
清見	300	214	258	258	297	297	222
デコポン	388	178	322	318	370	366	339
河内晩柑	300	267	283	283	325	325	197
南柑20号	150	84	117	109	135	125	
はるみ	300	300	300	300	345	345	
晴香	300	250	275	275	316	316	平均 243
紅マドンナ	250	250	250	250	288	288	
レモン	426	250	335	332	385	382	
その他	443	65	231	234	266	269	

注：1）全国価格は，日本園芸農業協同組合連合会「平成22年版果樹統計」「平成21年産柑橘販売年報」によるが，雑柑平均は農林水産省「平成21年度青果物卸売市場調査結果の概要」による。その他は筆者調査。
　　2）「生食向け」単価は，調査農家から計算した「生食向け単価対平均単価の割合」を各品目の単価に乗じて算出した値である。

　もう1つは，「単純平均」価格と「平年価格」とでほとんど差がなく，取引価格は安定している点である。卸売価格は表・裏年の違い等によって年数10％の激しい上下変化が生じるのに対して，直売か契約販売を基本とする有機栽培等の場合は，価格の激しい上下変化は見られない。価格設定も「卸売価格の上限価格帯＋α」の形で行われる場合が多く，高水準で安定的な価格につながっている。高い手取は，農法転換過程で生じる単収低下，労働時間増等をカバーし，農法転換を持続させる原動力になっている。

　このように，有機栽培農家は環境に優しい農法に強い拘わりを持った環境指向型生産者だけではない。その多くは農法と経営を一体的に捉え，販路先の要望を取り入れた生産を行い，その努力に見合った価格設定で生産物販売を行っている。また，置かれている条件を最大限に活用しながら経費節減を図り，売上よりも手取りを意識した堅実な経営を行っている。このような経営感覚に優れた農業経営者を如何に増やしていくかが，環境保全型農業に限らず日本農業全体の課題と言えよう。

第Ⅲ部　資源：その持続的活用と地域振興

　［附記］本節に用いた資料は，平成22〜24年度科学研究費補助金（基盤研究（C））「環境保全型柑橘作の成立条件と持続可能な拡大方策の構築に関する研究」（課題番号22580251，研究代表者：胡柏），および平成25〜27年度科学研究費補助金（基盤研究（C））「環境保全型柑橘作の経営実態解明と組織的，地域的取組の成立条件に関する研究」（課題番号25450325，研究代表者：胡柏）による研究成果の一部である。

註
（1）文献レビューは省くが，各報告（例えば，青木 2000：pp.13〜22，土井 2003：pp.39〜48，甲斐 2000：pp.1〜12）を参照されたい。
（2）詳細は，胡（2012：第3章第2節の4），胡（2007：第2章）を参照されたい。

引用文献
青木辰司（2000）「有機農業運動の展望と課題―山形県高畠町と長井市の事例から」『農業経済論集』第51巻第1号，2000，pp.13〜22
土井健児（2003）「環境保全型農法の実態と課題」『農業経済論集』第54巻第1号，pp.39〜48
T. フェルマン（横川洋訳）（2011）「MEKAⅢ―ドイツ・バーデン・ヴュルテンベルク州の農業環境政策」横川洋・高橋佳孝『生態調和的農業形成と環境直接支払い―農業環境政策論からの接近―』青山社，pp.273〜291
胡柏（2007）『環境保全型農業の成立条件』農林統計協会
胡柏（2012）『原油資材高と不況下における農業・環境問題』筑波書房
胡柏（2013）「環境保全型柑橘作の成立条件と持続可能な拡大方策の構築に関する研究」『平成22〜24年度科学研究費補助金（基礎研究（C））研究成果報告書』pp.1〜24
磯野誠（2013）「石垣島サンゴ礁保全活動を対象としたCRM（コーズ・リレイテッド・マーケティング）成功要因としての提携先企業の消費者知覚の特徴」『赤土GAP・環境支払・協働原則のミックスによる赤土等流出防止プログラムの形成，平成22〜24年度科学研究費助成対象研究（基盤研究C）報告書』九州共立大学，pp.31〜43
甲斐諭（2000）「企業的農業経営における収益性追求と環境保全との矛盾及びその統合」『農業経済論集』第51巻第1号，pp.1〜12
金田章裕（2012）『文化的景観―生活となりわいの物語』日本経済新聞出版社
岸康彦（2008）「地方における環境支払いの試みとその到達点―福岡県「県民と育む「農の恵み」モデル事業」の3年間」日本農業研究所研究報告『農業研究』第21号，

pp.95～131
桐谷圭治（2004）『「ただの虫」を無視しない農業―生物多様性管理』築地書館，pp.141～167
児玉州男（2001）「堆肥の流通実態と流通利用推進方策」『農業経済論集』第53巻第1号，pp.21～32
森高正博・坂井教郎（2013）「赤土流出対策技術に対するさとうきび農家の経営判断と赤土GAPのあり方」『赤土GAP・環境支払・協働原則のミックスによる赤土等流出防止プログラムの形成，平成22～24年度科学研究費助成対象研究（基盤研究C）報告書』九州共立大学，pp.5～11
中越信和（1995）『景観のグランドデザイン』共立出版
仲地宗俊（2013）「地域農業を踏まえた赤土等流防止プログラムと地域環境の保全」『亜熱帯島嶼地域における赤土等流出防止プログラムの策定と地域環境保全システムの構築，平成22年度～24年度科学研究費助成対象研究基盤（C）研究成果報告書』，pp.1～16
中山伸介（2013）「標高ゾーンを取り入れた赤土流出対策に関する制度設計支援の一手法」『赤土GAP・環境支払い・協働原則のミックスによる赤土等流出防止プログラムの形成，平成22年度～24年度科学研究費助成対象研究基盤（C）研究成果報告書』九州共立大学，pp.18～25
野村久子・和泉真理（2013）「英国の生物多様性保全の取り組みの実際」西尾健・和泉真理・野村久子・平井一男・矢部光保『英国の農業環境政策と生物多様性』筑波書房，pp.73～88
野村久子（2014）「EUにおける農業環境支払制度と草地農業のもつ多面的機能の保全」矢部光保『草地農業の多面的機能とアニマルウェルフェア』筑波書房，pp.128～152
坂井教郎（2013a）「赤土流出防止策の検証と農家支援の在り方―石垣島の圃場データの分析から」『赤土GAP・環境支払い・協働原則のミックスによる赤土等流出防止プログラムの形成，平成22年度～24年度科学研究費助成対象研究基盤（C）研究成果報告書』九州共立大学，pp.12～17
坂井教郎（2013b）「赤土流出防止のための株出栽培の促進と支援策」『亜熱帯島嶼地域における赤土等流出防止プログラムの策定と地域環境保全システムの構築，平成22年度～24年度科学研究費助成対象研究基盤（C）研究成果報告書』，pp.17～27
坂井教郎・森高正博・横川洋（2015）「赤土流出対策の検証と費用負担問題―石垣島の圃場データの分析から―」『農林業問題研究』第199号（第51巻第2号）（掲載決定済）
佐藤剛史（2001）『生物多様性と景観視点からの農業の持続可能性に関する理論的・実証的研究』九州大学学位請求論文，pp.1～116
佐藤剛史（2008）「福岡県「農の恵み事業」の意義と成果」福岡県『県民と育む「農の

恵み」モデル事業成果報告書』，pp.181～184
佐藤剛史（2011）「福岡県「県民と育む農の恵みモデル事業」の成果と意義」横川洋・高橋佳孝『生態調和的農業の形成と環境直接払い―農業環境政策論からの接近』青山社，pp.121～136
荘林幹太郎（2010）「農業の多面的機能」寺西俊一・石田信隆『農林水産業をみつめなおす（自然資源経済論入門1）』中央経済社，pp.193～224
荘林幹太郎・木村伸吾（2014）『農業環境支払の概念と政策設計―我が国農政の目的に応じた直接払い政策の確立に向けて―』農林統計協会，pp.1～140
髙木克己（2013a）「農地分野の赤土等流出対策支援プログラムとの関連性について」『赤土GAP・環境支払い・協働原則のミックスによる赤土等流出防止プログラムの形成，平成22年度～24年度科学研究費助成対象研究基盤（C）研究成果報告書』，九州共立大学，pp.26～30
髙木克己（2013b）「農家による赤土等流出対策の技術と費用の検討」『亜熱帯島嶼地域における赤土等流出防止プログラムの策定と地域環境保全システムの構築，平成22年度～24年度科学研究費助成対象研究基盤（C）研究成果報告書』，pp.29～47
内山純蔵・リンドストロム（2010）「なぜ貝塚は消え去ったのか―移動する世界の中心」『水辺の多様性（東アジア内海文化圏の景観史と環境Ⅰ）』昭和堂，pp.120～144
内山純蔵・リンドストロム（2011）『景観の三時代―新石器時代，現代化，そして未来，景観の大変容―新石器化と現代化』昭和堂，pp.1～69
宇根豊（2007）「日本最初の生き物への環境デ・カップリング」宇根豊『天地有情の農学』コモンズ，pp.218～232
宇根豊（2009）「百姓からみた日本人の自然観を問う」『農業経済論集』第60巻第1号，pp.19～25
宇根豊（2011）「生きものへのまなざし―百姓仕事の新しい評価方法としての「環境支払い」を求めて」横川洋・高橋佳孝『生態調和的農業の形成と環境直接払い―農業環境政策論からの接近』青山社，pp.49～120
矢部光保（2001）「多面的機能の考え方と費用負担」合田素行『中山間地域等への直接支払と環境保全』家の光協会，pp.31～59
矢部光保・岸田学（2013）「歴史的農業遺産の保全と農文化システムの再構築―視察型ツーリズムの展開に向けて―」清水純一・坂内久・茂野隆一編著『復興から地域循環型社会の構築へ―農業・農村の持続可能な発展―』pp.259～277
矢部光保・林岳（2011）「生きものブランド米における生物多様性の価値形成」『九州大学院農学研究院学芸雑誌』第66巻第2号，pp.21～32
矢口芳生（2009）「共生農業システム成立の条件―滋賀県東近江市愛東地区におけるバイオマスの生産と利用を対象として」『農業経済論集』第60巻第1号，pp.1～10
横川洋（1999）「先進諸国の農業・農村政策」嘉田良平・西尾道徳『農業と環境問題―農林水産文献解題』No.28，農林統計協会，pp.151～189

横川洋・佐藤剛史・宇根豊（2002）「ドイツにおける任意参加の農業環境プログラム」甲斐諭・濱砂敬郎『国際経済のグローバル化と多様化』九州大学出版会，pp.21〜56

横川洋（2005）「日本農業の発展過程における環境の問題―農業と環境問題」中島紀一・古沢広祐・横川洋『戦後日本の食料・農業・農村　第9巻　農業と環境』農林統計協会，pp.1〜28

横川洋（2011）「景観概念を生かした農業環境問題の把握方法と農業環境政策論」横川洋・高橋佳孝『生態調和的農業の形成と環境直接支払い―農業環境政策論からの接近』青山社，pp.3〜17

横川洋（2011）「沖縄における持続可能な赤土等流出防止プログラム構想―環境直接支払を軸にしたポリシー・ミックス構想」横川洋・高橋佳孝『生態調和的農業の形成と環境直接支払い―農業環境政策論からの接近』青山社，pp.225〜269

横川洋（2013）「赤土GAP，環境支払い，協働原則のミックスによる赤土等流出防止プログラムの形成」科学研究費補助金研究成果報告書（様式C-19，平成25年6月20日現在），JSPS，pp.1〜5

横山三千男（2001）「焼酎粕の飼料化による環境並びに農業への貢献」『農業経済論集』第53巻第1号，pp.33〜36

兪炳強（2013）「赤土等流出防止対策の観光客の経済的評価と支援基金活用」『平成22年度〜24年度科学研究費助成対象研究基盤（C）研究成果報告書』，pp.49〜66

第11章　地域振興と協同組合

本章のねらいと構成

　本章のねらいは，グローバリゼーションのもとで急速に進んできた農業をはじめとした地域における産業や生活および地域社会の変容に対して，地域再生の手立てとして協同組合セクターが大きな役割を果たしていること，とくに，わが国においては総合農協と地域生協の独自の役割が極めて重要になっており，その意義と直面している課題を明らかにすることにある。

　第1節では，現代の農村地域における協同組合セクターの役割について明らかにする。途上国においては貧困の拡大，先進諸国においてはリーマンショック後の経済停滞と格差拡大等，世界的な経済停滞と格差拡大が起こり，協同組合の役割が増大している。とくに，東日本大震災をはじめとして，現代の地域は頻発する自然災害という地域社会の危機をむかえるようになり，住民生活の安心につながるライフライン形成等の役割への期待が大きくなっている。地域においては，組織的な変容のもとでさまざまな組織・事業改革を行うとともに，協同組合間協同による地域振興に取り組んでいることを明らかにする。

　第2節では総合農協が地域農業・地域再生に果たす役割と課題について検討する。とくに九州地域の総合農協の特徴として，営農販売・指導事業を中心とした農業振興のみならず生活関連事業への取り組みが極めて盛んに取り組まれていることを検討し，福岡県のJAにじを事例として地域住民のニーズに対応した総合的な事業によって地域振興を果たしていることを明らかにする。

　第3節では地域生協が地域社会の再生に果たしている役割と課題を検討する。とくにグローバリゼーションのもとで生協の取扱い商品も中国等への委託生産が扱われるようになったが2008年の「手作り餃子」事件を機に地域の食と農への回帰など，新たな取り組みが始まっていることを，九州事業連合とコープかごしまを対象として明らかにする。

第1節　現代地域における協同組合の役割と挑戦

1．グローバリゼーション下の地域における協同組合セクター

　この20数年間における経済グローバリゼーションにより地域経済社会は大きな変貌に直面している。すなわち現代の地域においては，①輸出企業の海外移転等による地域産業の空洞化と地場産業の衰退，②地域流通・サービス業のグローバル・サプライチェーン進出による衰退，地域格差の拡大と買い物難民等の生活困難の発生，③基幹産業である地域農林水産業の衰退・担い手不在・耕作放棄の増加等が進んでいる。

　こうした地域経済社会の変貌に対して，高度経済成長のもとでは地域産業・農業・生活の成長と改善に大きく寄与してきた協同セクターも様々な課題に直面しているが，一方では新たな役割が期待されるようになっている。本節ではグローバリゼーションに対抗して持続可能な地域社会経済を構築しようとしてきた農協や生協などの協同組合セクターの現状と課題について明らかにする。

　農協についてこの20数年間における組織と事業の推移を示すと表11-1のようである。農協数は合併の進行によって2010年には725にまで減少し，奈良県や沖縄県などに1県1農協が誕生した。こうした広域合併の進行のもとで，組合員は正組合員の減少と准組合員の増加が続き，遂に2009年を境に准組合員が正組合員を上回るに至った。さらに正組合員においては超高齢化と空洞化が顕著になってきた。正組合員は70歳以上が42％（2011年事業年度で185万人）という超高齢構造になった。さらに，農業協同組合の中核をなすべき農業者組合員（農林業センサスの販売農家）は，正組合員の3分の1（組合員全体の6分の1）に過ぎなくなり，逆に土地持ち非農家や自給的農家がそれぞれ3分の1になるというように，正組合員といっても著しく多様になっている。これは，農業者を中核とする農業協同組合にとっては「組合員の空洞化」というべき現象の進行といわざるをえない。JAの事業と組織の中核を支える基礎的組合員をなし，JA事業と運営を担う

表 11-1　総合農協の推移（1990～2010 年）

		1990 年	1995 年	2000 年	2005 年	2010 年
組合数	組合総数	3,591	2,457	1,424	886	725
農地（千 ha）	耕地面積	5,243	5,038	4,830	4,692	4,593
農家数（千戸）	総農家数	3,835	3,444	3,120	2,848	2,528
	販売農家数	2,971	2,651	2,337	1,963	1,631
	主業農家数	820	678	500	429	360
農家人口・就業人口（千人，％）	農家人口	13,878	12,037	10,467	8,370	6,503
	65 歳以上割合	19.5	24.1	28.0	31.6	34.3
	農業就業人口	4,819	4,140	3,891	3,353	2,606
	65 歳以上割合	33.1	43.5	52.9	58.2	61.6
組合員（千人，％）	組合員総数	8,609	9,064	9,108	9,188	9,694
	正組合員数	5,544	5,462	5,249	4,998	4,720
	うち女性	667	713	747	805	891
	准組合員数	3,065	3,602	3,859	4,190	4,974
	正組合員割合	64.4	60.3	57.6	54.4	48.7
役職員（人）	役員数	68,611	51,832	32,003	22,799	19,161
	うち実務精通者	499	1,190	1,551	3,293	3,092
	うち女性	70	103	187	438	741
	職員数	297,458	300,649	269,208	232,981	220,781
	うち営農指導	18,938	17,553	16,216	14,385	14,459
販売事業（億円，％）	事業高	64,113	59,550	49,508	45,149	42,262
	うち米の割合	31.2	33.1	24.4	22.8	19.9
	野菜の割合	20.9	21.5	26.0	26.3	30.7
	果実の割合	12.2	12.9	11.0	9.8	10.0
	畜産物の割合	22.3	22.3	25.0	26.4	25.7
購買事業（億円，％）	事業高	52,111	50,361	41,660	34,550	29,849
	うち生産資材割合	61.2	61.8	64.6	69.1	67.9
	うち生活資材割合	38.8	38.2	35.4	30.9	32.1
信用事業（億円，％）	貯金残高	561,077	675,725	716,628	786,066	855,637
	貸出金残高	135,830	190,418	219,412	211,207	238,080
	貯貸率％	24.2	28.2	30.6	26.9	27.8
共済事業（億円，％）	共済事業					
	長期共済保有契約高	2,988,452	3,728,842	3,897,482	3,602,845	3,110,878
収益（億円）	事業利益	3,735	1,899	425	1,600	1,728

資料：農水省「平成 24 年版食料農業農村白書参考統計表」より作成。

組合員が，農業とはかけ離れて空洞化してきているのである。

　このような組合員の超高齢化と空洞化は，JA経営の骨格をなす出資金の減少という憂慮すべき事態をもたらしている（木村 2013：p.94）。全国JAの出資金総額は，2007年をピークに減少傾向に陥っている[1]。これは，剰余金の出資配当にもとづく増資を抑制して内部留保を保つという経営対応も手伝っていると考えられるが，准組合員の増加と正組合員の超高齢化・空洞化という組織の変貌という構造的要因がこの原因であることは間違いないであろう。

2010年農林業センサスの結果は，JAの基礎組織である集落単位の実行組合（農家組合）活動の弱体化を明らかにした。実行組合のある集落は2000年の10万6,900,79.1%から2010年には10万1,400,72.8%に減少した。ただし地域別にみると差があり，東北78.6%，北陸では89.4%に対して，中国は61.4%，四国では51.6%，九州61.6%になっている。東北・北陸地域においては，今なお集落を基礎にした組織活動の基盤がしっかり維持されているといえるが，西日本地域においては組織活動基盤の崩壊は，全体の半分近くの集落に及んでいるのである[2]。もちろん，これは上記の正組合員の超高齢化・空洞化と深く関わる現象であることはいうまでもない。

さらにもう１つの組織構造変化が重要である。同時期にJA数は1,411から725に半減し，支店数は１万3,793から8,728へと5,000支店が消滅した。長年維持されてきた旧村あるいは小学校区を単位とする支店規模から，中学校校区へと広域化した支店規模への転換が進んだ。それは全国平均でみると，１支所・支店の組合員数は1,093人（正組合員545人・准組合員548人），支店配置職員数11.8人となっている（全国農協中央会 2012）。

組合員の変化への対応と経営合理化を図る組織改革が一層のこと組織の変貌をもたらしてきた。経済事業は部会を基礎とした営農センターに，金融事業は窓口対応を中心とした支店へ，管理部門を集約した拠点支店に統合するというような経営合理化が進められてきた。多くの支店を金融店舗化し，組合員を「単なる顧客」として顧客サービスを強化するセンターと支店運営が進められてきた。准組合員の増加はこの傾向に拍車をかけてきた。

こうした組織変化のもとで，事業高をみると，農産物輸入増大のもとでの農業生産縮小により，販売事業高は1990年の６兆4,000億円から2010年には４兆2,000億円に減少している。購買事業は５兆2,000億円から２兆9,000億円へと著しく減少してきた。これは農業生産の縮小による生産資材購買の減少だけでなく，地域における大規模小売店の展開等によるAコープ事業の衰退や女性部組織の弱体化による生活資材の共同購買の減少によるものである。経済事業の減少に対して，准組合員増大のもとで信用事業は増加してきた。その結果，総合農協の優位性で

ある〈営農指導－農産物販売－貯金－購買・共済掛金支払〉という事業部門間の相互連関による経済的相乗効果は，著しく薄弱化してきた（田代 2012：p.254）。

以上の組織の変貌に対して，JAの内部改革は経営合理化に集中し，多くの支店の現場において組織を強化する方向には向かってこなかった。JA経営の危機的状況からすると仕方がないことではあるが，支所・支店は金融支店化する中で顧客サービスを強化するという一般企業の経営手法を踏襲する方向をたどってきた。しかし，もはや組合員の超高齢化と空洞化と支店統廃合を中心とした経営合理化による組織弱体化，ひいては出資金の払い戻し増加という経営体力低下に至る事態に対して，このまま手をこまねいているわけにはいかない。経営的機能強化に絞りすぎてきたことを反省し，支所・支店を拠点にした活動の再構築という戦略を掲げた第26回全国大会の提案は適切であった（全国農協中央会 2012）。コミュニティ拠点としての支所・支店の再構築が図られなければならないが，そうした改革はもはや待ったなしである。

一方，1980年以降における生協の組織と事業の推移を示すと**表11-2**のようである。組合数は農協と同様に合併が進んで1,013組合から2010年には610組合に減少した。しかし，組合員数は，同時期に810万人から3,300万人に4倍に増大し，供給事業高も1兆円から2兆800億円に増加した。わが国の生協の形成期においては職域生協がその成長を担ってきたが，80年代以降は班組織による共同購入による供給事業を拡大してきた地域生協が事業高の9割を占めるようになっており，これがわが国生協の大きな特徴をなしてきた。

しかしながら1990年以降は，デフレ経済の進展は地域経済を圧迫し，女性の社会進出による班組織の機能低下もあいまって生協の供給事業高は減少・低迷し，90年代後半には倒産に直面した地域生協も少なくなかった。こうした状況下において地域生協は，コミュニティ活動の取り組みを基礎とした個配事業へ転換する新たな事業・組織の構築に取り組んでいる。

2．協同組合の現代的役割

この20年間におけるグローバリゼーションの席巻とデフレ経済という困難な状

表 11-2　生協供給事業の推移

年度	組合数	組合員数	供給事業高	1組合当たり	組合員1人当たり	地域生協の事業高割合
	組合	人	百万円	百万円	円	%
1980	1,013	8,105,884	1,087,685	1,074	134,185	72.0
1985	959	11,972,795	1,805,174	1,882	150,773	78.8
1990	907	16,573,500	2,648,884	2,920	159,826	83.7
1996	836	21,316,084	3,076,403	3,680	144,323	86.2
2000	788	23,592,685	2,941,190	3,732	124,665	87.4
2005	718	27,514,414	2,925,677	4,075	106,333	89.3
2010	610	33,091,404	2,836,905	4,651	85,729	88.8

資料：厚労省『平成23年度消費生活協同組合実態調査』より作成。

況に対して，農業者や地域住民の協同組合セクターへの期待が大きくなっている。それは，①自然災害等の危機的状況から組合員・地域を守る，②グローバリゼーションによる困難から地域を守る，③普段のくらしと生産を支える，④協同ビジネスの創出による雇用確保と所得向上，そして⑤人口減少社会の到来に対する協同組合地域社会の建設などへの期待である。

　東日本大震災に対する救援と復興支援は，すでに日常生活の中に組み込まれて意識下になってしまっていた協同組合が組合員と地域の支えであることを広く再確認させることとなった。JAを始め生協等，協同組合セクターが果たした役割は計り知れないほど大きく，新自由主義的思想が席巻する時代にあって全国の協同セクターの職員・組合員にその役割意識を取り戻させたといってよいであろう[3]。

　協同組合があって本当によかったという声が東日本大震災に対する救援と復興支援の中から湧き上がった。協同の絆の力を最大限に発揮して被災者を支援したし，復興には相当な時間とエネルギーが必要であり，これからも継続的な支援と協力が求められるが，協同組合はその役割を確実に果たしていくだろう。また，地球温暖化のもとで起こっている極端な気候変動が頻発するようになったが，そうした災害などの危機的状況から組合員と地域を守るという役割を今後とも果たすのが協同組合セクターである。

　なおJAグループは，地域コミュニティを維持・確保していく重要性が高まっていることから，東日本大震災を機に，ライフラインとしてのJAの役割を継続

的に発揮し，地域コミュニティ機能を確保・支援するためのシステムを構築することが必要であるとした[4]。

2012年国際協同組合年は，世界のすべての国における「貧しさからの解放」が現代世界の共通課題であることを知らせてくれた。わが国においても非正規雇用・所得200万円未満が就業者の3分の1を占めるようになっている。この社会的現実に対して，協同組合は普段の活動を通じて貧困者の支えとなっている。日生協は国際協同組合年に臨んで「普段の暮らしへの役立ち」を掲げた活動を展開している。JAにおいても地域農業と地域のくらしを支える役割の発揮が求められている。営農・販売・購買・信用・共済・利用・教育文化等の総合的事業，すなわちJAの「ふだんの仕事」を誠実に実行することが期待されているのである。さらに加えれば，JAグループが新農政・新農業への取り組みを提言したように，農業者の所得向上を目的とした付加価値型農業の構築や農村ビジネスの創出により，組合員の雇用創出と所得向上というJAの役割発揮が期待されているのである[5]。

市場原理主義と金融自由化を基軸とする経済グローバリゼーションは，世界中の富と地域資源を奪いつくしつつある。それはTPPに象徴的に表れている。TPPは「高いレベルの経済連携」と喧伝され，農業団体などが反対するのは良くないという風潮が作られてきた。しかし実際は，アメリカとわが国の一部のグローバル企業・団体の利益を拡大するための経済連携として利用されており，WTO等の多国間貿易交渉や他の経済連携とはかけ離れた排他・不平等・秘密主義の「ゆがんだ経済連携」であることが明らかになってきた。TPPは，多様な国と地域の発展を阻害するというグローバリゼーションの負の側面を象徴的に内包した経済連携に他ならない。世界一の長寿・資産保有国日本，その地域に築かれてきた食・農地・貯金・保険・医療システム等の「豊かな富」を膨大な潜在市場とみて，一部のグローバル企業に吸い上げることがTPPの真の目的といってよい。この多国間地域経済連携の名のもとに，日米二国間交渉において関税や保険制度あるいは食の安全性基準の改悪が急速に進んでいる[6]。

こうした地域社会の豊かさを収奪することを狙いとしたグローバリゼーション

第11章　地域振興と協同組合

から守ることができるのは，今や農業をはじめとした地域産業と地域社会を基盤としているJAなどの協同セクターであり，地域からの期待は極めて大きい。

1980年のICA大会において，レイドロー博士はわが国の総合農協は協同組合地域社会を建設しつつあると高く評価された。その協同組合地域社会は次の如くである（日本協同組合学会 1989：p.176）。「協同組合の複合体の全体が発展するにつれて，趣味や工芸のセンター，娯楽・文化活動，画廊，音楽センター，図書館，協同組合資料室，その他地域内の組合員の個人的な関心事などにもサービスを拡大していくことができよう」。そして，「これらのサービスや活動の多くを集合させて職住一致の環境をつくり，協同組合の小経済圏を確立しようとするものである。そうすれば，車への依存度もある程度減少し，日用品も歩いて行ける範囲か，公共輸送機関の近くで買い求められるようになろう。老人や身障者も，職住一致の環境の中で生活することができるようになろう」。

確かに「農協（JA）綱領」の「JAのめざすもの」が描く地域の将来像は，上記のレイドロー博士が描いた協同組合地域社会像そのものである。すなわち，「農業と地域社会に根ざした組織であるJA」がめざすその社会像は，住民の笑顔あふれる持続可能な協同組合地域社会に他ならない。それは，子ども・青壮年・高齢者が地域に居住し，質の高い教育を受け，農業を始め多様な地域産業に従事し，医療や介護を心配なく受けられ，地域住民の協同活動によってコミュニティと地域資源と環境が保全され，豊かな文化的な生活が築かれている社会である。また，都市や他地域との間には，連帯によって経済的・社会的・文化的な交流と循環が滞ることなく行われている。農協綱領から描かれるこの地域の将来像は，JAコミュニティ（協同組合地域社会）と呼ぶべき農業を中心とした豊かな地域社会である。今日のような極めて厳しい農業と地域社会であればこそ，このJAコミュニティ建設への期待は大きくなっている。

3．地域における協同組合の挑戦

グローバリゼーション下の地域経済社会の変貌に対して，協同セクターには新たな役割発揮が期待されている。

国際的には，国際労働機関（ILO）は2002年6月3日第90回総会において，「協同組合の振興に関する勧告」を採択し，「就労創出，資源の動員，投資の刺激，ならびに経済への貢献における協同組合の重要性を認識し，多様な形態における協同組合が，すべての人びとの経済発展および社会発展への完全参加を促進することを認識し，グローバル化が，協同組合にとっての新しい多様な圧力と，課題，挑戦，および機会を産み出し，全国的，国際的な水準における強力な人間的連帯の形態が，グローバル化の利益より公正な分配のために必要とされている」ことを認識し，「フィラデルフィア宣言に具体化された"労働は商品ではない"との原則を想起し，あらゆる所における労働者のまともな労働（ディーセント・ワーク decent work）の実現が国際労働機関の第一義的目的であることを想起し，本総会の第4議題として，協同組合の振興に関する提案を採択する」ものであった（日本協同組合学会 2003：pp.3～4）。

　また2009年12月の国連総会は，協同組合の経済社会開発への貢献を高評価し，その発展を期して，2012年を国際協同組合年（IYC＝International Year of Co-operatives）とする決議を採択した。この決議では，協同組合を「人々の経済社会開発への最大限の参加を促している」「持続可能な開発，貧困の根絶，都市・農村におけるさまざまな経済部門の生計に貢献できる事業体・社会的企業」と高く評価している。この国際協同組合年の目標は，(1) 経済社会開発に対する協同組合の貢献についての認知度の向上，(2) 協同組合の発展，(3) 協同組合の発展のための政策・制度の整備であり，これらのための支援を各国政府に求めるものであった。

　具体的には欧州では，リーマンショックによる金融恐慌のもとで，協同組合銀行は「最も持続可能性の高い倫理的な信頼できる銀行モデル」として，社会的に高い評価を得てきた[7]。

　また途上国においては，グローバル企業や政府主導の農協との摩擦のもとで経営困難を強いられている農民出資の農協も多いが，貧困に対抗する農協の活動が多くの途上国で確認されている（白武 2011）。たとえばスリランカにおいては組合員出資で設立された農協が貧困対策による地域発展に貢献しており

(Ranathilaka・Shiratake 2005)、ベトナムにおいては農業サービスだけでなく用排水事業、小学校建設、道路建設など、政府セクターに代わって地域社会のインフラ整備にも農協が貢献していることが報告されている（Tran・Iwamoto 2014）。

わが国の地域社会においては、食・農・暮らしについて協同組合が早急に取り組むべき課題が多様に広がってきている。それは、第1に農林漁業をはじめとする地域経済の再生、第2に食の安全・安心の確保、第3に地域の暮らしの支援と自然環境の保全および地域資源活用である。こうした取り組みの課題は相互に関連しており、また地域の多様な住民と機関の連携が必要であり、今や地域においては協同組合間協同においても従来とは異なる新たな提携関係と取組みとなって現れている。

第1の地域の農業再生については、現段階の特徴として地産地消や農産物直売所のような取組みがあり、こうした取り組みを効果的にするために農協同士が連携しながら地産地消を豊かなものにするとともに、地域連携による地域再生を図る動きが見られる。また最近の動きでは、コープ広島の事例にみられるように、生協が農業法人を作って耕作放棄地を借りて耕作し、その生産物を組合員に提供する取り組みという、新たな生協・農協間の提携の形態が登場しており、地域の土地利用を巡る協同組合間協同の新しい形態ということができる[8]。

第2の食の安全・安心を確保する取り組みとしては、生協農協間の産直を発展させ、一種のフードシステムを作り上げる取り組みが見られるようになっている。食品産業が様々な食品加工から飲食サービスまで巨大でグローバルなサプライチェーンを構築するなかで、生協と農協が提携してフードシステムを作り上げる、すなわち協同組合セクターによる安全・安心を担保したフードシステム構築が見られるようになってきた[9]。

第3に、地域においても市場原理主義が行き渡って民間セクターの参入が広がるなかで、地域住民主体で持続可能な地域の暮らし・環境・医療福祉・文化を構築することが現代においては極めて重要になっており、これは協同組合セクターが組合間協同によって実現していくべき課題である[10]。

以上のように現段階の地域においては協同組合間協同による農業や地域社会の

第Ⅲ部　資源：その持続的活用と地域振興

維持・再生の取り組みが行われてきており，協同組合セクター間の協同による地域社会形成が期待される。

註
（1）濱田（2013）はこの10年間で組合員数は16％，出資金は23％減少すると指摘している。
（2）こうした基礎組織の変貌に対して，増田（2013：p.219）は，「集落機能が弱まるもとで，総代，役員に適任者を選出するためには，支店運営委員会や支店に設けられる旧村単位の運営委員会等の，より広域組織での調整過程が不可欠となるであろう。また支店運営委員会は，集落組織を保管して意思形成や情報伝達でも重要な役割を果たすことになろう」と，もはや集落組織の「相対化」が必然であり，それに代わって支店運営委員会の機能発揮の重要性を提示している。
（3）大震災に対する協同組合の支援活動の実態と意義については，日本協同組合学会（2012）および矢野ら（2012）を参照。また小山（2011）は原発事故被害救済に対する協同組合間協同の意義を明らかにしている。
（4）JAグループ「東日本大震災の教訓をふまえた農業復権に向けたJAグループの提言」2011年5月発表。
（5）JAグループ「活力ある農業・地域づくりに向けて～平成26年度以降の新農政に関する提言～」2013年6月発表。また，JA新農業ビジネスについては，内橋克人氏が提唱されてきた食・エネルギー・介護の自給システム構築（FEC自給圏）が現実の課題となっており，JAコミュニティ・ビジネスの創生による雇用創出と都市からの人材吸引が焦眉の急となっている。農村コミュニティ・ビジネスについては石田（2008）等参照。また生協における地域社会との連携については，山口（2011）を参照。
（6）TPPの問題点については，田代ら（2012）と田代（2014）を参照。
（7）リーマンショック後のEUにおいては，信頼できる銀行として協同組合銀行が社会的に高い評価を受けてきたが，2013年にイギリスの協同組合銀行が多額の不良債権を抱えていたことが発覚，信頼と評価が崩れ落ちてきているという（藤井 2013：pp.64～66）。
（8）井上（2011）は本来なら産地間競争の関係にある地域のJA同士が地産地消に連携した農協間提携によって地域農業の再生の取り組みを紹介している。
（9）岩崎（2011）は地域生協と地域農協が連携し，協同組合セクターによる新たなフードシステム形成が目指されていることを報告している。
（10）藤木（2011）は佐賀県において農協と生協と漁協が連携して地域の生活環境を保全する取組みが20年以上に渡って続いていることを報告している。また，北川（2008）はJAにおける生活文化活動や教育文化活動の意義を明らかにしている。

第2節　総合農協の機能を発揮した地域振興
―にじ農協（福岡県）を事例として―

1．はじめに

　遠隔地農業地帯に位置する九州においては，農協の果たす役割がきわめて大きく，営農経済事業を中心とした事業展開をその特徴としてきた。そこでは，地域振興イコール地域農業の振興であり，こうした構造は今日においても基本的に同様である。

　とはいえ，都市的空間の拡大や地域住民の高齢化が進む中で，地域社会の構造は大きく変化している。また，農協も急速に広域合併を行い大型化することにより，都市的地帯から純農村部と異なる性質エリアを管内に有した事業展開を余儀なくされている。そのため，地域で生活する住民を対象として，農業以外の面での幅広いサポート機能が求められるようになっている。そこでは，まさに総合農協としての機能発揮が求められている。

　本節では，総合農協としての地域振興機能のあり方を検討することを目的とする。2．では，1990年以降の九州農協の組織・事業・経営の変化を振り返り[1]，3．では，福岡県の「にじ農協」の実践を分析することによって課題に迫る。

2．九州における農協の構造変化

（1）遠隔産地としての事業構造と経営構造

　まず，遠隔地農業地帯に立地する農協の事業と経営の構造について，数値的に確かめておこう。

　九州の農協が営農経済部門を中心とした事業展開を行っている点は，事業総利益に占める経済部門の割合が比較的高いことから把握できる。2010年度における事業総利益に占める信用と共済事業の割合は，全国が40.7％，26.0％であるのに対して，九州は30.0％，24.5％であり，逆に購買と販売事業は，全国が18.4％，6.9％

表 11-3 購買供給高と販売取扱高・品目構成比の推移（九州・全国）

単位：百万円，%

	購買供給高		販売取扱高				
	生産資材	生活物資	合計	米	青果物	他耕種	畜産
1990 年	565,889	302,134	1,179,453	17.0	36.6	16.6	29.8
1995 年	528,057	304,109	1,078,188	18.7	39.1	15.7	26.5
2000 年	492,378	229,772	945,359	11.6	39.8	17.4	31.2
2005 年	446,854	178,616	860,026	9.5	37.9	17.2	35.4
2010 年	403,877	182,524	822,905	9.4	42.8	17.5	30.3
1990 年	3,190,200	2,020,884	6,411,278	31.2	33.1	13.4	22.3
1995 年	3,049,783	1,918,363	5,904,672	33.4	34.5	12.4	19.7
2000 年	2,692,775	1,473,266	4,950,771	24.4	37.0	13.6	25.0
2005 年	2,387,656	1,067,319	4,514,919	22.8	36.1	14.7	26.4
2010 年	2,027,336	957,544	4,226,232	19.9	40.7	13.7	25.7

資料：総合農協統計表。
注：上段が九州8県の合計であり，下段が全国（47都道府県）である。

であるのに対して九州は26.6%，8.5%である。1990年度以降は，全国動向と同様に購買事業の割合が大きく低下しているが，それでも購買・販売事業の合計が全国平均と比較して10ポイント程度高い状態を維持している。

購買事業は，表11-3からもわかるように，生産資材部門のみならず生活物資部門においても全国的な減少割合と比較して緩やかであり，九州という地域の農村部においては，農協による生活物資の供給に対する需要が一定程度維持されていることを反映している。都市部とは異なる地域経済に果たす役割があることが垣間見られる[2]が，この点は後で他の生活事業と関連させて考察することとする。

また，販売取扱高も減少しているとはいえ（表11-3），全国平均よりも相対的に減少率は低く，青果物や畜産物の産地形成を進めつつ，地域農業の生産力を維持するために農協が取り組んできた成果が現れている。そのため，農協は営農指導員を比較的多く維持しており，正職員の中における営農指導員の割合は全国平均より1ポイント以上高い値である。しかし，その減少率は相対的に高く，後にみるように，多くの営農指導員を配置することは経営面での課題とも関係がある。

こうした営農経済事業を中心とした農協の事業構造は，農業振興を進める上で必要不可欠な体制ではあるが，他方でコストのかかる事業体制でもある。営農経済事業は多くの人員を必要とするため，労働生産性は低くならざるを得なく，農協経営全体にとっても重荷となる。さらに，遠隔産地としての体制を整える過程

第11章　地域振興と協同組合

においては，多くの施設投資を必要とする。それに対して自己資本の生成が不十分であれば，財務の悪化から経営へのしわ寄せは避けられないことになる。従来，九州の農協では，剰余金の多くを組合員に還元する方針で農協運営を行ってきたため，内部留保が少なく，その点から見た自己資本の形成は全国と比較して脆弱な面があり，自己資本形成力が課題であった。それが，1990年代後半からの深刻な経営問題につながることとなる。

（２）経営悪化と農協合併の進展

　表11-4からは，九州農協の総計として，2000年度の事業利益が大きなマイナスになっているが，この年に事業利益がプラスであった県は，福岡県と宮崎県のみであった。表には示してはいないが，1997年度から2008年度までは，いずれかの県で事業利益がマイナスであり，1997〜2000年度は合計でもマイナスという，きわめて深刻な経営危機が続いたのである。

　そのための対応は，すでに1990年代前半から行われていた農協合併であり，当初の事業目的[3]の合併から1990年代後半には明らかに経営問題への対応としての農協合併に変化したと見られる。この過程で，沖縄，大分，佐賀の各県が１県１農協構想を示し[4]，すでに沖縄県が１農協に再編されている。

表11-4　農協の財務と経営状況の推移（九州・全国）

単位：百万円，％

	自己資本合計	うち出資金割合	固定資本	内部運用比	事業利益	当期剰余金
1990年	298,952	54.7	356,145	3.15	17,266	18,591
1995年	343,137	55.8	424,357	2.86	8,547	10,759
2000年	366,964	59.6	634,162	3.97	▲25,053	▲12,654
2005年	420,965	55.4	579,710	3.20	11,102	3,882
2010年	483,595	50.6	519,319	2.89	12,730	14,161
1990年	3,170,034	35.7	2,167,994	▲1.88	373,542	274,850
1995年	3,883,393	33.9	2,641,029	▲1.63	190,421	149,346
2000年	4,525,945	32.8	3,424,863	▲0.69	42,517	106,824
2005年	4,927,051	31.4	3,204,777	▲0.77	160,004	119,655
2010年	5,552,823	28.0	2,978,850	▲0.82	172,760	156,862

資料：総合農協統計表。
注：1）上段が九州8県の合計であり，下段が全国（47都道府県）である。
　　2）自己資本は，いわゆる組合員資本であり，土地再評価差額金などは除いている。
　　3）▲はマイナスを意味する。

第Ⅲ部　資源：その持続的活用と地域振興

　その後，2000年代に入り，事業管理費をコントロールすることにより事業利益を確保しているが，財務体質の改善は全国と比較しても遅れており，低い固定比率と，内部資金運用率がプラスであり全国平均より4ポイントほど高い状況が続いている。それは，表11-4からもわかるように，自己資本力の弱さがあり，自己資本に占める出資金の割合が半分以上である構造にある。

　こうした経営問題が背景にあるため，先述したように全国平均と比較して減少率は低いとはいえ，事業総利益の低下傾向は続いており，縮小再編を余儀なくされている。そのため，農協の経営環境の変化のもとで，新たな営農経済事業体制に再編を図り，地域農業振興に努めることが今日における九州の農協に求められているが，他方で，地域社会の変化に対応した新たな事業展開も必要になっている。

（3）地域社会の変化に対応した事業展開

　表11-5は，生活関連の事業の実施状況を示したものである。農協合併の急展開による農協数の減少や県段階の経済事業改革の方針による不採算事業の撤退や別会社化の展開により単純に比較することは無理があるが，全国平均と比較して，

表11-5　農協の生活関連事業の実施状況

単位：農協数，％，設置数

	九州					全国				
	1990年	1995年	2000年	2005年	2010年	1990年	1995年	2000年	2005年	2010年
集計農協数	443	276	218	127	81	3,591	2,457	1,424	886	725
農業祭	60.5	62.0	59.6	68.5	77.8	65.4	64.8	66.4	69.9	71.0
生活改善講習会	74.3	65.9	66.5	72.4	75.3	65.2	58.0	57.9	60.0	56.6
共同炊事・ディナーサービス	6.5	10.9	14.2	18.9	23.5	3.6	3.9	6.2	9.3	9.9
生活設計樹立指導	31.8	24.3	22.9	25.2	27.2	24.7	19.7	18.5	18.4	16.7
健康管理（教育診断）	77.7	74.3	73.4	74.8	74.1	80.5	73.6	75.9	75.4	74.8
老人福祉施設	-	1.8	47.2	64.6	69.1	-	1.1	39.3	46.0	46.3
葬祭葬具	28.4	44.2	49.5	63.8	69.1	39.3	42.8	48.5	54.2	55.0
葬祭センター	14.7	22.1	32.1	48.8	58.0	7.4	11.2	18.5	29.0	36.1
（1農協当たり設置数）	1.00	1.16	1.30	1.77	2.85	1.07	1.12	1.23	1.50	1.88
農産物直売所	-	-	-	59.1	75.3	-	-	-	46.2	64.0
（1農協当たり設置数）	-	-	-	2.90	2.90	-	-	-	2.90	3.17

資料：総合農協統計表．
注：1）表11-3と同様である．
　　2）事業等を実施している農協の割合であり，集計農協数から算出している．

九州の農協が生活関連の活動に積極的に取り組んでいることが確認できる。生活改善の講習会は，それに取り組む農協の割合は全国的には下がっているが九州では2010年度で75.3％であり，高い割合をキープしている。共同炊事・ディナーサービスは増加しており，老人福祉施設や葬祭センターの事業は全国平均より20ポイント以上高い割合で実施されている。こういった事業は，都市部では様々な業者との競合になるが，農村部においては農協に期待されるところであり，農協がそれに応えている結果である。

また，准組合員の割合は，個人会員でみて2010年度52.2％であり，農村部の割合が大きい九州において全国平均を上回っている[5]。地域社会の変化に対応した農協の事業展開に呼応した住民による新たな農協事業への参画が准組合員化として進んできた結果でもあると思われる。その実践事例として福岡県の「にじ農協」の取り組みを検討する。

3．総合農協の機能を発揮した地域振興のあり方
―にじ農協（福岡県）の経営展開―

（1）にじ農協の概要と経営理念

にじ農協は福岡県うきは市（浮羽町，吉井町）と久留米市（田主丸町）を管内としており，筑後川と耳納連山に挟まれた東西約20km，南北8kmの田園地帯に位置している。自然環境に恵まれており，水田地帯には米，麦，大豆，野菜が，耳納連山には柿，ぶどう，梨，桃などが栽培されている。特に柿（富有柿）の銘柄産地として知られており，一時期よりは減少しているが，柿のみで約15億円の販売取扱高がある。また，カーネーションの集荷量は県内一であり，緑化木は生産販売の拠点として全国でも有数の生産量を誇っている。

にじ農協は1996年4月に3農協の合併で設立され，合併当初の15支店1出張所の体制を2007年と2012年の2度に渡る再編を通して3支店に集約化した。また，9カ所あった出荷施設は2002年に園芸流通センターに集約し，光センサーによる選別，選果場内の物流の自動化，残留農薬検査などの体制を整えている。

にじ農協の基本的考え方は，組合員が「しあわせ」になるために農協運動を進

めていくということであり，経済，健康，精神の面で豊かになることを目標として農協事業が営まれている。そこでは，農業協同組合として営農関連の活動を重視することは当然のこととして，同時に生活文化福祉活動も農協事業の重要な役割として位置づけ，組合員の様々な参加・参画を通して農協事業が展開しているのである。

以下，生活文化活動を中心にその実践をみておこう。

（2）生活文化活動の実践と事業展開

にじ農協では女性の参画を特徴としているが，それは，実質的には営農や家計の主体であり，農協への来所も3分の2が女性であることから，農協側としては自然と重視するようになってきている。

まず，女性の正組合員化を図り，2000年度には782名であった女性組合員数は2005年度末には2,000名を超え，今や全体の30％近くが女性組合員である。また，女性総代も100名以上であり全体の20％を超えており，特筆すべきは総代会における女性の発言が半分以上であるという点である。表11-6に示したように，女性総代の発言内容はきわめて具体的かつ建設的な提案が多いため，その意見はその後の農協の事業化につながっている。例えば，2000年に福岡県の農協で初めてデイサービスセンターを建設しているが，これは総代会における女性総代の「ホームヘルパーの資格を生かす場をつくってほしい」という意見が契機になってお

表11-6　総代会における女性の発言の主なもの

- コインランドリーをつくってほしい。
- ホームヘルパーの働き場をつくってほしい。
- 斎場をつくってほしい。
- ファーマーズマーケット（直売所）をつくってほしい。
- 農産加工場をつくってほしい。
- デイサービスセンターで時間延長，休日ショートステイ，賃貸住宅をやってほしい。
- 文化サークルの活動の場を一階につくってほしい。
- Aコープ前の舗装が水溜まりができ，駐車ラインが消えているところを直してほしい。
- 女性理事および農業委員に女性代表を出してほしい。
- 訪問歯科診療に取り組みたいと業務報告書の組合長挨拶にあったが賛成で早く実現してほしい。

資料：にじ農協資料。

り(6)。訪問歯科は「JAにじ歯科診療所（きらら）」として2013年12月に開設されている。

とはいえ，組合員の組織である女性部員は合併当初の5,000人以上から2003年度末には3,000人を下回り，活動が停滞しつつあった。そこで，それまでの支部単位，地域組織主体の活動を見直し，グループ活動主体の活動に切り替えた。そこでは，地域別の活動もあるが，世代別や目的別に活動が行われ，多くのグループが結成されている(7)。また，5名の生活指導員のみではそういったグループ活動を全てサポートすることは難しいため，女性部員の中から19名を文化協力員として位置づけ，グループ活動への助言や指導を行う体制を構築している。

これらの女性部の活動は，農協の生活面の事業とも結びついており，生活物資の販売促進や宅配分の注文数の取りまとめ業務に関係している。表11-7に示したように，一般購買部門，食材センター，農産加工部門など，それほど大きな事業とは言えないかもしれないが，農協事業に少なからず貢献している。

また，将来の女性部の拡大と女性の農協運営への参画をめざして，①食と農，健康，文化，福祉などの学習機会を設定し教養を深める，②元気な女性が地域で活躍できる土壌づくりのお手伝いを行う，③農協を身近に感じてもらう，という趣旨で，2003年度から女性大学を開設している。農協は剰余金の中から基金を創

表11-7　にじ農協における組合員数，生活関連および農機センター事業高の推移

単位：人，百万円

	組合員数（個人）		生活関連経済事業							その他
	正	准	一般購買	給油所	LPガス	食材センター	農産加工	冠婚葬祭	健康福祉	農機センター
2004年	7,768	3,053	140	1,445	179	113	27	501	163	142
2005年	7,718	3,015	156	1,692	182	108	29	477	182	134
2006年	7,638	2,979	133	1,767	184	104	29	445	168	136
2007年	7,530	2,984	129	1,828	185	105	27	469	144	116
2008年	7,466	3,066	144	1,623	190	104	29	463	135	160
2009年	7,363	3,152	133	1,360	177	99	27	488	157	163
2010年	7,295	6,031	127	1,566	174	95	28	486	176	106
2011年	7,236	7,561	129	1,648	169	90	27	432	208	148
2012年	7,158	8,587	174	1,617	174	84	26	447	185	168
2013年	7,063	9,605	132	1,811	175	78	27	452	191	228

資料：にじ農協業務報告書（総代会資料）。

設してこの女性大学の運営を行っており，すでに5期生まで58人が卒業・修了している。

さらに，地域内の多くの住民を対象とした多くのイベントが開催されている点もにじ農協の生活文化活動の特徴である。農業祭，納涼祭，食の文化祭，虫追い祭り，柿・ハゼ並木紅葉とうきはウォーキングまつり，虹の道駅伝大会，新酒祭りなど，季節によって目白押しである。そこでは，にじ農協の取り組みを地域住民に広く知らせることと理解してもらうことに役立っている。しかし，地域住民の側からは，農協を利用することによる，より具体的なメリットを求められるようにもなっていた。

（3）直売所を核とした地域外住民との結びつきと准組合員の拡大

女性総代の意見にもあった直売所「耳納の里」の開設が実現したのは2004年4月であり，2011年4月にリニューアルされ，生鮮品などの売り場が従来の1.4倍に拡張されている。2004年度は5億円程度であった売上高は年々増加して2009年度には10億円を突破し，2013年度は10.8億円である。

この直売所の利用者は管内のみならず，遠く福岡市や北九州市などから定期的に来店される方もいる。そうした利用者へのメリット還元と更なるにじ農協のファンを拡大することを目的に2010年11月から総合ポイント制を実施している。これを契機として表11-7に示したように准組合員が急激に拡大しており，今日では正組合員数を上回っている。これらの准組合員の中には耳納の里の利用者として，にじ農協管内ではない方も相当数含まれている。そういった広く農協参加を得ることで，①出資金を得られることによる農協の財務への寄与，②事業を利用することでの事業拡大，③にじ農協のファンとなって農業と農協への理解を広げること，につながっているとみられる。

（4）営農と生活事業の両輪的展開の意義

にじ農協ではこうした生活文化活動が注目されるが，生活文化活動を進めることで営農経済事業を縮小しているわけではない。出荷場の集約など効率化は進め

第11章　地域振興と協同組合

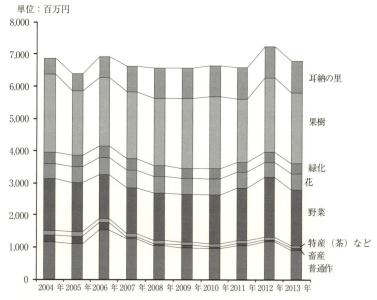

図11-1　にじ農協における販売取扱高の推移

資料：にじ農協業務報告書（総代会資料）。
注：畜産事業は2007年度から一部を専門連に業務委託している。

つつも組合員の利用の視点は重視している。例えば，農業機械センターはかつては旧農協単位に管内3カ所の体制であったが，2007年度から集約化され1カ所になり，2011年度からは久留米地区4農協と全農ふくれんと一体となった広域農機センターとなって運営されている。しかし，にじ農協の組合員に対しては，365日24時間対応を約束し，職員の携帯電話番号を知らせることで，**表11-7**にみたように，利用高も増加しているのである。また，農協の営農指導や集出荷体制整備に合わせて生産者の組織も統一化が図られ，近年の販売取扱高は**図11-1**に示したように安定的に推移しており，加工事業にも取り組んいる[8]。

このように，まさに営農と生活事業を車の両輪としてバランスをとった展開が，地域住民にも広く受け入れられ，地域振興に大きな役割を発揮しているものとみられる。

335

第Ⅲ部　資源：その持続的活用と地域振興

4．おわりに

　本稿では，総合農協としての機能を発揮した地域振興のあり方を，九州の農協を事例として検討した。

　九州の農協の事業構造は，財務体質の改善という経営面での大きな課題を抱えているとはいえ，分厚い担い手を有する遠隔農業地帯での事業展開として，営農経済事業を中心としており，地域農業振興が農協機能のメインであることには変わりはない。しかし他方で，地域社会の変化に対応した生活事業の面の展開も必要であり，その取り組みが進展しつつある点が統計的にも実態的にも確認できた。こうした事業も実はサービス的な側面が強く，事業的にはコストがかかるものである。事例農協として分析対象としたにじ農協では，この点を，女性部の協力など組合員参画と准組合員として加入した地域住民や直売所を利用する域外住民の理解を得て事業拡大を果たしており，営農と生活事業を両立させていた。

　今後も高齢化が進む農村社会の中で，こうした農協の役割発揮は必至になってくる。そこでは，農協の組織・事業面における総合力の発揮が求められることになる。そうした地域住民のくらしと地域経済を支える農協の機能発揮が，地域振興に結びつくと考えられる。

註
（1）1990年以前における九州の農協の組織・事業分析に関しては，宮田ら（1994）を参照のこと。
（2）購買事業の供給高の推移は，地域における需要の変化のみならず，この間における系統農協の「経済事業改革」の影響とも関係がある。つまり，事業採算を厳密化した事業改革の結果，需要があっても撤退するケースや別会社化を図る農協もみられた。そこには県単位による中央会や行政の農協政策に対する方針の相違もある。そのため，厳密には，**表11-3**の動向のみでは地域における需要の反映と断定することはできない。
（3）1980年代後半からの農協合併は，金融自由化対応の信用事業の強化を基本的目的としていた。しかし，営農経済事業が分厚い九州の農協では，営農指導事業や販売事業強化という営農面の課題も，後付け的ではあるが，明確にされていた。
（4）大分県の1県1農協構想の意味と，合併不参加農協が存在する構造に関しては，

第 11 章　地域振興と協同組合

　　品川・山口（2010）を参照のこと。
（5）農村部という点では，北海道も准組合員の割合がきわめて高い。
（6）家の光協会教育文化部（2010）を参照のこと。
（7）女性部の再編が活性化に結びついた事例は，同じ福岡県内の糸島農協においても
　　みられる。詳しくは，農業協同組合新聞，2014年1月20日号を参照のこと。
（8）近年は加工事業でも注目されている。詳しくは，甲斐（2014）を参照のこと。

第3節　生協の組織・事業・経営の現状と課題
——コープ九州事業連合と生協コープかごしまを対象に——

1. はじめに

(1) 生協の原点

　生協は「食」ではじまり「食」で終わるといわれてきた。生協（地域生協および職域生協）の総事業高に占める雑貨類や衣類等の供給高の割合は高まってきているものの、「食品」の割合は73.8%[1]と依然として高い。「食」がいまだに生協事業の要であり、組合員（＝消費者）と生協、そして生産者とを結ぶ結節点にあることは疑いえない。

　しかし、今日の経済のグローバル化は農産物・食料品の海外への調達依存度を高め、「食」の工業化、加工による高付加価値化や流通再編とも連鎖し食と農の距離を拡大させている。同時に国内農業・食料生産の基盤を蚕食し、生協運動発展の原動力である地産地消や産直をも弱体化・崩壊させかねない状況になっている。

　先進国で最も低い4割を切る食料自給率（カロリー・ベース）、逆にいえば食料の6割を海外に依存している事態,「これでいいのか日本の食料」（ジェームズ・R・シンプソン 2002）と警告されたように世界基準からみて日本の食料・農業問題は異常である。こうした状況からの脱却を生協陣営は第一義的な課題にすえなければならないだろう。

(2) 生協の食料・農業問題への回帰

　2008年の「CO・OP手作り餃子」事件以降、コープ商品および生協に対する信頼は大きく失墜し、食の安全・安心のトップ・ランナーであった生協陣営の商品政策、事業運営のあり方には反省を迫られた。海外・中国への製造委託,「食」のグローバル化がその一因をなしていたことも明らかであった。この事件以降、生協は2009年11月に「食料や農業に関わる全国の生協の事業・活動の方向性」に

ついて検討し，2010年6月には「食料・農業問題に対して生協は何ができるのか」と問い，『食料・農業問題と生活協同組合の課題―食卓と農業をつないで―』（日本生活協同組合連合会，以下，日生協と略）にまとめ，日本の食料・農業問題に向き合う姿勢を示した[2]。

しかし，こうした食料・農業問題を事業の真っ正面にすえた生協の取組みも目新しいものではなくなっている。大手スーパーのみならず地元スーパーでもイン・ショップ方式や「産直」・地産地消をうたった表面的には生協と同じような取組みを始めている[3]。大手スーパーとは異なる新たな食料・農業政策，商品政策が今後の生協の組織，事業の展開のうえで大きな鍵を握っているといえよう。

本節ではこうした問題意識のもと，生協の組織と事業，経営状況，さらに組合員の生協に対するイメージと利用状況，組合員の経済的な状況をおさえたうえで，食品市場における生協の位置，事業連合の役割と意義を整理し，そのうえで生協コープかごしまの事例分析から，とくに「産直二者認証制度」という「産地直結」・産直事業が「食」・消費者＝生協組合員と「農」・生産者を結び付け，地域づくり―「社会的諸関係」を変容させる契機となりえる可能性[4]，同時に消費者＝生協組合員，生協職員・労働者，生産者・農民の「主体形成」[5]へリンクする可能性のあることを明らかにする。

2．生協の組織・事業・経営概況と課題

（1）生協の組織・事業と経営概況

全国の全生協の組合員数をみると2013年度は2,734万人（前年比101.1％）で，地域生協の組合員数は2,012万人（前年比101.9％）となる。組合員数を人口比で求めた生協の組織率は15.6％，総世帯加入率（地域・居住地生協組合員数／総世帯数）は全国48.9％，地域生協36.0％と順調な組織的な広がりをみせていることがわかる[6]。

総事業高については2012年の3兆3,283億円から241億円増え3兆3,524億円（前年比101.0％），出資金については2年連続の減少で2012年からマイナス381円の31,365円（前年比98.8％），一人当たり月利用高は消費税増税前の駆け込み需要の

第Ⅲ部　資源：その持続的活用と地域振興

影響もあって前年より90円多い11,413円（前年比100.8％）となっている。

　全生協の経常剰余金は2013年度403億円（前年比100.9％）と増収増益，地域生協の経常剰余金も2013年度は58億円増の342億円，前年比120.6％と2年ぶりの増収増益となっている。

　ただし，経常剰余率は総合（店舗＋宅配）で0.2％改善し1.07％から1.27％へ，店舗では0.3％改善するが赤字傾向は変わらずに－2.1％，宅配は－0.06％から2.98％となっている。上げ下げはあるものの堅調な宅配の経常剰余率と他方で店舗の赤字傾向という2極構造にある。従来より店舗事業の改善が生協経営の課題とされてきたがその改善は容易ではない。店舗事業の弱点・経常剰余率の赤字基調を後述する事業連合との「集中と分権」関係を通じてカバー・補完してもらう関係を強めている。

　以上のように2013年度にかけて全生協の組合員数は前年比101.1％と伸長し，総事業高も101.0％，経常剰余金109.0％の増収増益となり，経常剰余率も上向いている状況にある。しかし，総事業高，経常剰余率でみても2006-07年のレベルを超えるまでにはなっていない。リーマンショックの影響や「餃子事件」の後遺症，さらに全般的な消費不況の影響もあるだろうが，生協陣営全体の復調―全面的な信頼回復と利用回復とはなっておらず，いまだその途上にあるといえよう。

（2）『意識調査』にみる組合員の生協に対するイメージの特徴

　『全国生協組合員意識調査報告書』（日生協，2012年。以下『意識調査』と略）から組合員の生協に対するイメージの特徴をみると，まず生協に対するイメージで最もウエイトの高い項目は「安心」で68.3％，2番目は「安全」の59.0％で，2009年に対しそれぞれ約3％ほど高まる。後遺症から脱し「安全・安心」のブランド・イメージを回復しつつあるいえるが，06年の「安心」75.0％，「安全」65.0％に比べると6～7ポイント下回っており，この点でもいまだ回復途上にあることは明らかである。

　また「消費者のことを考えている」との設問では03年の47.0％から16.5ポイント下げて30.5％，「信頼できる」も44.7％から8ポイント下げて36.7％となっている。

消費者運動のパイオニアであった生協の魅力が失せているのか，あるいはスーパー等の大手量販店の台頭と生協との同質化により生協のもつ魅力・信頼が相対的に薄らいでいるのか，その結果については詳細な分析と対策が求められよう。

組合員のプロフィール・経済的な状況については，フルタイムが15.7％から17.7％へ，「パート・アルバイト・派遣」（年収141万円以上）が4.5％から5.6％へ微増し，「パート・アルバイト・派遣」（年収141万円未満）は20.3％から20.1％とほぼ変化がないが，「夫婦合わせた年収」（400万円未満層）の割合は1997年と比べると17.8％から20ポイントも高まり37.8％となる。さらに「年収が前年より減った」とする回答は2006年41.3％から2009年48.8％，2012年45.3％と高止まりにある。とりわけそれを年代別にみると20歳代を除くと「年収が前年より減った」とする階層は50歳代以上では50％台になる。リッチな高齢者像はそこにはない。

こうした経済的な状況も関連して，「1ヶ月の生協利用額の平均値」は2000年に31,293円であったものが09年には約1万円減少し21,533円（2012年は記載なし）へ，1ヶ月の生協利用額も09年から12年まで連続減少し，「1ヶ月の生協利用額1万円未満」層は2006年21.5％，09年20.1％，12年29.0％と推移する。これに「利用していない」層を加えると30％台から2012年には40％を越え41.7％へ高まり，しかも利用額の多い階層でも「1ヶ月の生協利用額」は減少している状況にある。組合員の経済的苦境と生協からの利用離れは歴然である。

こうした状況は次にみる組合員の主要な商品の購入先が生協からスーパーなどへシフトしている点とも密接に関わっていると考えられる。生協は「消費者のことを考えている」，生協は「信頼できる」との設問でポイントを落としている点とも関連し，生協の商品政策が組合員の状態，経済的苦境を包摂・緩和しきれず，そのニーズに応えきれていないことの一端を物語っている。

（3）組合員の品目別購入先の変化とその理由

1997年度『意識調査』の品目別購入先において，購入先を生協とする品目では卵が52％と最も高く，次いで肉類43％，魚介類35％，葉物野菜30％，果物29％の順であったが，その卵でさえ09年から12年にかけて5.3ポイント減の32.7％，他方，

スーパーは44.0％から6.3ポイント上げて50.3％となり、その地位を逆転させる。肉類でも生協が97年43％であったが12年には15ポイント減の28.1％へ、他方スーパーは46.7％から5.7ポイント上げて52.4％となる。09年にスーパーより購入先割合が高かった冷凍食品も生協は41.0％から2.1ポイント下げて38.9％へ、他方スーパーは35.0％から5ポイント上げて40.3％へとその地位は逆転する。同様に牛乳も09年には39.0％とスーパーとイーブンであったが12年には生協は5ポイント下げて34.3％へ、逆にスーパーは5ポイント上げて44.8％とその差を10ポイント広げる。米では「いただきもの」や「無回答」が多く、これらを除くと生協からの購入は30.0％ではなく20ポイント高い50％と推計していたが、その米でも2.4ポイント減の27.6％、逆にスーパーは3.7ポイント上げて22.7％となっている。

　その結果、09年から12年にかけて「そう菜」以外は全ての品目で購入先を生協とする割合は減少し、逆にスーパーが「基礎調味料」を除く全ての品目でその割合を高めている。米を除き組合員の購入先は生協からスーパーへとシフトしているのである。

　次にこうした調達先の変化が何を理由にして起きたのか、についてみると購入先の選択理由は、魚介類では「新鮮」を購入先選択の第1位の理由としている。このことは商品特性が求める鮮度維持などの技術的な条件—品質管理レベルが購入先決定の条件になっていることがわかる。施設等のハード面の整備ができればスーパー等とも生協はイーブンに競争できることを示している。

　しかし問題はこれまで生協がパフォーマンスを発揮し、生協独自のコープ・ブランドを展開してきた品目である「牛乳」「パン類」「ハム・ソーセージ」「卵」「肉類」「基礎調味料」において、品質面ではなく購入先が「近い」かどうかで購入先が選択されている点にある。身近で出店ラッシュを繰り返し、多店舗展開をするスーパーやコンビニ、ドラッグ系の後塵を生協が拝する一因であると考えられる。そこには単品集中型商品開発に傾斜したコープ商品、「商品論的産直」[7]へ転化していった生協の商品事業の限界をも写している。

　次に購入先選択の第2位の理由である「安い」という点であるが、「生協の商品価格は、全体的に市価より安いと感じる」か、との問いに対し、8割の組合員

が「そう思わない」(つまり，生協の商品は高い！）と回答している。つまり，価格面では生協は明らかに劣位にあり，今後価格面でスーパー等とどのように対峙していくのか，というより根本的な価格政策・商品政策の検討が求められている。年収の減少，「1ヶ月の生協利用額」の減少のなかで，身近で値頃感・割安感のある商品の提供を継続し，購入先として揺るぎない位置を確保しているスーパー等への戦略の再構築が求められている。

もちろん，こうした生協陣営に対し優位にたっているスーパー側であるが，既存店の売上高は対前年比で常にマイナスで，新規店だけが前年比がプラスという構造―出店を繰り返さないと収益を得られないという脆弱さも併せもっている。今後はネットスーパーやインターネット通販の拡大などにより一層厳しい競争環境となると指摘されているが[8]，熾烈さを極める競争環境下において，新たな協同の取組みが生協陣営の存続・発展の鍵を握っているといえよう。

3．九州経済と九州食品市場における地域生協，生協事業連合

(1) 九州経済と食品市場

九州地区の人口は1,320万人で全国に占める構成比は10.4％となっている。なかでも福岡県だけは人口が増加傾向にあり2010年で509万人と九州最大で，他方で福岡県を除く各県の人口は減少し，2007年より約16万7,000人も減少している。

九州における全産業における1次産業の割合は2％（全国平均1.1％）であるものの，その1次産業を全国的にみると九州は北海道に次いで17％という高い割合で，日本の食料供給基地という重要な役割を果たしている[9]。さらに製造業における食品製造業出荷額の割合は九州全体で20％（2010年）と高く，鹿児島県にいたっては53％（従業者数の割合は71.5％）と突出し，さらに沖縄県でも36％，宮崎県31％，佐賀県24％と九州平均を上回る諸県からなっている。つまり，九州は地産地消や産直，コープ商品づくり（「CO-OP商品」）をすすめるうえでの基礎的条件に恵まれている地域といえる。

次に表11-8から九州における食品市場の特徴をみると市場規模は4兆2,881億円で，そのうち大手スーパーの年間売上額は2兆1,935億円で全体の半分弱を占

第Ⅲ部 資源:その持続的活用と地域振興

表11-8 九州における食品スーパーランキング

順位	名　称	店舗	食品	総売上	食品比率	全体シェア
1	マックスバリュ九州	125	126,867	134,288	94.5%	5.8%
2	コスモス薬品	351	146,784	279,021	52.6%	5.2%
3	イオン九州	51	111,778	210,173	53.2%	5.1%
4	タイヨー	93	98,117	126,463	77.6%	4.5%
5	マルキョウ	97	84,042	87,826	95.7%	3.8%
6	サンエー	61	79,896	140,581	56.8%	3.6%
7	トライアルカンパニー	69	75,832	120,368	63.0%	3.5%
8	イズミ	21	68,950	210,717	32.7%	3.1%
9	西友	85	64,757	101,500	63.8%	3.0%
10	ハローデー	38	62,272	63,220	98.5%	2.8%
11	サンリブ	47	60,335			2.8%
12	ダイエー	41	59,078	85,947	68.7%	2.7%
13	金秀商事	63	52,005			2.4%
14	西鉄ストア	54	49,873			2.3%
15	イオン琉球	37	48,070			2.2%
	その他	1,441	1,037,683			47.2%

資料:『2013食品スーパーマーケット年鑑 九州地区版』流通企画(株)。
注:1)単位は百万円。空欄は記載なし。
　　2)コスモス薬品は2012年5月決算で,かつ食品売上,総売上には九州以外の数値が含まれている。他は2013年2月ないし3月決算。「全体シェア」欄の数値は『年鑑』からのものである。

める。しかもスーパー上位15社だけで売上額の52.8%を占め,店舗数でみても全食料品店舗2,674店に対し,上位15社で46%を占める構図にある。

ただし,同業種の食品スーパーでも食品比率が32.7%と小さいイズミ,5割台のコスモス薬品などの一方で,他方で食品比率が9割台のハローデー,マルキョウ,マックスバリュ九州などと2極化していることがわかる。また競争関係にあるスーパーやドラッグ系においても,各社ごとに商品調達や事業戦略は異なっており,当然,生協の商品政策もこれらの食品企業との競争関係を見定めたうえでの戦略が求められる。

表11-8には生協はランキングされていないが,県別でみると各県の主な生協は自県内トップ15位にはランキングされている。例えば長崎県ではララコープが県内2位,コープかごしまは4位,コープみやざきは5位,コープおおいたは6位などである。

そして,表11-9にみるようにオール生協・九州全生協の食品供給高は1,871億円(2009年3月決算時)で,生協陣営の九州食品市場におけるボリュウムは九州

上位のマックスバリュ九州（食品売上1,269億円）を抜いてトップに躍りでる。さらに九州事業連合の食品供給高736億円などを加えると約2,600億円となり，上位スーパーの売上総額と比べても遜色のないレベルとなる[(10)]。

（2）九州における2つの事業連合と会員生協

熾烈さを増す大手食品スーパーとの競争環境のもとで，対等に渡り合うためには共同商品開発や共同仕入れなどを通じた豊富な商品開発，低価格での仕入れ，物流コストの削減などが必要となる。現在，首都圏を中心に2,000億円規模の13のリージョナルな事業連合が展開され，全国連・リージョナル事業連・単位生協という「3層構造によるシナジー効果の発揮と生協陣営の効果的なサプライチェーンの構築」「リージョナル・チェーン企業に負けない価格競争力」（久保2006：p.285）の構築が目指されている。

九州ではコープ九州事業連合（以下，コープ九州と略す）と，グリーンコープ連合〔共同体〕（1988年グリーンコープ連合を結成，07年にグリーンコープ共同体として設立宣言，九州・中国・関西にある13生協で構成，会員生協組合員数37万人，事業高522億円）の2つの事業連合が展開している。

表11-9より両事業連合傘下の会員生協の総事業高に占める無店舗事業の割合（「無店舗／総事業高」）をみると，無店舗・共同購入型の事業展開をしている生協と店舗型の事業展開をしている生協というように2つのタイプをそこにみることができる。前者のタイプにはグリーンコープ連合の会員生協であり，そのウエイトは全て8割以上と突出している。コープ九州傘下の生協でも8割台のコープさが，7割台のエフコープ，6割台のコープ熊本学校（現コープくまもと）では無店舗・共同購入に重点をおいた事業展開をしているといえる。後者の店舗型の事業展開の生協としては，5割台のララコープ，45.7％のコープおきなわ，4割を切るコープかごしま，コープみやざき，（生協）水光社を挙げることができよう。

この両事業連合において，グリーンコープ連合の組織・事業・経営等について独自に考察する必要はあるが，紙幅の制約もありここでは事例対象としている

第Ⅲ部　資源：その持続的活用と地域振興

表 11-9　九州における地域生協・事業連合の概況

単位：百万円

生協名＼項目	2009年 組合員数	2013年 組合員数	店舗数	無店舗事業	うち食品	同左割合	無店舗/総事業高	店舗事業	うち食品	同左割合	総事業高	うち食品	同左割合
エフコープ	453,600	462,907	15 (1)	38,303			70.8%	11,370			54,134	41,283	76.3%
グリーンコープふくおか	169,839	167,110	23	24,882			83.2%	4,251			29,896	20,915	70.0%
コープさが	54,567	56,391	3	4,046			81.0%	724			4,996	3,600	72.1%
グリーンコープさが	9,948	9,173	3	1,743			106.9%				1,631	1,233	75.6%
ララコープ	177,546	193,446	8	12,004	7,917	66.0%	58.5%	8,189	7,775	94.9%	20,515	15,692	76.5%
グリーンコープながさき	14,621	13,621	3	2,781	2,291	82.4%	98.2%				2,833	2,291	80.9%
(生協) 水光社	62,817	70,643	7	4,595	3,432	74.7%	37.6%	7,402	4,415	59.6%	12,215	7,847	64.2%
コープ熊本学校	64,651	65,967	5	3,917			63.9%	1,689			6,133	4,133	67.4%
グリーンコープくまもと	70,315	61,085	5	8,894			90.2%	589			9,863	8,186	83.0%
コープおいた	122,347	143,436	7	9,444			64.3%	4,622			14,688	10,881	74.1%
日田市民生協	15,377	16,822	3	38			1.9%	1,741			2,001	1,606	80.3%
グリーンコープおおいた	30,022	26,796	4	4,242			86.5%	479			4,902	3,534	72.1%
コープみやざき	223,540	242,743	14	11,112	7,855	70.7%	39.0%	15,955	14,232	89.2%	28,457	22,087	77.6%
グリーンコープみやざき	6,382	6,462		993	837	84.3%	99.0%				1,003	837	83.4%
コープかごしま	257,042	287,499	18 (1)	11,561			39.4%	16,121			29,378	23,245	79.1%
グリーンコープかごしま	19,339	17,897	1	2,743			94.1%	111			2,915	2,267	77.8%
コープおきなわ	194,271	216,071	7 (1)	10,572	8,073	76.4%	45.7%	10,273	9,365	91.2%	23,157	17,438	75.3%
その他													
合　計	1,946,224	2,058,069	126 (3)	151,870			61.1%	83,516			248,717	187,075	75.2%

346

第 11 章　地域振興と協同組合

生協名＼項目	2013 年 総事業高 (A)	2013 年 グリーンコープ計	2012 年 九州事業連合員別供給高 (B)	(B)／(A)
エフコープ	54,072		38,287	70.8%
グリーンコープふくおか	23,563	23,563	3,613	66.2%
コープさが	5,455			
グリーンコープさが	1,425	1,425		69.4%
ララコープ	21,483		14,901	
グリーンコープながさき	2,270	2,270		
（生協）水光社	11,443		4,173	36.5%
コープ熊本学校	5,367		1,188	22.1%
グリーンコープくまもと	7,614	7,614		
コープおおいた	17,279		11,531	66.7%
日田市民生協	1,724		1.4	0.1%
グリーンコープおおいた	3,726	3,726		
コープみやざき	28,905		2,014	7.0%
グリーンコープみやざき	922	922		
コープかごしま	27,411		13,131	47.9%
グリーンコープかごしま	2,273	2,273		
コープおきなわ	21,718		6,146	28.3%
その他		〈41,793〉	9.1	
合　　計	236,650	〈194,857〉	94,997	48.8%

資料：『2010 年版生協名鑑』日本生活協同組合連合会。『2013 年度生協の経営統計』日本生活協同組合連合会。コープ九州事業連合『第 20 回通常総会〈議案書〉』(2013 年)。

注：1) 総事業高の合算とは一致しない。食品には酒も含んでいる。総事業高には旅行事業収入、共済受託収入、福祉事業収入、他の事業収入も含まれるため、店舗事業高、無店舗事業高、店舗事業高の合計とは一致しない。
2) グリーンコープさがは、無店舗・共同購入で17億1,440万円で、それに酒を加えて17億4,255万円であるが、総事業高が16億3,063万円となっているため、そのウエイトは106.9％となる。
3) 店舗数の（　）内は2013年までに新設された店舗数。
4) 2013年グリーンコープ計は、〈41,793〉と表示し、下段の〈194,857〉は全生協の総事業高からグリーンコープの分を引いた数字である。

コープかごしまが加盟しているコープ九州とその傘下の生協を対象に「食」・地域農業への関わり，商品政策と産直事業をみていきたい。

（3）コープ九州[11]の設立・展開と生協の商品政策

　九州事業連帯活動のスタートは，1982年に「かごしま県民生協」（コープかごしまの前身）とコープながさきが日生協九州支所を事務局にして共同でコープカタログを作成したことによる（清水 1996：pp.91～121）。こうしたことが実現できた背景には，コープかごしまが全国に先駆けてOCRの導入を可能とするシステム開発に成功したことがあり，それにより個別注文が可能になったとされる（第四次システム改革）。

　その後，宮崎県民生協，沖縄県民生協，佐賀市民生協，大分県民生協が加わり，1984年までに事業連帯は6生協に発展する。『『6単協連帯』→『九州事業連帯会議』による商品を中心としたシステムの統一』[12]ができあがる。事業連帯の基本的な考え─「『集中と分権』による組織の活性化」「『連邦的で重層的』な組立による組織づくり」─も確立され，さらに「戦後日本の生協運動の新たな時代づくりへの挑戦」（同上：pp.123～124）が表明される。

　93年には熊本県の水光社，福岡県のエフコープが加わり，8生協となって九州事業連合コープ九州が設立される[13]。会員生協の組合員数66万人，同総事業高は1,630億円の大規模生協グループが誕生する。

　すでに90年代より日生協は「卸連」的機能（「開発卸」，商品を独自に開発・調達し会員生協へ販売）を展開し，2000年には日生協と会員生協とで「商品共同開発政策委員会」を設置し，エリア共同開発を全国的にすすめていく。コープ九州では2000年に共通カタログ「ぱれっと」（非食）事業を一本化し，単協機能の一部を事業連合（商品企画や売り場，カタログを共通化し，企画を力に商品開発・調達）へ移して展開する。02年からは全国共同開発商品を順次発売し，04年11月にはプレ発売として8品目を，翌05年には約70品目を発売している（ロゴマークは日生協コープ商品のマーク）。

　こうして生鮮商品やドライ食品，日配商品の調達，日本生協連商品（コープ商

品)との共同仕入れ,日本生協連との商品共同開発をすすめていき,日本生協連のコープ商品に加え,九州の地域性や独自性の強い商品についてはコープ九州PB商品［リージョナルPB］,それと単協のオリジナルPB［ローカルPB］商品の3本柱がコープ商品を構成することになる。

　また「九州・沖縄をトータルにカバーする効率的な物流体系の構築」が目指され,2005年秋には会員6生協でドライ商品(無店舗)の共同集品を開始し,2006年4月には冷蔵センターが稼動する。さらに後方部門である物流管理機能,情報システム機能と管理体制,なかでも北部4生協を中心に店舗商品部機能と体制の統合化,黒字化構造への転換がすすめられていくことになる[14]。

　以上のようなハード面の整備と同時に表11-10にみるようなソフト面—生協における「農産物品質保証システム」も開発・改善されていくことになる。例えば2006年度にはコープ九州の「新・コープ商品政策」・「共通の商品調達政策」が策定され画期とされた。しかし,「ミートホープ事件」「餃子事件」を契機に事業連帯の構造や枠組みが根本的に見直され,「コープ商品の品質保証体系の再構築計画」に着手されることになる。こうして2009年に「新・コープ商品政策(改訂版)」[15]が策定され今日にいたっている。

　なお,2013年には南部冷蔵センター(鹿児島県)が稼動し,南部会員生協についても物流の統一はほぼ終わり,コープ九州の「大型物流基盤整備事業」は完了する。

　以上の取組みの結果,無店舗・共同購入においてはほぼコープ商品で占められ,店舗事業では一般ナショナルブランド商品(NB商品)はコープ九州で集中仕入れを行い,人気商品を安く供給することを可能とする。生協間・品目間で多少差もみられるが,ドライグロッサリーにおいてはコープ商品とNB商品(基礎的商品など)のウエイトはほぼ半々くらいまでになる。インターネットで「e-フレンズ」(2012年で会員は約9万人)に登録するとネットからの注文,個配も可能となり,年間供給高は200億円を越える事業となっている。さらにWEB(全国CWS)事業として140万人の登録,供給高1,000億円を目指している。生活情報誌『クリム』は毎月5万部を誇る発行部数になっている。

第Ⅲ部　資源：その持続的活用と地域振興

表 11-10　生協産直における『農産物品質保証システム』の開発・改善の経過

年度	適正農業規範 青果	適正農業規範 米	適正流通規範	適正販売規範	青果物統一仕様書	日生協		コープかごしま/コープ九州事業連合
1994								94年生協コープかごしまの商品政策
2001						新たな生協産直基準（生協農産・産直基準2001年版）		新産直政策（考え方と基準）
2002						原産地点検システム（手法）	全国共同開発商品	二者認証制度
2003						農産事業改革の提案		
2004	作業部会							
2005	2006年版作成					青果物品質保証システムに関する提案	クオリティコープ商品	
2006	展開開始		検討開始		検討開始	新・コープ商品政策		九州の生協産直のめざすもの～考え方と基準～
2007	2007年改訂版	検討開始	2008年版作成		2008年版作成			新・低価格商品
2008	2008年改訂版	2009年版作成	展開開始	検討開始	展開開始	コープ商品の品質保証体系の再構築計画	産地，美味しさ，健康	
2009	2009年改訂版	展開開始		2010年改訂作成		新・コープ商品政策（改訂版）		
2010	（改訂作業）			展開開始		CO-OP商品の組合員参加とコミュニケーションのあり方検討委員会報告	コープベーシック	
2011	2011年改訂版	（改訂作業）	（改訂作業）					
2012		2012年改訂版	2012年改訂版					
2013		2013年改訂版						
2014		2014年改訂版						

資料：『地域と生きる生協産直「第8回全国生協産直調査」報告書』日生協，2012年，p.14。

　こうして2006年におけるコープ商品は全国の生協で5,623品目（うち食品は4,723品目，全国共同開発商品691SKU〈在庫保管単位〉，エリア1,622SKU，計2,313SKU）へ，2009年度には5,854品目，6,014億円へ，13年度は全国共同開発商品913品目，830億円，エリア共同開発は1,427品目（コープ九州156品目），889億円，日生協連卸1,890品目，1,085億円，合計4,230品目，2,803億円になっている。
　この全国のコープ商品の供給額をほかの流通各社のブランド品と比べると，トップバリュが08年4,000億円から11年5,300億円へ，コープ商品は同時期3,995億

第11章　地域振興と協同組合

円から3,750億円へ，セブンプレミアムが1,800億円から4,200億円[16]となる。コープ商品の供給高が若干減少気味な点と，コープ商品の全供給事業高（地域生協）に占めるその割合が80年代初頭の30％台，90年代20％台からさらに減少し，08年15.5％から11年には0.6ポイント減の14.9％となっている点には留意すべきであるが，コープ商品も流通各社のNB商品と肩を並べるまでになっていることがわかる。

現在，このコープ商品（CO-OP商品）は，「安全性・品質・低価格」をコンセプトに「確かな品質」で「お求めやすく」お届けする「コープベーシック」，主原料産地がわかる食品シリーズ・「コープ産地がみえる食品シリーズ」，「ひと味違う」「ちょっと贅沢」を届ける「コープ美味しさシリーズ」，食を通じた健康維持・健康づくりの「コープ健康づくり応援シリーズ」となっている[17]。

4．生協コープかごしまの商品政策と産直事業

（1）生協コープかごしまの概要と産直事業のあゆみ

生協コープかごしまの組合員数は順調に推移し，2014年10月時点で29万2,000人で，エフコープの46万3,000人には及ばないが，その3分の2程度で，コープみやざきの24万3,000人を5万人ほど上回る位置にある。ただし，事業上の位置はエフコープの供給事業高540億円の半分程度の274億円で，しかも組合員数ではコープみやざきより多いが，事業高ではコープみやざきの289億円より15億円下回る位置にある（表11-9）。両生協は古くからライバル的な関係にあったとされ，前述したコープ九州との「統合度」・利用度でみても両生協は対照的で，それは組合員政策・商品政策の違いにもなっている。

ところで，コープかごしまのコープ商品・コープ牛乳の歴史は古く，1971年の創立以前にすでに取組まれ，生協の「はじまりは牛乳」といわれるように「協同の歴史を生み出す大きなきっかけ」[18]となる。さらに創立以前からのコープ牛乳（南日本酪農(株)）に加え，創立時の71年には生協米（くみあい米穀，現鹿児島パールライス），75年にはコープパン（太田ベーカリー），76年コープたまご（鶏卵販売農協），コープ豆腐，81年コープハムソーセージ（くみあい食肉）の開発・販売と続くことになる。

351

第Ⅲ部　資源：その持続的活用と地域振興

表11-11　コープかごしまにおける産直（CO-OP）品とその割合

単位：千円

		2013年度　コープかごしま					うち産直(CO-OP)品	割合	2006年度全国 供給に占める産直品		2010年度全国 供給に占める産直品	
農産	野菜	1,926,848	2,912,431	店舗	2,097,929	72.0%	277,053	9.5%	青果	33.6%	青果	32.9%
	果物	985,583		無店舗	739,738	25.4%						
水産	鮮魚	2,112,570	2,896,098	店舗	1,567,950	54.1%	50,000	1.7%	水産	5.3%	水産	6.4%
	塩干	783,528		無店舗	1,087,563	37.6%						
畜産	精肉	1,980,213	2,964,801	店舗	1,700,442	57.4%	793,114	26.8%	畜産	32.0%	畜産	28.5%
	加工肉	984,588		無店舗	1,248,229	42.1%						
日配	乳卵	937,207	5,628,885	店舗	3,070,590	54.6%	312,772	5.6%	卵	38.9%	卵	67.9%
	日配	4,691,678		無店舗	2,558,295	45.4%			牛乳	45.4%		
米穀		712,194		店舗	3,856,208	39.7%	343,568	48.2%	米	40.4%	米	62.6%
一般食品		4,747,127	9,709,280				892,544	16.4%				
酒類		679,201										
雑貨衣類		3,570,758		無店舗	5,844,074	60.2%						
その他		221,626							その他	50%		
惣菜		1,005,200										
ベーカリー		109,747										
テナント		548,168										
合計		25,996,236				100.0%	2,669,051	10.3%		13.5%		14.9%

資料：『コープかごしま業務報告書』などから作成。全国の数値は『全国生協産直調査』2006，2010年度，日生協。
注：1）野菜，鮮魚，精肉の数値には他生協への供給分を含む。
　　2）地産地消品（その都道府県内で生産された商品）は2.7％となっている。

　また，青果物・ミカン（山口オレンジ園）の産直は73年からスタートし，78年には生鮮品の共同購入による取扱いも開始されていく。こうして81年度までにコープ商品，産直品は19品種72品目となる。日生協（1996　p.329）によれば，1995年のコープかごしまの総供給高は317億円，青果物供給額は22.5億円で，そのうち産直額は12.5億円（55.6％），米の供給額は10.6億円に対して産直額は0.6億円（5.7％），共同購入では青果物6.5億円に対して産直額は6億円（92.3％）という高さであったという。

　現在はコープかごしま単独コープ商品は90品目，産直品17品目，九州共同開発品170品目，日生協2,200品目までになっている。そして，コープかごしまにおける産直の到達点ということで**表11-11**から各品目における産直品の割合をみると全体では10.3％で，産直比率の高い品目は米穀で48.2％，次いで畜産26.8％，農産（野菜・果物）9.5％などとなっている。95年時における米穀産直率5.7％からみると現在は10倍弱までに大幅にアップしているが，逆に95年時の青果物産直率

第11章　地域振興と協同組合

55.6％からみると9.5％と大幅なダウンとなっている。

　また，全国平均（2006年，10年）と比べるとコープかごしまの産直比率は合計で約5ポイントほど下回り，とりわけ青果物と乳卵での産直比率の低さが目立つ。さらに昨今注目を浴びているパルシステム（パルシステム連合会）の産直比率─青果96％，米100％と比べるとまだまだ不十分で，いっそうの底上げが必要となっているといえる[(19)]。

　なお，草創期を除き一般的にコープかごしまの供給事業は，共同購入から店舗供給へとそのウエイトを移していくが，コープかごしまの場合，創立から74年までは共同購入のウエイトは高かったが，75年から82年までの間は店舗事業へ比重が移り，83年～96年には再び共同購入のウエイトが高くなり，97年から今日では店舗の事業高のウエイトが高いという特徴的な推移をしている。

（2）生協コープかごしまの商品政策のあゆみ

　前掲，表11-10のように1994年に「生協コープかごしまの商品政策」（94年9月）は理事会で承認され，産直政策は見直されることになる。「1．新鮮で，安く，より安全な食糧生産。2．生産者と流通ルートが明確である。3．生産，製造方法がわかる。4．生産者との交流をおこない，相互理解と改善を追求する。」という「産直4原則」を確立し，同時に「産直4要素」「協同組合間提携品」「国際産直」が定義される。

　その後，2001年のBSE問題や2002年の産地偽装事件を契機に，コープかごしまでは，「新産直政策」（全国では『新たな生協産直基準』）を策定すると同時に翌5月にはコープかごしまだけの制度である「つくる者（生産者），いかす者（消費者）同士がその作物，商品の生産から消費の全過程を直接確認し合う『二者認証制度』」を発足させ，その制度は今日まで続く生協産直の柱となっている。

　さらに産直交流会や地域別交流会，つくるものいかすもの交流会（発足は1986年）など，生産者やメーカーとの交流会も開催され，相互理解・相互交流，協同組合運動の発展に役立っている。

　2006年には「新・コープ商品政策─コープ商品の到達点と2010年への課題─」，

353

第Ⅲ部　資源：その持続的活用と地域振興

図11-2　コープかごしまの「生協品質」・産直商品「表示基準」

レベル	農薬/化成肥料削減	マーク
4	不使用	☆☆☆
3	5割以上	☆☆
2	3割以上	☆
1	3割未満	なし

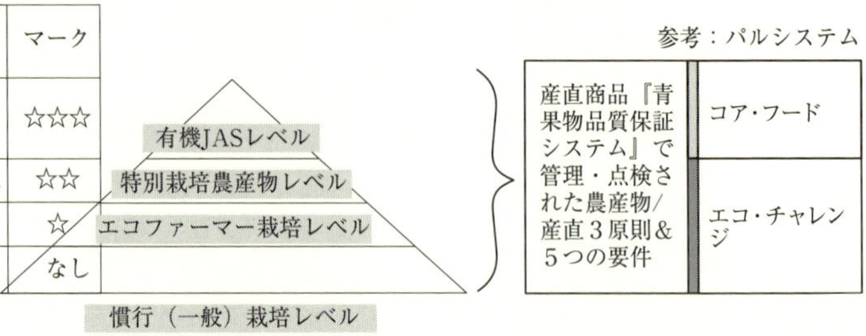

有機JASレベル
特別栽培農産物レベル
エコファーマー栽培レベル
慣行（一般）栽培レベル

参考：パルシステム

産直商品『青果物品質保証システム』で管理・点検された農産物/産直3原則＆5つの要件 — コア・フード／エコ・チャレンジ

資料：「生協コープかごしま商品事業政策（案）～私たちがめざす商品事業～」2007年，ほか内部資料より作成。

「九州の生協産直のめざすもの―考え方と基準―」により，これまでの『産直4原則・4要素』から『産直3原則』：「①生産者が明確であること，②栽培・肥培（肥育）方法が明らかであること，③生産者と組合員が交流できること」，さらに『5つの要件』：「①組合員の要求・要望を基本に，多面的な組合員参加を推進する。②生産地，生産者，生産・流通方法を明確にする。③記録・点検・検査による検証システムを確立する。④自立・対等を基礎とした生産者とのパートナーシップを確立する。⑤持続可能な生産と，環境に配慮した事業を推進する」ことに改訂される。

また，『農産物品質保証システム』の開発・改善等をへて，2010年7月からは「生協の産直品」表示基準は，**図11-2**のように4基準・4レベル（「☆なし」から☆3つまで）に整理される。

その他にコープかごしまの特徴としては，商品政策も環境・品質・労働安全衛生の国際規格（ISO14001，ISO9001，OHSAS8001）を柱とした「統合マネジメントシステム」（GMS）の一環とされている点にある。この「統合マネジメントシステム」（GMS）を組織執行の基本として2005年から取組まれている。「Ⅰ　組合員活動関連，Ⅱ　労働安全衛生活動関連，Ⅲ　商品活動関連，Ⅳ　商品以外の事業活動関連，Ⅴ　施設関連」にチェック項目がおよび，そして各項目ごとに目的と目標がたてられ評価される仕組みとなっている。産直商品・生協品質もこの「Ⅲ　商品活動関連」に含まれ，「『生協品質』を追求」することとされている。

第11章　地域振興と協同組合

（3）コープかごしまの「産直二者認証制度」と協同組合運動発展がもつ意義と可能性

　コープかごしまの「産直」は，単なる「産地直送」や「産地直売」ではなく，生産者と消費者の顔が見える「産地直結」の活動とされている。農協や漁協など生産者組織と生協が直接手を結び「安全」で「新鮮」な商品づくりを追求している。日本・鹿児島の農林水産業を守る活動であり，生産者・農漁業者，あるいはメーカーや生協職員との心のふれあいを大切にした，お互いの意見を自由に出しあい，相互の理解を深める活動の一環とされている。

　そして，コープかごしまの産直品の信頼性は，生産者・農業者と組合員（消費者）がお互いに後述するような内容と手順で双方が確認しあう「産直二者認証制度」でもって担保されている。

　生協産直の柱である「産直二者認証制度」における認証委員は組合員の中から広く募集し，応募された組合員から構成されている。認証委員は現在28名で，ピーク時の08年の55名の登録に比べるならば，半減している点が懸念される。この間認証委員の数は平均で30～40名で，1回の認証委員会への出席者数はだいたい20名前後である。認証委員の目標は100名となっているため，引き続き認証委員の募集がされている。

　認証する産直品は，畜産（牛肉・豚肉・黒豚・鶏肉），農産品，卵，米などで，若干の出入りはあるもののおおよそ30産地の品目の二者認証が行われている。

　新規の認証委員は，生協がめざす品質保証システムをDVDで学び，さらに二者認証委員会の仕組み，産直基準等について半日程度の研修を受けることになる。

　研修を終えた認証委員は年間スケジュールにもとづき生産者に近いコープ店舗で開催される月1～3回の審査会・二者認証委員会に出席・審査することになる。数回は圃場での審査も行われている。

　出席者は二者認証委員の他に産直二者認証事務局の担当職員，さらに生協店舗のバイヤーや生協職員，生産者・農業者，ケースによっては部会・品目担当のJA・農協職員も出席する。

　産直農産品，産直牛，産直豚・黒豚，産直若鶏，産直たまご，産直米などの品

目で提出書類は異なるが，例えば産直農産品では生産者台帳，圃場台帳，栽培管理計画書，栽培管理記録，出荷記録などの提出が義務づけられている。審査会では「産直3原則・5つの要件」にもとづいた産直基準のチェック，使用農薬の適用農薬の有無の確認，使用農薬成分のカウント，当該産地慣行基準の確認，農薬削減の割合，点検計画書，改善報告書などにもとづき，質疑応答を通じ審査し確認しあう。さらにこうした栽培方法や肥培方法に加え，産直品の加工・流通過程，店頭に並ぶまでの一連の過程，さらに産直品の費用価格・販売価格の構成についても公表・チェックを受けることになる。こうして移動時間を除けば，午前10時からお昼時間を除き，午後2時過ぎまで審査が行われることになる。

その他にコープかごしまでは，「みんなで育てる協同農園」ということで，「わかば農場」「いざか農場」「かせだ農場」を所有し，そこでの農作業体験や農園オーナーとなる市民農園事業を行い，組合員に農業を身近に感じてもらう食農教育を実施している。

このように「産直二者認証制度」という「産地直結」・産直事業は，「食」・生協組合員と「農」・生産者，さらにメーカー・業者，生協職員を結び付け，認証委員会（もちろん，産直交流会や地域別交流会，つくるものいかすもの交流会，協同農園で農作業体験）を結節点にして，各者の「顔とくらし」，各々のおかれた状況の相互理解・学習を通じて，グローバル経済化され過酷さ・熾烈さを極めるむき出しの資本主義・「社会的諸関係」，生産・流通・消費過程を変容・回復させる契機を秘めている。こうした契機を意識的に追求することが大手スーパー等と生協との違い，コープ商品・産直品の独自性の追求であり，生協運動・協同組合運動発展のうえでも急務となろう。同時にこうした契機は消費者＝生協組合員，生協職員・労働者，生産者・農民，メーカー等の関連業者の「主体形成」～「変革主体」へとリンクする契機にもなるものといえる。

5．おわりに―まとめにかえて―

生協（単協）・事業連合・日生協という体制のもとで，この間，生協陣営は食料・農業問題を事業の真っ正面にすえるという軌道修正を行い，新たな商品政策・産

直事業を展開している点はおおいに評価できる。しかし，こうした生協の取組みも大手スーパー等でも取組み始め，その違いはみえづらくなっている。コープ商品とイオンのトップバリュ商品も同じNBブランドとしての仮象性をもち，一般の消費者にとってその違いはわからない。これまでの生協の「商品論的産直論」ゆえのこともあろう。

　本節では地域生協と事業連合を取り巻く環境とコープ九州傘下の生協コープかごしまの商品政策と産直事業を主な対象として考察してきたが，組織・事業・経営の面でコープかごしまは好調を維持・発展してきているものの，地域農業への関わり―商品政策・産直事業という点において，とくにコープ商品・産直品のウエイトの低さという点を焦点にすれば，しかも近年注目を浴びている生協と比べるならば，よりいっそう産直率の底上げが必要なことも指摘してきた。そのことはコープ商品とイオンのトップバリュ商品等との決定的なバックグランドの違いの提示ともなる。

　コープかごしまが草創期から取組んできた原点の取組み「めんどくさい，わずらわしい，それが生協」だったように，「出資・利用・参加」という協同組合原則・生協そもそも論の貫徹の視点がいままでになく必要となっている。生産者，組合員，生協職員，さらに取引業者等まで含め，産直交流会や産直二者認証委員会のような「めんどくさい，わずらわしい，それが生協」という初心が，コープ商品，産直事業に協同組合運動のいのちを吹き込み，「主体形成」の契機へリンクし，トップバリュ商品との違い，その仮象性をはぎ取る契機となる。それはグローバリゼーションに対抗するローカリゼーションの取組みの一つとして，同時に今後の生協の組織と事業，協同組合運動発展の鍵を握っている。

註
（1）2012年度『消費生活協同組合（連合会）実態調査』厚生労働省。2014年9月4日公表。
（2）2005年「日本生協連『農業・食生活への提言』検討委員会答申」では，200％を超える高関税商品が8品目もあり他の先進国に比べ多く，しかも「高関税の逓減による内外価格差の縮小」を求めていた。日豪EPA批准（2015年1月発効），TPP交渉

（3）イオン九州の取り組みについては，http://aeon-kyushu.info/static/detail/clientを，地元のスーパー・タイヨー（鹿児島）についてはhttp://www.taiyonet.com/customer/Syokunou.html参照（2014年11月15日）。
（4）こうした捉え方は田中（2008：pp.220～222）から多くの示唆を受けた。
（5）「主体形成」については山田（1980：pp.223～254）を参照。
（6）全国の地域生協で組織率が最も高い県は宮城県で72.9％，兵庫県59.7％，北海道55.2％，宮崎48.3％で，九州の組織率は全生協で44.8％，地域生協で32.1％と全国平均からは4ポイントほど低い。なお鹿児島県は38.0％，沖縄県36.0％，大分県35.6％，長崎県34.6％，福岡県27.4％，熊本県26.1％，佐賀県20.4％となっている。
（7）前掲，田中（2008：p.218）。
（8）『生協の経営統計』日生協，2013年を参照。
（9）『九州ハンドブック平成25年版』日本政策投資銀行，2013年。
（10）九州生協の食品小売シェア率（地域・居住地職域生協，『第12次全国生協中期計画』2013年度，日生協）をみると，組合員組織率の高い宮崎県がここでも7.8％と高く，次いで沖縄県5.7％で，長崎県4.9％，福岡県4.6％，鹿児島県4.6％，大分県4.2％，熊本県4.0％，佐賀県2.0％となっている。
（11）田代（2005：pp.263～284）によると会員生協の事業連合への統合度（2003年）はグリーンコープが79％と高く，他方コープ九州は35％で，そのことからコープ九州は「単協主権尊重型の部分機能連帯」とされている。コープ九州の供給高に対する各単協の総事業高の割合を統合度の目安とすれば，**表11-9**のように年度はずれるが全体で48.8％となり，2003年の35％より13.8ポイント高まる。なお，コープかごしまの例では2012年度は67.7％（事業連合との取引高128億7,500万円，日生協の帳合分も含む）で，**表11-9**の2012年の47.9％の数値より高くなる。エフコープが70.8％と突出し，他方でコープみやざきが7.0％しかない理由は，コープみやざきではコープ九州PB商品の取扱いが少ないことによる。
（12）『生協コープかごしま30年史』生活協同組合コープかごしま，2001年4月，p.114。
（13）前掲，清水（1996：p.179），パンフレット「コープ九州ガイド」2005年，「コープ九州の次期三カ年アクションプログラム（最終案）」2011年2月を参照。
（14）店舗における経常剰余，経常剰余率の赤字推移，それにともない店舗から宅配・共同購入へ，班から個配へとその重点を移していくなかで，単協の事業連帯のコスト負担とリスクは大きくなるが，コープ九州と会員生協との機能整理等を図り単協の連帯コストの低減を図ってきたとされている。
（15）「①品質保証システムの構築の視点，②組合員参加のあり方，③今後の価格政策のあり方，④コープ商品の開発フィールドの考え方とブランド問題，⑤産直事業における産直基準・マークに関する記述の補強と米版品質保証システム，畜産版品質保証システムの記述の追加」の5点が見直しのポイントとされた。

第 11 章　地域振興と協同組合

(16) 2008年度は奥村（2010：p.135），2011年は「第12次全国生協中期計画—2020ビジョン第Ⅰ期計画（2013〜2015），および全国生協の2012年度まとめと2013年度活動方針」の数値。
(17) http://goods.jccu.coop/brand/sanchi/を参照（2014年12月1日）。
(18) 前掲，清水（1996：p.23）。
(19) 極めて例外的であるが，コープかごしま創立30周年を記念して共同開発したオリジナルコープ商品・「焼酎委員会」（芋焼酎）は，2011年度実績で全酒類供給高のうち店舗で41.8％，共同購入13.9％，トータルで約1億円，25.7％のシェア率を誇るコープ商品となっている。

引用文献

藤井晴夫（2013）「巨額の赤字決算に陥ったイギリスの協同組合銀行」『生活協同組合研究』第452号，pp.63〜70
藤木智恵子（2011）「異種協同組合間協同による生産・生活環境を守る取組み」『協同組合研究』第30巻第2号，pp.16〜18
濱田康行（2013）「地域経済をどう再生するか」『農業と経済』第79巻7号，pp.63〜73
家の光協会教育文化部（2010）「農協運動に生きる」『JA教育文化』No.123，pp.4〜7
井上留孝（2011）「農産物直売所におけるJAとJA間協同の現状」『協同組合研究』第30巻第2号，pp.4〜9
岩崎幹明（2011）「米マーケティングにおける生協とJA間協同の現状」『協同組合研究』第30巻第2号，pp.10〜15
石田正昭（2008）『農村版コミュニティ・ビジネスのすすめ—地域再活性化とJAの役割—』家の光協会
ジェームズ・R・シンプソン（2002）『アメリカ人研究者の警告　これでいいのか日本の食料』家の光協会
甲斐諭（2014）「農協を核とした農商工連携による野菜加工事業の地域活性化効果」『野菜情報』125，pp.32〜45
北川太一（2008）『新時代の地域協同組合—教育文化活動がJAを変える—』家の光協会，pp.53〜87
木村務（2013）「組合員との結びつきを強める支所・支店協同活動」『農業協同組合経営実務』第68巻増刊号，pp.92〜103
小山良太（2011）「原発事故・放射能汚染と復興に向けた協同組合間協同の活動」『農業協同組合経営実務』第66巻増刊号，pp.85〜95
久保建夫（2006）「ウォールマートの超低価格戦略と生協の課題」奥村皓一・夏目啓二・上田慧編著『テキスト多国籍企業論』ミネルヴァ書房，pp.284〜295
増田佳昭（2013）『JAは誰のものか—多様化する次代のJAガバナンス—』家の光協会，pp.214〜222

第Ⅲ部　資源：その持続的活用と地域振興

宮田郁郎・前田二郎・横川洋・木村務・白武義治（1994年）「九州における農協の諸課題」九州農業経済学会編『国際化時代の九州農業』九州大学出版会，pp.210〜242
M. B. Ranathilaka, Yoshiharu Shiratake（2005）Significance of Agricultural Farmer Cooperatives in Rural Economy - A Case Study in Malsiripura Village in SriLanka - *Review of Agricultural Economics*, 56-1, pp.121-132
日本協同組合学会編（1989）『西暦二〇〇〇年における協同組合―レイドロー報告―』日本経済評論社，pp.174〜175
日本協同組合学会編訳（2003）『ILO/国連の協同組合政策と日本』日本経済評論社，pp.81〜93
日本協同組合学会（2012）「特集　東日本大震災・原発事故からの復興」『協同組合研究』第31巻第1号，pp.1〜64
日本生活協同組合連合会（1996）『1860万人の生協産直』p.329
日本生活協同組合連合会（2009）「全国生協組合員意識調査報告書」
日本生活協同組合連合会（2012）「全国生協組合員意識調査報告書」
日本生活協同組合連合会（2012）『2011年度　生協の経営統計』
日本生活協同組合連合会（2013）『2012年度　生協の経営統計』
日本政策投資銀行（2013）『九州ハンドブック平成25年版』
奥村陽一（2010）「生協経営分析の着眼点」『立命館経営学』48，pp.129〜153
流通企画（株）（2014）『2013食品スーパーマーケット年鑑　九州地区版』
生活協同組合コープかごしま（2001）『生協コープかごしま30年史』p.114
清水哲男（1996）『山は青き　水は清き　コープかごしまの25年』かもがわ出版
品川優・山口和宏（2010）「大分県における農協組織の再編」『農業・農協問題研究』第43号，pp.38〜57
白武義治（2011）「開発途上国における飢えを満たす協同組合の現状と課題―マダガスカル，スリランカ，バングラデシュ，インドネシアを中心に―」『協同組合研究』第30巻第1号
Tran Minh Hai, Izumi Iwamoto（2014）Factors Affecting the Success of Agricultural Cooperatives in the Mekong Delta,Vietnam, *Review of Agricultural Economics*, 65-1, pp.107-115
田中秀樹（2008）『地域づくりと協同組合運動　食と農を協同でつなぐ』大月書店
田代洋一（2005）「生協の事業連帯」現代生協論編集委員会編『現代生協論の探求〈現状分析編〉』コープ出版，pp.261〜284
田代洋一編著（2012）『TPP問題の新局面―とめなければならないこれだけの理由―』大月書店，pp.12〜74
田代洋一（2012）『食料農業問題入門』大月書店
田代洋一（2014）『戦後レジームからの脱却農政』筑波書房，pp.39〜72
山口浩平（2011）「現代的な生協の課題としての地域社会との連携―「保全者社会」の

担い手としての生協─」『協同組合研究』第30巻第1号,pp.37～43
山田定市（1980）『地域農業と農民教育』日本経済評論社
矢野和博・宮本弘・藤井勝裕（2012）「東日本大震災への生協の対応」生協総合研究所『生活協同組合研究』通巻432号,pp.39～49
全国農業協同組合中央会（2012）「「次代へつなぐ協同」～協同組合の力で農業と地域を豊かに～」第26回JA全国大会決議（全体像）

終章　あとがき

　食農資源経済学会は2007年に九州農業経済学会からの名称変更によって設立された。この食農資源というタームは学術用語ではなかった。しかし食と農と資源（特に地域資源）は密接に関連した問題であり，それを繋いでいくことがこれからの日本と世界の課題であることを意識して，つけられた名称であった。今になってみると実に時宜にかなった命名だったことが分かる。

　1960年当時の日本の総世帯数は約2,253万戸で，総農家数は約591万戸だった。2010年の総世帯数は約5,184万戸で，総農家数は約253万戸である。単純に換算すると1960年は生産（農）1で消費（食）3.8を支えていた。2010年には生産（農）1に対して消費（食）20.5である。自給率（カロリーベース）を勘案すると，この割合は1960年には農1：食2.9，2010年には農1:食7.8になる。問題は，1960年当時はこの農と食の間がもっと近かったし，単純ではないにしても，もっと多くの人々が関与していたということである。食と農が近かったといえよう。しかし2010年の食と農は，農家数は減少し，総世帯数は増加したにもかかわらず，依然としての多数小規模の生産者と力なき多数の消費者との間で食料は取引されている。この間に関与する人々も多くなっているが，支配しているものは寡占化し，巨大化した結果，食と農のかい離は深く，広くなっている。「食と農のブラックボックス化」（久野秀二）といわれる状況である。その食と農のかい離を繋ぎ，地域資源を活用した食と農の再生が課題となっているわけである。

　そのような現状と将来を見据えて食農資源経済学会は設立されたのである。本書の副題である「―グローバル化時代の地域再生に向けて―」は学会としての使命を宣言したものである。本書が，この大きな課題に立ち向かえているかどうかは読者の判断に仰ぐしかないが，食農資源経済学会の総力を挙げて取り組んだ成果である。

　本書は2009年1月の学会理事会で発案され，刊行のためのプロジェクトチームが組織された（チームリーダー白武義治佐賀大学教授）。その後，具体化につい

ての検討が重ねられたが時が過ぎ，2012年8月に本書の構成案が原案として理事会に諮られ，2014年9月の刊行を目標に執筆依頼などの作業が開始された。しかし本書のような大人数による書籍の編集作業は難航を極め，原稿締め切りの延長を重ね，ようやく今日出版にこぎつけたものである。

　書籍刊行企画委員会としては，執筆者諸氏および会員各位に大幅な遅延をお詫びするしかないが，蛇足ながら今後の学会活動の活性化のために，二点だけを付け加えておきたい。

　『日本の家族と地域性』（ミネルヴァ書房）を編集された熊谷文枝は，一年以上遅れた出版を詫びつつ，「本の編者となることは大変なことである。過去に編書を二冊出版したことがある。しかし，それはいずれも英文で，外国人研究者の論文を編集したものである。外国人研究者の場合，執筆に同意した時点で「契約を結んだ」という原則を理解するせいか，今回ほどの苦労を体験した覚えはない。」と述べ，提出期限を守らないもの，同意後撤回を申し出るものが続出したことを「信じがたいこと」であると書いている。我が学会も，研究者の心得として学会誌投稿，論文査読などの際にも，「同意は契約である」と，肝に銘じておく必要がある。これが第一点である。

　二点目は，本書の執筆者がすべて男性で，女性研究者の育成が本学会で遅れていることである。食と農の分野では，実態としては女性の役割や活躍が目覚ましく，大きく期待されるにもかかわらず，我々研究者の世界では女性の進出という点では，社会に大きく立ち遅れている。それぞれの研究機関での女性研究者育成の意識的な取り組みが，とりわけこの学会では重要であろう。

　出版をお引き受けいただいた筑波書房には入稿の遅れなど，多大なご迷惑をおかけしたが，記して感謝いたしたいと思う。

2015年6月

食農資源経済学会書籍刊行企画委員会
刊行企画委員長　白武　義治　刊行企画委員長代行　木村　務
刊行企画委員　福田　晋（刊行企画統括）　磯田　宏（出版渉外担当）
岩元　泉（序章・終章担当）

執筆者紹介

序章・終章
岩元泉（元・鹿児島大学農学部）

第1章
福田晋（九州大学大学院農学研究院）
前田幸嗣（九州大学大学院農学研究院）
外園智史（九州産業大学経済学部）

第2章
坂爪浩史（北海道大学大学院農学研究院）
細野賢治（広島大学大学院生物圏科学研究科）
豊智行（鹿児島大学農学部）

第3章
内藤重之（琉球大学農学部）
新開章司（福岡女子大学国際文理学部）
森高正博（九州大学大学院農学研究院）

第4章
白武義治（佐賀大学農学部）
堀田和彦（東京農業大学国際食料情報学部）
後藤一寿（国立研究開発法人 農業・食品産業技術総合研究機構 中央農業総合研究センター）

第5章
磯田宏（九州大学大学院農学研究院）
小林恒夫（佐賀大学農学部附属アグリ創生教育研究センター）

第6章
李哉泫（鹿児島大学農学部）
辻一成（佐賀大学農学部）

第7章
山本直之（宮崎大学農学部）
竹内重吉（東京農業大学国際食料情報学部）
井上憲一（島根大学生物資源科学部）

第8章
品川優（佐賀大学経済学部）
徳野貞雄（元・熊本大学文学部）

第9章
坂井教郎（鹿児島大学農学部）
田村善弘（長崎県立大学経済学部）
樽本祐助（国立研究開発法人 農業・食品産業技術総合研究機構 九州沖縄農業研究センター）

第10章
矢部光保（九州大学大学院農学研究院）
横川洋（九州共立大学総合研究所）
胡柏（愛媛大学農学部）

第11章
木村務（元・長崎県立大学経済学部）
板橋衛（愛媛大学農学部）
渡辺克司（鹿児島国際大学経済学部）

新たな食農連携と持続的資源利用
―グローバル化時代の地域再生に向けて―

2015年8月31日　第1版第1刷発行

編　者　食農資源経済学会
発行者　鶴見治彦
発行所　筑波書房
　　　　東京都新宿区神楽坂2-19 銀鈴会館
　　　　〒162-0825
　　　　電話03（3267）8599
　　　　郵便振替00150-3-39715
　　　　http://www.tsukuba-shobo.co.jp

定価はカバーに表示してあります

印刷／製本　平河工業社
©食農資源経済学会 2015 Printed in Japan
ISBN978-4-8119-0470-2　C3033